中国轻工业"十四五"规划教材

教育部高等学校轻工类专业教学指导委员会"十四五"规划教材

生物质能源

Biomass Energy

谌凡更　主编

谌凡更　张　晖　付时雨　陈元彩　编

U0216546

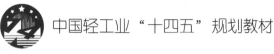中国轻工业出版社

图书在版编目（CIP）数据

生物质能源＝Biomass Energy/谌凡更主编. --北京：
中国轻工业出版社，2024.12.（教育部高等学校轻工类
专业教学指导委员会"十四五"规划教材）.
ISBN 978-7-5184-4756-5

Ⅰ. TK6

中国国家版本馆 CIP 数据核字第 20240UU069 号

责任编辑：林　媛　　责任终审：滕炎福　　封面设计：锋尚设计
版式设计：致诚图文　　责任校对：晋　洁　　责任监印：张　可

出版发行：中国轻工业出版社（北京鲁谷东街 5 号，邮编： 100040）

印　　刷：三河市万龙印装有限公司

经　　销：各地新华书店

版　　次：2024 年 12 月第 1 版第 1 次印刷

开　　本：787×1092　1 / 16　印张：15.5

字　　数：367 千字

书　　号：ISBN 978-7-5184-4756-5　定价：50.00 元

邮购电话：010-85119873

发行电话：010-85119832　010-85119912

网　　址：http://www.chlip.com.cn

Email：club@ chlip.com.cn

版权所有　侵权必究

如发现图书残缺请与我社邮购联系调换

211556J1X101ZBW

前　言

　　能源是人类文明进步的物质基础和推动力量。它关系到经济发展和国家安全，同时也关系到全人类生存和发展。化石能源的发现和使用，极大地推动了生产力的发展，为人类社会发展作出了重要贡献，但是化石资源不可再生，大量使用化石能源会导致资源的迅速枯竭和环境质量的下降。自 20 世纪 70 年代以来，各国开始重视可再生能源的利用和开发。合理利用各种形式的可再生能源，可以减少对化石燃料的依赖，减少二氧化碳的排放，降低空气污染。当前，全球能源加速向低碳、零碳方向演进，可再生能源将逐步成长为支撑经济社会发展的主力能源。

　　我国政府于 2020 年 9 月明确提出 2030 年"碳达峰"与 2060 年"碳中和"目标。在此之前，我国在经济基础、思想认识和技术保障等方面，已经具备了实现 2030 年前碳排放达峰的客观条件。早在 2019 年年底，我国就已提前完成中国政府在哥本哈根气候变化大会上作出的自主减排承诺。要实现碳达峰和碳中和的目标，要求建立健全绿色低碳循环发展的经济体系，建立清洁、低碳、高效、安全的现代化能源生产和消费体系。

　　我国高度重视可再生能源的开发和利用。在立法、研究开发以及产业化利用等各个层面促进生物质能源发展。在科学合理开发利用化石能源的同时，积极稳妥地以可再生能源替代传统化石能源。加快发展可再生能源、实施可再生能源替代行动，是推进能源革命和构建清洁低碳、安全高效能源体系的重大举措，是保障国家能源安全的必然选择，是我国生态文明建设、可持续发展的客观要求。

　　生物质能是可再生能源的重要组成部分，是人类最早利用的能源形式。进入 21 世纪以来，生物质能技术发展迅速。生物质通过发电、供热、供气、制备生物液体燃料等方式，广泛应用于工业、农业、交通、生活等多个领域，减少化石能源的消耗，降低温室气体的排放，改善人们的居住环境，创造新的经济增长点。

　　近年来，我国生物质能的开发规模不断扩大，利用水平逐步提高。为了实现"碳达峰"和"碳中和"的目标，生物质能正在释放巨大发展潜力。它在未来低碳能源结构中将发挥重大作用。

　　《"十四五"可再生能源发展规划》中，要求稳步推进生物质能源多元化开发，稳步发展生物质发电，积极发展生物质能清洁供暖，加快发展生物天然气，大力发展非粮生物质液体燃料。

　　华南理工大学自 2008 年起将生物质能源课程列为资源科学与工程专业的专业基础课，此后又在硕士和博士研究生培养方案中设置了相关的课程。根据培养目标的要求，我们在自编讲义的基础上，参考了国内外有关专著和研究论文，编写了这本《生物质能源》教材。

　　本书涵盖了生物质能源的重要领域，介绍了生物质能的基本概念和各类利用方法。首先介绍了可再生能源和生物质能源的基本概念，然后，按直接燃烧，物理转化、热化学转化、化学转化和生物转化分类，分别介绍了生物质的直接燃烧技术、生物质固体成型燃料、生物质气化、生物质的热解与液化、生物柴油、沼气生产技术、生物乙醇和丁醇燃料、生物质制氢等生物质能利用的基本原理、技术方法和工程实践。介绍了一些新的前沿动态。

本书可作为普通高等院校生物质科学与工程、资源环境科学等专业本科生教材使用，也可供相关专业研究生和从事生物质能开发研究的专业技术人员参考。

本书共分九章。第一章、第三章、第四章、第五章由谌凡更编写，第二章、第六章由张晖、谌凡更编写，第七章、第八章由付时雨、陈元彩编写，第九章由张晖编写。最后由谌凡更统稿。

本书得到了中国轻工业联合会"十四五"规划教材的支持，同时还得到华南理工大学本科精品教材专项建设项目的支持。特此致谢。

作者非常感谢研究生何甜、王宁和石得才为本书绘制部分插图。

欢迎读者对本书中存在的错误或不妥之处提出宝贵意见。

编者

2023 年 9 月

目　　录

1 绪 论

1.1 能源利用技术演变

1.1.1 能源的基本概念

能量是物质运动转换的量度。对应于不同形式的运动，能量可以有多种形式，如热能、电能、机械能、化学能、核能、光能、生物质能等。不同形式的能量可以通过物理效应或化学反应而相互转化。

能源是指能够提供能量的资源。它是人类文明进步的基础和动力。国家经济和社会的持续快速健康发展，离不开强有力的能源保障。

能源的分类没有固定的标准。习惯上可以按来源、按发展成熟程度、按是否可再生以及按获取的方式等进行分类。

能源按来源可分为：

① 来自太阳的能量，包括直接来自太阳的能量（太阳光的辐射能）和间接来自太阳的能量（如煤炭、石油、天然气、页岩油所蕴含的能量、植物中蕴含的生物质能、水能和风能等）。

② 来自地球本身的能量，包括地球内部蕴藏的地热能，以及地壳内铀、钍等易裂变元素所蕴藏的原子能。

③ 月球和太阳等天体对地球的引力产生的能量，如潮汐能。

能源按来源还可简单地分为化石能源和非化石能源。化石能源专指煤炭、石油和天然气，因为它们均由古代生物的化石沉积而来。页岩气、煤层气、天然气水合物（可燃冰）都是天然气的特殊形态；非化石能源则指除煤炭、石油和天然气外的其他一次能源。

能源可按形成条件和人类获取方式，分为一次能源和二次能源。一次能源是自然界中天然存在的能源，二次能源是指在自然界中没有天然存在，但可以通过一次能源加工转化得到的能源。例如，水能、风能、太阳能、地热能都是自然界中天然存在的，因此是一次能源；而焦炭、煤气、汽油、柴油、液化石油气等则只能从煤炭、石油等原料加工得到，因此是二次能源。自然界中也不存在可供直接利用的电能。雷电的能量虽然可观，但目前人类尚不掌握利用雷电的手段。人类利用电能，只能用发电机将化学能、核能、水能和风能转化为电能，或用光伏发电设备将太阳能转化为电能，因此电力属于二次能源。

能源还可按能否再生分为不可再生能源和可再生能源。不可再生能源是自然界中经过亿万年形成的、短期内无法恢复的能源。随着人类的开发利用，其储量不断减少，最终将被耗尽。它主要包括原油、天然气、页岩油、核能等。可再生能源是指在自然界中不会因自身变化或人类的利用而减少，并可有规律地得到补充的能源，也可泛指在人类存续期间都不会耗尽的能源。它主要包括太阳能、风能、水能、地热能、生物质能等。地热能本质上不可再生，但因蕴藏量巨大，因此也归为可再生能源。国际能源机构（International Energy Agency，又译作"国际能源署"）可再生能源工作小组将可再生能源定义为"从持续不断地补充的自然过程中得到的能量来源"。《中华人民共和国可再生能源法》并未给可再生能源下定义，而是通过简单枚举的方式，将除核能外的几乎所有非化石能源都归入可再生能源的范畴，但排除了以低效率炉灶直接燃烧方式利用秸秆、薪柴、粪便等行为。可再生能源中，只有生物质能属于化学态能，其他均属物理态能。物理态能的优势是运行成本低。风电和太阳能发电成本已接近燃煤发电，风能、太阳能、水能发电占了可再生能源发电市场的80%以上份额。

　　能源按成熟程度，可分为传统能源和新能源。各种化石能源以及水电、火电等都属于传统能源，而核电、风电、光伏发电、地热发电、潮汐发电、生物质燃料等则属于新能源。但是，技术的新旧、成熟与否是相对的。新能源的定义和划分标准也随着科学技术的发展而调整更迭。某个时期的新能源，经过一段时间之后，可能就不再是新能源，而是常规能源了。

1.1.2　能源利用演化史

　　人类对能源的利用始于生物质能。远古时期的人类不知道煤炭和石油，只能以薪柴为燃料。这就是最古老的生物质能源。它满足了人类取暖、烹饪等基本生存需求。约9000年前的新石器时代，人们就已用干的动物粪便作燃料，而6000年前人们已经用木炭作燃料。煤炭和石油的发现，使人类对能源的利用进入煤炭时代和油气时代。18世纪蒸汽机的出现，19世纪燃煤电厂的建成，使得煤炭的使用大幅度增加。18世纪80年代，煤炭在一次能源消费比例中超过了木柴。19世纪后期，内燃机的使用拉动了石油产品的消费。到20世纪60年代，石油产品逐渐取代了煤炭的能源霸主地位。能源结构的变化，伴随着生产力的巨大飞跃。1860年时，传统生物质能占80%，煤炭占20%；到1920年，煤炭上升到63%，石油达到7%，传统生物质能却降至28%；到了1960年，煤炭降至46%，石油上升至35%，传统生物质能进一步降至23%。

　　化石能源的最大优点是储量大、能量密度高、可大量获得，获得过程无季节性，不受天气影响，便于贮存、运输和转化。但是，化石能源的高能量密度来源于其高碳含量。煤炭、原油和天然气单位发热量的平均含碳量分别约为 26.37 t/TJ、20.1 t/TJ 和 15.3 t/TJ；燃烧化石燃料，意味着将大量亿万年前由自然生态系统固定下来的巨量的碳以二氧化碳的形式释放到大气中。自然界将古代地球大气中二氧化碳和甲烷等气体的浓度降低到适合人类和动物生活的标准，用去了几十亿年，而人类在短短的几百年中，把这些封存的碳释放出来。这必然极大地破坏生态平衡，造成全球气候变化，并使环境污染形势恶化。

　　随着人类对绿色生态环境需求的提升，新能源作为清洁能源在一次能源结构中的比例将逐步增大。天然气虽然属于化石能源，但燃烧的污染排放比煤炭和石油轻，因此也被看作是清洁能源。

IEA 统计了几种一次能源产品在不同时期的全球总产量，并计算了各种一次能源在不同时间的占比，其结果见图 1-1 和表 1-1。

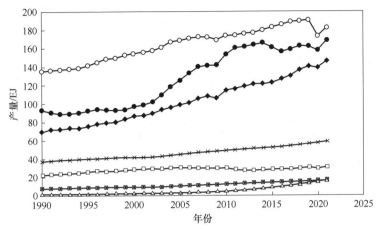

图 1-1　若干种一次能源产品在不同时期的全球总产量

—●— 煤炭　—◆— 天然气　—□— 核能　—■— 水能

—△— 风能、太阳能　—✕— 生物质能和废弃物　—○— 原油

表 1-1　　　　　　各种一次能源产品在不同时期的产量占比　　　　　单位：%

年份	煤炭	石油	天然气	核能	水能	风能、太阳能等	生物质能
1990	25.33	36.95	19.23	5.99	2.10	0.42	9.98
1995	24.05	36.82	19.59	6.60	2.31	0.46	10.19
2000	22.77	37.11	20.60	6.76	2.25	0.60	9.98
2005	25.95	35.20	20.52	6.26	2.19	0.61	9.24
2010	28.66	32.13	21.22	5.63	2.32	0.87	9.16
2012	29.22	31.78	21.50	4.86	2.39	1.07	9.18
2014	29.13	31.62	21.34	4.87	2.46	1.34	9.23
2016	27.21	32.96	22.06	4.97	2.53	1.66	9.32
2018	26.96	31.46	22.79	4.92	2.52	2.03	9.31
2020	27.14	30.85	23.27	4.93	2.46	2.17	9.16

IEA 还统计了 1990—2021 年全球各类能源的消费量，结果如图 1-2 所示。图中的能源是按消费过程中的能量形式统计的，不一定是一次能源。

由以上图表数据可知，在所统计的年份区间，所有一次能源的总产量都在增加，但各种能源的占比变化不同。煤炭和水能占比基本保持稳定，而石油和核能占比则有所降低，天然气占比略有增加。在新能源生产方面，风能和太阳能的占比增加较明显，而生物质能的占比呈小幅波动。地热能的开发利用规模太小，对整个能源市场影响甚微，所以近年来 IEA 不再发布有关地热能的数据。

按照 IEA 的预期，到 2040 年，全球对各类一次能源的需求占比为：煤 25%，石油 26%，天然气 24%，核能 7%，水 3%，生物质 10%，其他可再生能源 5%。

就全球而言，化石能源的总储量暂时保持稳定。人类一方面不断开采煤炭和石油，另

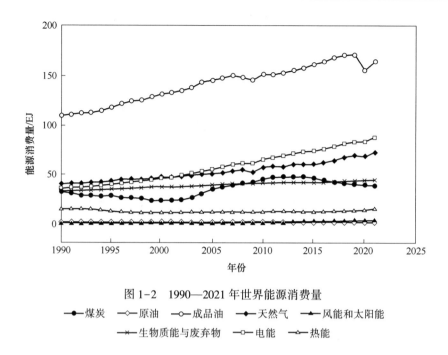

图 1-2　1990—2021 年世界能源消费量

—●— 煤炭　—◇— 原油　—○— 成品油　—◆— 天然气　—▲— 风能和太阳能

—✕— 生物质能与废弃物　—□— 电能　—△— 热能

一方面又在陆续地发现新的储量。化石能源的开采技术也在不断进步，使得可采储量有所增加。鉴于化石能源方便开采和使用，且成本低廉，可以预见，在其枯竭之前，化石能源仍然是全球能源生产和使用的主流。但化石能源终会耗尽，且大量使用化石能源会严重破坏生态环境。这两方面的影响加快并推动了化石能源向新能源的转换。

能源开发和利用的趋势是：

① 能源类型由高碳化石能源向低碳甚至零碳非化石能源转化。许多新能源都不含碳。新能源所产生的污染物量和碳排放量不断降低。

② 能源生产过程的技术含量越来越高。从古代人类伐木获取能源，到开采煤炭和石油，再到当前核能、风能、太阳能以及生物质能等新能源的开发，都是技术进步的结果。

③ 能源的转化利用由直接一次转化向间接多次转化发展。人类最早是以热的方式利用能源，后来掌握了由热能向机械能的转化技术，从而实现了动力驱动。电磁感应的发现使人类可以用电驱动机械，而电能又可由水能和化学能转化而来。现在人们可以用微生物发酵方法将纤维素转化为乙醇燃料，即把生物质能转化成化学能，进一步拓宽了能源的利用渠道。

1.1.3　可再生能源及其利用

与能源相关的二氧化碳排放量占所有温室气体的 2/3。因此从化石燃料过渡到低碳能源，有利于减少二氧化硫、一氧化碳和二氧化碳等有害气体的排放，对环境友好，可创造就业机会，改善健康，有利于社会的可持续发展。国际社会对可再生能源开发利用的重视始于 20 世纪 70 年代。由于石油危机，许多国家将开发利用可再生能源作为能源战略的重要组成部分，提出了可再生能源发展目标，制定了鼓励可再生能源发展的法律和政策，促进了可再生能源的发展。

　　① 水能。水能是永不枯竭的清洁能源，其利用方式主要是水力发电。水电站的运行不消耗水资源，几乎不会造成环境污染，但建设水电站可能破坏自然生态。

　　② 风能。风能的利用主要是风力发电。风力发电技术已经成熟，经济性已接近常规能源，在今后相当长时间内将保持较快发展。在陆地上建造风力发电站会占用大片土地，可能破坏地形地貌，破坏植被和生态系统，而且风力经常不稳定，不可控，但破坏环境的问题已经可以通过科学选址的方法解决。现在包括我国在内的许多国家都在发展海上风电。

　　③ 太阳能。太阳能是指太阳的辐射能。太阳能的利用方式主要有三大类，即光伏发电、光热发电和太阳能热利用。光伏发电有独立光伏发电、分散光伏发电和并网光伏发电等种类。近年来并网光伏发电飞速发展，逐渐成为光伏发电的主流。光热发电是用大规模阵列抛物面或碟形镜面收集太阳热能，通过换热装置提供水蒸气，再推动汽轮发电机，通过热功转换，将太阳能转化为电能的一种技术。它的后端技术设备与火电相同。光热发电机组配置储热系统后，可实现全天连续稳定发电。太阳能热利用是用太阳能集热器收集太阳辐射能，再转换成热能加以利用。太阳能热水器、太阳房、太阳能锅炉等都是常见的太阳能热利用的手段。

　　④ 地热能。地热能是指地球内部所蕴藏的热能，它来源于地球的熔融岩浆和放射性元素衰变时释放出的热量。地热资源是在当前技术经济条件和地质条件下，能够科学、合理地开发出来的岩石热能量、地热流体热能量及其伴生的有用组分。地热能的利用主要有发电和热利用两种方式。两种方式都已比较成熟。

　　⑤ 海洋能。主要包括潮汐能、波浪能、海流能、海水温差能和海水盐差能。其中潮汐能来源于太阳和月亮对地球的引力变化，其余主要来源于太阳的辐射。按储存形式，潮汐能、波浪能和海流能属于机械能，海水温差能属于热能，海水盐差能属于化学能。海洋能的利用方式主要有潮汐发电、波浪发电和洋流发电等，目前只有潮汐发电初步形成规模。

　　⑥ 生物质能。生物质能是由自然界的植物、人畜粪便以及城乡有机废物转化成的能源。生物质能具有环境友好、成本低廉和碳中性等特点。它可以通过物理转换（制成固体成型燃料）、化学转换（直接燃烧、气化、液化、生产生物柴油）、生物转换（发酵生产乙醇和甲烷）等形式转化为固态、液态和气态燃料，也可以用于发电或供热。生物质资源分布广泛，数量巨大。根据世界自然基金会的测算，全球生物质能源潜在可利用量达350 EJ/a。

　　化石能源消费是碳排放的最大来源。煤电产生的碳排放又是能源消费碳排放最大来源。表 1-2 列出了联合国气候变化专门委员会发布的各种电源的平均碳排放强度。由表中数据可知，要降低总碳排放强度，需要大规模以可再生能源发电代替煤电和石油发电。

表 1-2　　　　　　　　　　各种电源的平均碳排放强度　　　　　单位：g CO_2/（kW·h）

电源名称	煤电	石油	天然气	光伏	地热	光热	生物质	核电	风电	潮汐	水电
碳排放强度	1001	840	469	48	45	22	18	16	12	8	4

　　2020 年，可再生能源在全球电力结构中的份额达到创纪录的 29%，这在很大程度上

是由于可再生能源发电的运营成本降低以及在电力需求低迷时期优先将其接入电网。到 2020 年底，可再生能源的新增装机容量已超过 256GW，为历史最高水平。在全球范围内，可再生能源总装机容量增长近 10%，达到 2839GW。可再生能源在全球发电量中的份额达到 29%。

1.1.4 可再生能源在中国

2021 年公布的我国国有自然资源资产状况显示，我国现有石油探明技术可采储量 3.62Gt，现有天然气探明技术可采储量 6.2665Tm³，煤炭储量 162.29Gt，全国水资源总量 3.16Tm³，全国国有林地 11284.1 万 hm²，全国国有草地 19733.4 万 hm²，我国管辖的海洋面积约 300 万 km²。

发达国家煤炭消耗比例为 30%~40%，美国低至 20%。我国富煤缺油少气，煤炭消耗比例高，降低煤炭消耗比例难度大。1990 年，我国一次能源消费构成中，煤炭占 76.2%，石油占 16.6%，天然气占 2.1%、水电占 5.1%。经过近 30 年的努力，2019 年，煤炭消费占能源消费总量比重降至 57.7%，天然气、水电、核电、风电等清洁能源消费总量占能源消费总量比重为 23.4%，非化石能源占能源消费总量比重为 15.3%，已提前实现到 2020 年非化石能源消费比重达到 15% 左右的目标。

我国的燃煤发电的总装机容量到 2021 年已达 1.1TW，虽然其占比已经降低至 50% 以下，但煤电的发电量占比仍然超过 60%，而且燃煤发电总量仍在增长。2020 年我国碳排放总量 11.3Gt，其中能源领域碳排放 9.9Gt，占比 88%。所以，落实"双碳"目标，能源是主战场，煤电减碳是主力军。

我国可再生能源的总体发展战略目标是从补充能源逐步提升到替代能源、主流能源和主导能源，推动能源绿色低碳转型，改善能源结构。能源转型并不是简单地淘汰化石能源，而是根据国内资源蕴藏量的实际，以资源环境承载力为基础，统筹化石能源开发利用与生态环境保护，在继续清洁高效开发利用化石能源的同时，优先发展非化石能源，大力推进低碳能源替代高碳能源和以可再生能源替代化石能源，全面提升可再生能源利用率。目前我国可再生能源的利用规模居世界第一位，其中最重要的是可再生能源发电。《可再生能源法》对可再生能源发电作了专门的规定，对可再生能源发电入网给予保护。2022 年，国家发展改革委在《"十四五"现代能源体系规划》中明确提出，要加快发展风电、太阳能发电，因地制宜开发水电，积极安全有序发展核电，因地制宜发展其他可再生能源。截至 2023 年，中国可再生能源投资连续 7 年居世界第一。

表 1-3 列出了我国自 1980—2020 年一次能源的生产总量及构成数据。由表可知，2020 年一次能源生产总量比 1980 年增长 4.87 倍。其中煤炭生产总量在 2012 年之前一直在增长，此后趋于下降；原油所占比例趋于下降；而天然气、水电、核电等清洁能源所占比例有较大增长。

从我国能源消费的统计数据看，我国能源消费从 1980—2019 年增长了 6.64 倍，其中 2000—2010 年这 10 年间增长幅度最大，达到 1.43 倍。近 10 年来，城乡居民生活用电量增长迅速，2012 年人均生活用电 461kW·h，2019 年达到 733kW·h，增长 59.0%。相比之下，美国 2019 年人均生活用电量为 4388.8kW·h。这表明我国各类用电需求仍有较大增长空间。

表 1-3 1980—2020 年我国一次能源生产总量及构成

年份	一次能源生产总量/Mtce *	所占比重/%					
		原煤	原油	天然气	一次电力及其他能源	一次电力中	
						水电	核电
1980	620.46	71.4	24.4	3.0	1.2	1.2	—
1990	1004.87	76.8	19.7	2.0	1.5	1.5	—
2000	1323.84	76.3	17.6	2.7	3.4	2.1	0.2
2010	2948.07	80.7	9.8	4.3	5.2	3.0	0.3
2011	3230.45	81.9	9.0	4.3	4.8	2.7	0.3
2012	3302.03	81.0	9.0	4.4	5.8	3.2	0.4
2013	3364.52	80.4	8.9	4.7	6.0	3.4	0.4
2014	3363.14	79.2	9.0	5.0	6.8	3.9	0.5
2015	3341.62	78.2	9.2	5.2	7.4	4.2	0.6
2016	3152.17	76.7	9.0	5.7	8.6	4.6	0.8
2017	3259.17	76.6	8.4	6.0	9.0	4.5	0.9
2018	3423.12	76.6	7.9	6.0	9.5	4.4	1.1
2019	3571.20	76.2	7.6	6.3	9.9	4.5	1.2
2020	3644.19	75.4	7.6	6.8	10.2	4.6	1.2

注：* 表中能源总量和所占比重数据采用电热当量计算法计算，即电力按自身的热功当量换算成标准煤。采用的折标系数为 10000kW·h=1.229tce。"tce" 指 "吨标准煤"。

我国能源资源品种丰富，但人均占有量少，大部分能源资源的人均占有量都低于世界平均水平。并且，各类能源资源的分布很不均衡。在化石能源方面，我国煤炭资源丰富，蕴藏量居世界第 3 位，而石油和天然气资源的探明剩余可采储量目前仅列世界第 13 位和第 17 位。我国可再生能源资源拥有量较丰富，目前正在积极开发中。

我国 2020 年水资源总量 31605.2 亿 m^3，蕴藏量居世界第一，水库总库容 898.32 Gm^3，水电装机容量 370.28GW，均居世界前列。但我国人均水资源占有量仅有 2200 m^3，为世界平均水平的 1/4，属于联合国认定的 "水资源紧缺国家"。2013 年我国水电经济开发度为 52%，低于主要发达国家（后者超过 70%）。

我国风能资源储量丰富，具有规模化开发利用的潜力。中国气象局 2009 年公布的结果显示：全国陆地 50m 高度层达到 3 级（年平均风功率密度 ≥300W/m^2）以上风能资源的潜在开发量约为 2.38TW；我国近海（水深 5~25m 区域）50m 高度层达到 3 级以上风能资源的可装机容量约为 200GW，5~50m 水深、70m 高度海上风电开发潜力约 500GW。2021 年我国风电新增并网装机容量达 56.78GW，风电累计装机容量达 338.31GW，占世界风电总装机容量的 40.4%，其中海上风电累计装机容量达到 11.13GW。

我国 2/3 的国土面积年日照时间在 2200h 以上，年太阳辐射总量大于 5GJ/m^2。据统计，我国陆地面积每年接收的太阳辐射总量为 3.3~8.4GJ/m^2，相当于 2.4T tce 的储量。初步分析全国太阳能技术可开发装机容量达到 15.6TW。排名第一的新疆约有 4.2TW，其次是青海和内蒙古，分别为 3.4TW 和 2.615TW。除四川盆地、贵州省太阳能资源稍差外，我国东部、南部及东北等地区均属于太阳能资源较丰富和中等地区。

我国 336 个地级以上城市浅层地热资源热容量为 111PJ/℃。其中，水热型高温地热资源量有 412.7EJ，主要分布在西南藏滇地区以及台湾地区，年可采量达 526PJ；水热型中低温地热资源主要分布在渤海湾盆地、苏北盆地、松辽盆地、汾渭地堑、华南褶皱带等大中型沉积盆地和造山带内，资源量 36ZJ，约占总量的 98%，年可采量可达 54.15EJ。

我国海洋能资源十分丰富。我国近海是世界上潮汐能功率密度最大的地区之一。潮汐能的资源蕴藏量约为 0.11TW，容量在 500kW 以上的站点共 191 处，可开发总装机容量为 21.79GW，主要集中在福建、浙江、江苏等沿海地区。20 世纪 50 年代至 70 年代，我国在东南沿海兴建了一批潮汐发电站或动力站。由于选址不当、设备简陋、海水腐蚀以及发电成本高等原因，多数电站在运行一段时间后就被迫停办。

我国水电、风电、光伏发电、生物质发电装机规模长期稳居全球首位。光伏、风电等产业链在国际竞争中有明显的优势。截至 2023 年 6 月底，全国可再生能源发电总装机突破 1.30TW，达到 1.322TW，同比增长 18.2%，约占我国总装机的 48.8%。其中，水电装机 0.418TW，风电装机 0.39TW，太阳能发电装机 0.471TW，生物质发电装机 0.043TW，均居世界第一位。2023 年上半年，全国可再生能源发电量 1340TW·h，其中风电光伏发电量 729.1TW·h，同比增长 23.5%。

我国政府于 2020 年 9 月宣布，我国的二氧化碳排放要力争于 2030 年前达到峰值，在 2060 年前实现碳中和。为了实现这一目标，非化石能源消费占比要从 2020 年底的 15.8%，提高到 2030 年的 25% 左右。这意味着今后能源增量的 70% 以上为非化石能源。风能、太阳能总装机需从 2020 年底的 0.46TW，提高到 2030 年的 1.2TW 以上。

目前，我国的风电、光伏发电设备制造已形成完整产业链，制造规模居世界第一位，技术水平处于世界前列。目前我国风电和光伏发电的成本大约在 0.2~0.3 元/(kW·h)，与传统煤电接近。我国风电和光伏发电技术还大规模对外输出。全球 50% 的风电和 80% 的光伏设备来自中国。

我国还是世界上最大的氢能生产国和消费国。目前国内主要采用煤制氢。今后可能向电解水制氢方向发展。虽然电解水制氢效率较低，但是工艺成熟，可以有效消纳风电和光伏发电等产生的过剩电力。近年在海水无淡化电解制氢方面取得了重要突破。在福建兴化湾海上风电场成功进行了全球首次海上风电无淡化海水原位直接电解制氢技术中试。

进入"十四五"时期，我国可再生能源将呈现大规模、高比例、市场化、高质量发展新特征。大规模发展，是指进一步加快提高发电装机占比；高比例发展，是指由能源电力消费增量补充转为增量主体，在能源电力消费中的占比快速提升；市场化发展，是指由补贴支撑发展转为平价低价发展，由政策驱动发展转为市场驱动发展；高质量发展，是指既大规模开发，也高水平消纳，更保障电力稳定可靠供应。根据《"十四五"可再生能源发展规划》，2025 年可再生能源年发电量达到 3.3PW·h 左右，"十四五"期间，可再生能源发电量增量在全社会用电量增量中的占比超过 50%，风电和太阳能发电量实现翻番。

1.2　生物质和生物质能源

1.2.1　生物质的基本概念

生物质（biomass）是地球上唯一可再生的碳源。"Biomass"一词原本是一个生态学概念，表示一定的环境中生物体的量。科学家早在 19 世纪 70 年代就开始从生态学角度研究森林中各种生物体的总量，但"biomass"一词正式出现在出版物上却是 1933 年的事，当时苏联科学家 Богоров 研究了英国涡石灯塔附近飞马哲水蚤总量的季节性变化。1972 年第一次石油危机后，"biomass"一词的含义扩大到能够作为能源的各类生物体的量。后来，这个词又逐渐用于描述能够转化为生物基产品的各种资源。在汉语中，"生物质"和"生物量"属于不同的学科，代表着不同的意义。

"生物质"一词目前没有统一的定义。常见的定义有"用作燃料或化学品的植物原料或动物废物""动物、植物和微生物，以及这些生命体排泄和代谢的所有有机物质"等。IEA 将生物质定义为"通过光合作用形成的各种有机体，包括所有的动植物和微生物"；也有人认为生物质是指"利用大气、水、土地等条件通过代谢作用而产生的各种有机体，即一切有生命的（或曾经有生命的）有机物质"。还有人对生物质下了非常狭义的定义，仅指农林业生产过程中除粮食、果实以外的秸秆、树木等木质纤维素成分、农产品加工业下脚料、农林废弃物及畜牧业生产过程中的禽畜粪便和废弃物等物质。

1.2.2　生物质的分类

生物质可以按来源、生成与存在方式、性质、化学成分及其最终用途来分类。分类标准不同，其结果也不同。图 1-3 列出常见生物质按来源分类的结果。

按来源，生物质也可以粗略地划分为农业生物质、林业生物质、生活污水和工业有机废水、城市固体废物等 4 大类。

可用作燃料的生物质主要有木材、草类、动植物油脂、动物粪便等。泥炭能否归入生物质燃料尚存争议。虽然泥炭来源于植物，但泥炭需要 5000～10000 年才能形成。虽然比煤炭形成所需时间短得多，但相对于人类社会的发展进程仍然较长。

（1）农业生物质

农业生物质包括农业作物（含能源作物）和农业生产加工过程中的废弃物。前者如水稻、小麦、马铃薯、木薯、甜高粱、甘蔗、蓖麻种子等，后者如农作物收获时残留在农田内的农作物秸秆和农产品加工业的废弃物，如农业生产过程中剩余的稻壳等。能源作物是指经专门种植，用以提供能源原料的草本和木本植物。油料作物、能用于生产碳氢化合物的植物和水生植物等都归入此类。养殖业大量产生的畜禽粪便也可归入农业生物质。

（2）林业生物质

林业生物质是指森林生长和林业生产过程生成和加工得到的生物质，包括树木；森林抚育和采伐作业中的森林残留物如零散木材、残枝、树叶和木屑；木材采运和加工过程中的枝丫、锯末、木屑、梢头、板皮和截头；林业生产中收获的松脂、橡胶乳、林业副产品或废弃物如果壳和果核等。林业生物质通常只涉及植物或树木的地上部分（树根不算），其定量统计只包括森林存活树木，不包括其他。联合国粮食及农业组织在关于森林资源评估的规范中进一步规定只统计树径大于等于 10cm 树木，不考虑森林灌木丛和森林地面细小的凋落物。

（3）生活污水和工业有机废水

① 生活污水主要由城镇居民生活、商业和服务业排放的各种废水组成，如冷却水、

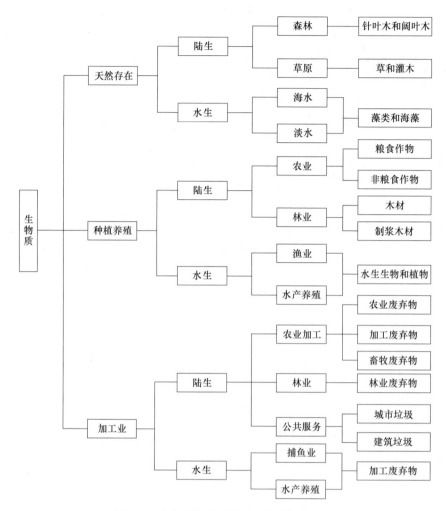

图 1-3　生物质的主要类型（按来源分类）

盥洗洗浴排水、洗衣排水、厨房排水、粪便污水等。

② 工业有机废水主要是酒精、酿酒、制糖、食品、制药、造纸及屠宰等行业生产过程中排出的废水等，其中都富含有机物。

（4）城市固体废物

城市固体废物是指各种城市垃圾，包括家庭垃圾、餐厨垃圾、医疗垃圾和工业垃圾等，数量极大。城市生活垃圾如果任其发展，可能成为当地危害最严重的污染物之一。城市固体废物成分复杂。在用热化学或生化方法利用之前，必须对它们进行分离，去除其中的有毒有害物质。

生物质按生成与存在方式可分为木质生物质、草本生物质、水生生物质、废弃物和残余物等。

生物质资源按化学成分，可以分为纤维素资源、淀粉资源、糖类资源和油脂类资源等类别。

（1）纤维素资源

纤维素类资源通常指存在于自然界中的木质纤维素资源，它由纤维素、半纤维素和木质素等组分组成，而非单一纤维素。纤维素类资源分布广，产量稳定，易获取，可用作燃料、材料以及多种化学品，不会与人争夺口粮。据估算，全球每年可产生约 $2×10^{11}$ t 木质纤维素资源，但其中约 89% 尚未被充分利用。

纤维素是地球上最丰富的生物质原料，由单一的葡萄糖单元通过 1,4-糖苷键连接而成。纤维素是结晶型天然高聚物，相对分子质量很高。它具有良好的生物相容性、生物降解性、热化学稳定性。纤维素及其衍生物被广泛应用于制备乙醇、氢气、乳酸、糠醛等化学产品，也可以用于制备多种高分子材料。

木质素是自然界中含量最丰富的芳香族生物聚合物，在植物纤维中的含量为 10%~35%。据估计，生物圈中大约含有 300Gt 木质素。木质素可以直接当燃料使用，也可以通过降解制备木质素油，还可用作混凝土减水剂、选矿浮选剂、高分子表面活性剂、高分子树脂、黏合剂、碳纤维等。

半纤维素是植物细胞壁中除纤维素之外的碳水化合物聚合物，含量和平均相对分子质量都低于纤维素。半纤维素及其衍生物可以直接或者通过结构改性后应用于食品、材料、医药、化工产品等领域。

（2）淀粉资源

淀粉是光合成组织和许多植物的储存器官（如种子、块茎、块根和果实）中存在的主要多糖储备物质，含量普遍较高（质量分数 40%~80%，干基）。淀粉主要存在于薯类、谷类、豆类等植物中。从这些类型原料中获得的淀粉产量最高。玉米、甘薯、马铃薯、木薯、绿豆等都是用于生产淀粉的常见资源。其中玉米是世界上最大的淀粉资源。在鲜甘薯中，淀粉含量约占 20%，而干甘薯中淀粉含量达 64%~68%；在鲜木薯中，淀粉含量为 28%~32%，而干木薯中，淀粉的含量更高达 70%。木薯中含有一定量的氰苷，在酶的作用下易释放出有毒的氢氰酸，所以木薯较少食用，但适合用于生产乙醇。

淀粉是一种半结晶聚合物，在自然界中以水不溶性颗粒的形式存在，其中包含了具有不同直链淀粉/支链淀粉比例以及不同形状、大小、组成的淀粉颗粒。淀粉的性质因淀粉资源种类和淀粉的生物合成机制而异。淀粉在一定条件下可以转化为低聚糖或单糖。

（3）糖类资源

糖类生物质资源是可以直接提供单糖和二糖的作物。糖类生物质是含量最丰富的生物质资源，主要包括果糖、葡萄糖、蔗糖、麦芽糖等一系列单糖、二糖、低聚糖及其衍生物。主要储存在植物的茎秆（如甘蔗和甜高粱）以及根和块茎（如甜菜和菊芋）。糖类化合物可加工转化成高附加值化学品。将糖类生物质转化为小分子不必像淀粉类原料那样经过水解工序。目前，糖类化合物的转化技术主要有生物转化和化学转化法，以及近年来发展完善的选择性化学催化转化法。

甘蔗是生产蔗糖的原料，也可用于发酵生产燃料乙醇。全世界有 100 多个国家出产甘蔗。巴西、印度和中国是主要的甘蔗生产国。

甜高粱是普通粒用高粱的变种，主要分布于美国、尼日利亚、印度、中国、墨西哥等国家。具有对环境要求低、生长快、产量高、抗逆性强等特点。甜高粱可用来充当饲料以及制糖或制酒精，秸秆用来造纸或用作饲料，颖壳可提取色素。

（4）油脂类资源

油脂包括真脂和类脂。真脂也称脂肪，成分主要是脂肪酸甘油酯；类脂包括磷脂、糖脂、脂蛋白、固醇和脂溶性维生素。通常情况下，在室温下呈液态的油脂称为油，呈固态的称为脂。油、脂肪、类脂和蜡可以统称为脂质或脂类（lipid）。脂质的共性是分子中含有长链或稠环脂肪烃结构。脂质不溶于水，但溶于多种非极性或弱极性有机溶剂。油脂主要来源于油料作物以及动物脂肪。油料作物有草本和木本之分。草本油料作物主要有大豆、油菜等，木本油料作物主要有麻风树、光皮树等。近年来发现部分品种的微藻含油率较高，且生长迅速，是很有发展前途的油脂来源。油脂主要用于制备生物柴油。

1.2.3　生物质能源及其特点

光合作用可以在短期内大量生成植物生物质。这一过程要从外部环境中吸收二氧化碳、水以及其他有机物和无机物，并将它们转化为植物中的有机碳成分及灰分，同时将太阳能转化为化学能并储存于植物组织中。储存的能量称为生物质能（bioenergy），即以生物质为载体的能量。由生物质原料制成的燃料称为生物质燃料。它也可称为"生物燃料"（biofuel）。这两个词现在往往不加区别地使用。生物质燃料可以直接替代化石燃料，也可以转化成常规的气体或液体燃料，与人类长期以来建立起来的能源生产和消费体系兼容。

生物质燃料属于可再生能源。在生物质能源的生产和消费中，碳是封闭循环的。生物质中的碳源自大气中的二氧化碳，经过绿色植物的光合作用以各种天然有机物的形式固定在其组织中。燃烧生物质燃料，只是将近期固定的二氧化碳释放到大气中。而燃烧化石燃料，释放的是将亿万年前被植物固定的二氧化碳。自然界中的生物质可以持续地更新。从人类生命的尺度衡量，使用生物质燃料，二氧化碳的净排放量为零，而使用化石燃料则会增加二氧化碳总量。所以，生物质能源是重要的低碳能源。但是，生物质燃料的加工过程需要消耗能量，会带来二氧化碳的净排放。

生物质能源具有以下特点：

① 数量大，种类多，分布广，可再生。全球每年新增 140~180Gt 生物质（干重），其中绝大多数为各种绿色植物。全球植物通过光合作用所消费的太阳能，占太阳照射到地球总辐射量的 0.2%。这个比例虽不高，但绝对数量相当于目前人类能源消费总量的 40 倍，可保证人类对能源的永续利用。

② 清洁无污染或低污染。生物质中硫和氮元素的含量低，因此燃烧生成的硫氧化物和氮氧化物都很少，不会对人畜造成毒害。生物质在生长时吸收的二氧化碳相当于它作为燃料燃烧时排放的二氧化碳的量，因而对大气的二氧化碳净排放量近似于零，可有效地减轻温室效应。

③ 易燃。生物质含氧量和挥发性组分含量都较高，着火点低。生物质经不完全燃烧或热解，可得到多种可燃气体，因此可制取气体燃料。

④ 方便贮存。生物质能源是化学态能源，经过适当处理后，能够以固体或液体燃料的形式贮存和运输。

⑤ 原料分布分散，季节性强，能量密度低。生物质原料来源复杂，分布分散，且很蓬松，不方便收集和运输。单位体积的生物质原料的发热量远低于同等体积的化石燃料，

因此是低品质的燃料。虽然生物质原料自身成本很低，但运输和转化利用成本都较高，甚至可能抵消原料成本低的优势。

开发利用生物质能源，可以生产替代燃料，使"原油"生产国从目前的 20 多个增加到 200 个，有利于平抑石油价格，在一定程度上减少对石油的依赖。

全球生物质资源潜力巨大。发展生物质能源有利于应对全球气候变化、能源短缺和环境污染，有利于创造就业机会，建立内需市场。

生物质资源分散，故生物质能源利用难以采用集中利用模式，只能采取就近收集原料、就近加工、就近使用、适度规模建厂的分布式利用模式。从产业化角度看，这种模式对原料种类和规模适应性强，能适应不同用户的需求，因此较容易实现商业化，有广阔的应用前景。

1.2.4　生物质能源与低碳经济

"低碳经济（Low-carbon economy）"一词首次出现在 2003 年。生物质能源是可持续的碳中性（carbon-neutral）能源，其中的碳主要来自大气中的二氧化碳，在生物质生长过程中被光合作用固定。因此，将生物质能源的生产和消费与碳捕获和碳封存（carbon capture and storage）结合使用，可以实现碳的封闭循环，有望实现碳中性甚至负碳排放。生物能源作为唯一的可再生碳源，具有减少温室气体排放的潜力，可以为达到气候稳定目标发挥重要作用。我国自改革开放以来，经济增长迅速，能源消耗大幅度增加。2007 年，我国成为全球二氧化碳总量排放最多的国家。政府承诺到 2030 年二氧化碳排放达到峰值（约 11Gt），此后逐渐减少，然后，将在 30 年时间内过渡到碳中和。为了实现低碳转型和可持续发展的目标，我国政府一方面对企业碳排放进行约束，另一方面积极推动可再生能源的发展。由于长期不懈的努力，单位能耗二氧化碳排放量、单位 GDP 能耗和单位 GDP 二氧化碳排放量均已达到拐点并呈现明显下降趋势。2019 年与 2000 年相比，单位能耗二氧化碳排放量降低 10%，单位 GDP 能耗降低 40%，单位 GDP 二氧化碳排放降低 40%。生物质能源的使用对我国实现碳达峰和碳中和，推动绿色、低碳、可持续发展，将继续发挥重要作用。

目前，人们通过开发生物质加工处理技术，将生物质转化为热、合成气、氢气以及其他生物质燃料，提高生物质的利用效率，推进低碳经济。发展生物质能源是应对全球气候变化、能源短缺和环境污染的重要发展方向之一。

1.3　生物质能源发展演变

自古以来，生物质能就是人类赖以生存的重要能源。自从人类首次发现火以来，生物质就被用作热能来源。世界各地的许多人至今仍然将木材作为冬季取暖的主要燃料。乙醇等生物燃料的使用也已经有较长历史。

现在的生物质能利用，既包括将生物质通过一定途径转化成固态、气态或液态燃料，供终端客户使用，也包括在工厂中燃烧生物质燃料用于发电或供热。其中，生物质气体燃料主要是甲烷和氢气，液体燃料主要是生物乙醇和生物柴油，而固体燃料主要是固体成型燃料。

生物质能的转换利用技术主要包括机械方法、化学方法、热化学方法和生物化学方法。机械方法主要是以热压技术将生物质加工成固体成型燃料，该过程主要是一种物理过程；化学方法主要是通过化学反应如酯交换、加氢等方法将生物质转化成高发热量的液体燃料；热化学方法主要有直接燃烧、热解、气化和液化等，其中直接燃烧技术包括炉灶燃烧、锅炉燃烧以及生物质与煤的混合燃烧技术，气化技术是将生物质转化成热解气、热解油等气体和液体燃料，热解技术是在无氧或低氧环境下，将生物质加热分解生成焦炭和液体燃料；生物化学方法主要是通过微生物发酵将生物质转化为沼气、乙醇、丁醇等气体或液体燃料。

生物液体燃料按其成分可分为包括醇类燃料、酯类燃料、烃类燃料等。其中醇类燃料主要有乙醇和丁醇，酯类燃料主要是一些脂肪酸甲酯或乙酯，即通常所称"生物柴油"，而烃类燃料主要是从一些能源作物中分离出的烃类化合物、由生物质中戊糖和己糖经过水相催化得到的烃类化合物，以及由酯类生物柴油催化加氢脱氧得到的烃类化合物等。生物液体燃料是最具发展潜力的替代燃料，其中生物柴油和燃料乙醇技术已经实现了规模化。目前，生物质液体燃料提供了全球大约 3% 的运输用能源。

根据 IEA 的统计数据，1990 年，全球生产的生物质液体燃料折合成能量为 358.96PJ，2000 年为 385.35PJ，2010 年增加到 2.48EJ，全部为第一代生物燃料。近年来，一些国家为第二代生物燃料技术的研究开发投入了大量资金，但仍然有一些技术障碍需要通过研发和工业示范来克服。迄今为止，在发展中国家中，只有中国、巴西和印度等开展了第二代生物燃料技术的研究，并建设了工业示范装置。到 2019 年，全球生物燃料的总产量达到 4.02EJ，产品种类有生物柴油、生物甲醇、生物乙醇、生物丁醇、生物丙醇、生物油、航空煤油等。IEA 预测，到 2030 年，全球生物燃料总产量要达到 12.48EJ。

在生物质燃料领域里，最显著的行业趋势是对新一代生物柴油即加氢处理植物油（HVO）的投资不断增加，2020 年的产量增加了 12%。宣布了建设许多新工厂的计划，这些工厂的产能可能是现有产能的 4 倍以上。HVO 的产量将超过 FAME（脂肪酸甲酯）生物柴油的产量。

在现代生物质能利用技术中，生物质发电技术最成熟、发展规模最大。根据 IEA 的统计，2019 年全球生物质发电装机容量增加了 8.5GW，但这些项目集中部署在少数国家，仅 10 个国家就占 2019 年新增产能的 90%。其中，我国新增产能占全球当年新增产能的 60%，主要由垃圾发电项目组成。受新冠疫情影响，2020 年全球生物能源新增产能下降 16%，但该年总装机容量仍然达到约 126.6GW，实际发电量达到 718TW·h，比 2019 年增加 53TW·h，增长幅度超过了 2050 年实现全面碳中和目标中所要求的到 2030 年所需的 7% 年增长率。

生物质发电技术在欧美发展较早较完善。丹麦的农林废弃物直接燃烧发电技术，挪威、瑞典、芬兰和美国的生物质混燃发电技术均处于世界领先水平。日本的垃圾焚烧发电覆盖率高，处理量占生活垃圾无害化清运量的 70% 以上。我国的垃圾焚烧发电技术以直燃发电为主，虽起步较晚，但发展迅速。2022 年，全国生活垃圾焚烧发电新增装机

2.57GW，累计装机达到 23.86GW。生活垃圾焚烧发电累计装机占生物质发电累计装机占比约 58%。

由于生物质燃料密度低，不方便运输，生物质发电厂的燃料收集半径通常只有 100 多 km，装机容量通常为 10~40MW，远远小于燃煤发电厂 500~2000MW 的规模。大部分生物质发电厂都使用直接燃烧来发电。现有的燃煤电厂经过适度改造后可以掺烧最多 20% 的生物质燃料，但无法全部用生物质替代煤炭。

生物质燃气有两大类。一类是以生物质为原料，在高温缺氧条件下不完全燃烧或热解生成的可燃气体，其主要成分是一氧化碳、氢气、氮气等；另一类是生物质为原料，在缺氧条件下被厌氧消化而产生的气体，称为沼气，主要成分是甲烷和二氧化碳。生物质原料中挥发性组分含量高，易挥发，硫和灰分的含量低。这些特性使其成为气化理想的原料。生物质气化一般是在温度 800~850℃，以空气作为氧化剂的条件下进行。气化炉是生物质气化的主要设备。生物质燃气中不可避免地含有氮气、二氧化碳等不可燃气体，因此生物质燃气的发热量低于天然气，属于中低发热量气体。生物质燃气可用于发电，也可用于其他使用燃气的场合。

生物质在生物质锅炉中燃烧，然后以热水或蒸汽的形式向用户供热，这就是生物质供热技术。生物质供热整体分为两种技术路线，第一种路线是收储打包后直接燃烧，第二种路线是将生物质原料加工成固态成型燃料后再燃烧。后者碳排放水平更低，但是加工成型会提高燃料成本。生物质供热技术低碳环保，是重要的清洁供热方式。丹麦等森林覆盖面积大、木材产业发达的国家已经大力发展生物质为燃料建立的热电厂。我国是农业大国，农作物秸秆及农产品加工剩余物、林业剩余物等资源较为丰富。发展生物质能供热，可以为具备条件的小城镇以及农村提供清洁供暖，具备良好的环境效益和综合效益。

在电力领域，生物质能源的贡献在 2020 年增长了 6%，达到 602TW·h。

我国是世界上生物质和垃圾发电装机容量最大的国家。截至 2020 年，我国生物质发电装机容量 18.69GW，占世界生物质余电装机容量的 13.60%。排名前 5 的国家（中国、美国、巴西、印度和德国）占全球总量的 51.86%。

据统计，在 2001—2020 年间，全球生物质及垃圾发电装机容量从 34.97GW 大幅增长至 137.8GW，且逐年递增，2005 年增长率达到最大值 15.09%，2020 年增长率下降至 1.64%。

IEA 统计的 2017—2025 年各主要国家生物质发电新增装机容量见图 1-4。图中 2023—2025 年数据为预测值。

生物质供热是用生物质燃料为用户提供热力服务的产业，市场规模巨大。全球能源消费结构中，供热占比高达 50%，与发电和交通燃料占比的总和相近（分别为 30% 和 20%）。北欧国家长期重视生物质能供热技术的研究和开发。例如，瑞典终端能源消费结构中，生物质能占比排名第一，达 36%，而燃油占比仅为 23%。挪威、芬兰、丹麦等国在供热领域都实现以生物质为主的能源结构。

液体生物燃料产品包括乙醇、生物柴油、氢化植物油等。该行业正在努力使新型生物燃料商业化，旨在服务于新市场，特别是航空和海洋领域。包括我国在内的多个国家已经成功地将植物油制成生物航空煤油并进行了飞行验证。

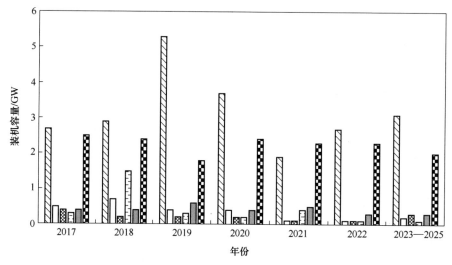

图 1-4　2017—2025 年各主要国家生物质发电新增装机容量

▨中国　▢印度　▨巴西　▨英国　▨日本　▨其他国家

2019 年，全球生物质固体成型燃料产量估计达到 59Mt。欧盟总产量达到 17Mt，产量比前一年增长 5%，仍是这类燃料的最大产地。欧洲其他国家的产量增长 17%，达到 4Mt 以上，俄罗斯的产量增长了 21%。北美产量增长 12%，达到 12.4Mt。除中国外，全球有 19Mt 生物质固体成型燃料用于为住宅和商业机构供热。还为建筑物采暖提供了所需生物质的约 7.5%。2019 年，全球有 18Mt 生物质固体成型燃料用于发电、热电联产生产和其他工业用途。美国是 2020 年世界上最大的生物质固体颗粒出口国。虽然产量比前一年下降 2%，但仍有 9.3Mt，出口量增长 1%，达到 6.80Mt。

沼气是甲烷、二氧化碳、氢气等气体的混合物。这些气体可直接用于加热或发电。也可以将甲烷成分分离出来并压缩，将其注入天然气管道，或用于运输目的，用于替代化石气体。2018 年全球沼气产量估计为 1.4EJ，仅占全球化石气体总需求的 1% 多一点。

许多国家都根据自己的国情提出了本国的生物质能源发展目标，制定了相关发展规划、法规和政策，促进可再生的生物质能源发展。例如，美国的玉米乙醇、巴西的甘蔗乙醇、北欧的生物质发电、德国的生物燃气等产业快速发展。

1.4　我国的生物质资源

根据《3060 零碳生物质能发展潜力蓝皮书》公布的数据，我国理论生物质能资源量约为有 5Ttce，是目前我国总能耗的 4 倍左右。目前我国主要生物质资源年产生量约为 3.494Gt（34.94 亿 t）。生物质资源作为能源利用的开发潜力为 460Mtce。截至 2020 年，我国秸秆理论资源量约为 829Mt，可收集资源量约为 694Mt，其中，秸秆燃料化利用量 88.215Mt；我国畜禽粪便总量（不含清洗废水）达到 1.868Gt，沼气利用粪便总量达到 211Mt；我国可利用的林业剩余物总量 350Mt，能源化利用量为 9.604Mt；我国生活垃圾清运量为310Mt，其中垃圾焚烧量为143Mt；废弃油脂年产生量约为10.551Mt，能源化利用量约527.6kt；污水污泥年产生量干重14.47Mt，能源化利用量约1.14Mt。

我国秸秆资源主要分布在东北、河南、四川等产粮大省，资源总量前五分别是黑龙江、河南、吉林、四川、湖南，占全国总量的59.9%。畜禽粪便资源集中在重点养殖区域，资源总量前五分别是山东、河南、四川、河北、江苏，占全国总量的37.7%。林业剩余物资源集中在我国南方山区，资源总量前五分别是广西、云南、福建、广东、湖南，占全国总量的39.9%。生活垃圾资源集中在东部人口稠密地区，资源总量前五分别是广东、山东、江苏、浙江、河南，占全国总量的36.5%。污水污泥资源集中在城市化程度较高区域，资源总量前五分别是北京、广东、浙江、江苏、山东，占全国总量的44.3%。

我国粮食作物主要有谷类、薯类和豆类作物。2020年我国粮食总产量669.49Mt，比2019年增长0.9%。其中，谷物产量616.74Mt，比2019年增0.5%；豆类产量22.90Mt，比上年增长7.3%（其中大豆产量19.60Mt，比上年增长8.3%）。薯类产量29.85Mt，比上年增长3.6%。上述谷物都是优质的淀粉资源。但是，大部分谷物需用于口粮或畜禽饲料，能用于能源的淀粉资源很少。另外还有一部分木本淀粉原料如橡实（栎树的果实）。橡实干物质中淀粉含量约50%~70%，目前大部分用于食品、饲料等用途，也可用于工业。

我国具有丰富的糖类生物种质资源，涉及约80个种，主要集中在菊科、禾本科、藜科、蔷薇科、葡萄科等，目前被认为最具有发展潜力的非粮能源植物且能大面积种植的有菊芋、甘蔗、甜高粱和甜菜等。

我国的油料作物主要有大豆、花生、油菜、芝麻、胡麻、棕榈、油茶树等。我国种子含油率超过40%以上的木本油料作物有154种，麻风树、油桐、黄连木、文冠果、油茶树等树种面积约4.2Mhm²，果实产量约5.59Mt。由于大豆油、花生油、芝麻油等主要用于食用，通常以非食用油料作物，如蓖麻、麻风树、油楠、油棕、油桐等产出的油用于能源。

综上所述，虽然生物质总量巨大，但并不是所有生物质资源都可用于能源开发。而生物质原料具有运输成本高昂等特点，也不可能大量从国外进口生物质原料用于能源。

目前可利用的生物质能资源主要还是传统生物质。根据我国《可再生能源中长期发展规划》统计，我国生物质资源可转换为能源的潜力约为14.635ZJ。随着造林面积扩大和经济发展，这一数字可能增长一倍。2017年，秸秆产生量、可收集资源量和利用量分别为805Mt、674Mt和585Mt。畜禽粪便和农产品加工业废水经过沼气化处理后，理论上可以生产沼气约7.5Tm³。林业生物质资源每年可用于能源用途300Mt。2017年，全国垃圾处理量339Mt，其中：填埋226Mt，焚烧93Mt，其他方式处理20Mt。我国现有森林面积1.95亿hm²，林业生物质总量超过18Gt，其中可作为生物质能资源的有三类：一是木质燃料资源，包括薪炭林、灌木林和林业"三剩物"等，年产量约300Mt；二是木本油料作物资源；三是木本淀粉类资源，例如橡实年产量约20Mt，可生产燃料乙醇近5Mt。在传统能源不断消耗的背景下，生物质能源是理想的替代能源。

我国农作物秸秆、农产品初加工剩余物、林业剩余物等资源总量丰富，但秸秆分布分散，加上农业生产季节性强，秸秆收集难度大且成本高。林业资源主要分布在东北、西南几大林区，尚未形成规模化、规范化、集约化的专用能源林基地；林业资源密度低、单位面积产出低、林区交通条件差，在一定程度上影响了林业生物质资源的应用。另外，我国可利用的后备土地资源紧缺，利用木薯、甘薯和甜高粱茎秆等非粮能源作物发展燃料乙醇的空间也有限。

1.5　我国生物质能源产业现状和前景

当前，我国面临着严峻的能源安全和环境生态保护形势。可再生能源已成为能源发展战略的重要组成部分，能源转型的重要发展方向。生物质能源的产业化是能源生产的重要内容，是改善环境质量、发展循环经济的重要任务。为此，国家制订政策并采取行动，力求扩大市场规模，完善产业体系，加快生物质能的专业化多元化产业化发展。

1.5.1　我国生物质能源产业政策

《可再生能源法》从法律上明确了生物质能在我国能源体系中的地位。国家还制定了鼓励生物质能开发和市场发展的政策。国家发展和改革委员会 2007 年制订发布《可再生能源中长期发展规划》，农业部同年发布《农业生物质能产业发展规划》。国家能源局 2016 年发布《"十三五"能源规划》。其中要求，"十三五"期间，生物质发电利用量达到 15GW，年产量达 90TW·h（900 亿千瓦时），年取代化石能源 26Mt；生物天然气年产量为 8Gm³，年取代化石能耗 9.60Mt；生物质成型燃料和生物液体燃料的利用规模分别为 30Mt 和 6Mt，每年分别取代化石能源 15Mt 和 6.80Mt。农作物秸秆及农产品加工剩余物、生活垃圾与有机废弃物等生物质资源总量每年约 13.464EJ 可作为能源利用。生物质能源产业实现规模化发展，成为带动新型城镇化建设和农村经济发展的新型产业。

"十三五"以来，我国生物质能产业形成良好的发展态势，这与国家的支持政策密不可分。《"十四五"可再生能源发展规划》（2022 年）、《"十四五"生物经济发展规划》（2022 年）、《"十四五"现代能源体系规划》（2022 年）、《2030 年前碳达峰行动方案》（2021 年）等综合性规划的颁布，明确了"十四五"期间我国生物质能产业重点发展方向与发展目标。

国家发展改革委、财政部、国家能源局联合印发了《2021 年生物质发电项目建设工作方案》，明确提出鼓励地方建立完善的农林废弃物和生活垃圾"收、储、运、处理"体系，通过前端支持，疏导建设运行成本，发挥生物质发电项目生态环境保护综合效益。鼓励加快生物质能多元应用，降低发电成本，减少补贴依赖。国家能源局印发了《关于因地制宜做好可再生能源供暖工作的通知》，提出加快生物质发电向热电联产转型升级，为具备资源条件的县城、人口集中的农村供暖，以及为中小工业园区集中供热，鼓励地方对生物质能清洁供暖项目积极给予支持，创造有利于生物质能供暖发展的政策环境。国家发展改革委、国家能源局、财政部、生态环境部、农业农村部等十部门联合印发了《关于促进生物天然气产业化发展的指导意见》，提出促进生物天然气产业化、商业化发展，推动构建分布式可再生清洁燃气生产消费体系。

国家发展改革委、国家能源局 2022 年发布《"十四五"现代能源体系规划》。要求推进生物质能多元化利用，稳步发展城镇生活垃圾焚烧发电，有序发展农林生物质发电和沼气发电，因地制宜发展生物质能清洁供暖，在粮食主产区和畜禽养殖集中区统筹规划建设生物天然气工程，促进先进生物液体燃料产业化发展。

1.5.2 我国生物质能源产业化进程及前景

20 世纪 50 年代，为了解决能源供应不足的问题，我国开始在农村建造沼气池。由于当时技术很不成熟，只是在能源供给不足的条件下，就地取材的小范围、零散式利用，没有实现产业化。直到 20 世纪 70 年代末，生物质能利用水平仍然徘徊不前。在第六个五年计划（即 1981—1985 年）期间，生物质能源的利用研究开始加速。中国科学院广州能源研究所、中国农业机械化研究院、山东省能源研究所等单位都相继开发出生物质气化装置，可以将农作物秸秆转化成气体燃料，但没有实现规模化生产。到 20 世纪 90 年代，生物质能源利用逐渐由研究开发阶段逐步走向产业化和市场化，由农村向城镇扩展，设备从小型向大中型发展。

我国在第七个五年计划期间开始研究生物质固体成型技术。成型后的燃料容重达到 1200kg/m³，发热量约 16MJ/kg，含水率低于 12%。成型燃料热性能优于木材，与中质混煤相当，而且点火容易，便于运输和贮存，可作为生物质气化炉、高效燃烧炉和小型锅炉的燃料。当时开发完成了两大类固化成型设备，即棒状成型机和颗粒状成型机，其生产能力为 120~300kg/h，已达到工业化生产规模。

我国生物质能最主要的利用方式是生物质能发电。目前生物质发电的规模远远小于风电和光伏发电，但是生物质能在清洁供热领域的贡献越来越受到关注，而生物质发电也正加速向热电联产升级。碳中和目标的确立，使得生物质发电迎来新的发展机会。在国家政策和财政补贴的大力推动下，我国生物质能发电投资持续增长。2019 年，我国生物质发电投资规模突破 1502 亿元，同比增长 12.3%，比 2012 年增长近一倍。在投资方面，截至 2019 年年底，全国已投产生物质能发电项目 1094 个，比 2018 年增长 192 个，比 2016 年增长 439 个。其中，农林生物质发电项目达到 374 个。到 2020 年底，全国投产生物质发电项目 1353 个，该年生物质发电新增装机容量 5.43GW，累计并网发电装机达到 29.52GW，比前一年增长 22.6%；生物质发电量达到 132.6TW·h（1326 亿千瓦时），比前一年增长 19.4%。2022 年，我国生物质发电新增装机容量 3.34GW，生物质发电量 182.4TW·h。我国现在是世界上生物质发电装机容量最高的国家。

2012—2021 年我国生物质能源累计装机容量和发电量见表 1-4。表中数据表明，生物质能发电正逐渐成为我国可再生能源利用中的新生力量。

表 1-4　　　2012—2021 年我国生物质发电装机容量和发电量占比

年份	2012	2013	2014	2015	2016	2017	2018	2019	2020	2021
累计装机容量/万 kW	800	缺数据	946	1031	1225	1475	1781	2409	2952	3798
累计装机容量占可再生能源总装机量之比/%	1.3	2.2	2.1	2.2	2.1	2.3	2.5	2.8	3.2	3.6
发电量占可再生能源总发电量之比/%	3.4	3.6	3.2	3.9	4.2	4.7	4.8	5.5	6.0	6.6

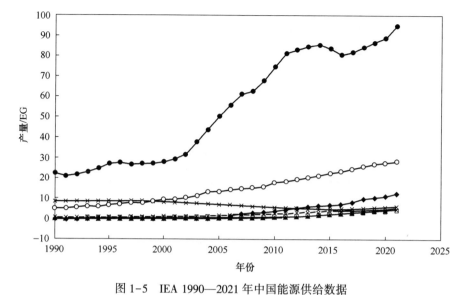

图 1-5　IEA 1990—2021 年中国能源供给数据

—●— 煤炭　—◆— 天然气　—×— 水能　—▲— 风能太阳能　—■— 生物质能与废弃物　—○— 石油　—□— 核能

图 1-5 为 IEA 统计的我国 1990—2021 年能源供给数据（未包括港澳台）。按此统计数据，2021 年中国能源供应总量为 141.1EJ，化石燃料（煤、石油、天然气）仍占 87%。可再生能源占能源供应总量的 9.7%（13.7EJ），其中包括约 12% 的现代生物能源（1.8EJ）和 25% 的传统生物能源（3.4EJ）、33% 的水电和 29% 的其他可再生能源（太阳能、风能、地热）。

我国生物燃料产业规模不断扩大，生物燃料占我国石油消费总量的比例也在逐年提升。2020 年，我国生物燃料产量约为 2.683Mt，占全国石油消费量的比例约为 3%；2021年我国生物燃料产量约为 2.75Mt，2022 年产量约 3Mt，继续保持稳步增长趋势。

2000 年以来，我国初步建立了以陈化粮玉米为原料的燃料乙醇工业和以废弃油脂为原料的生物柴油工业。由于耕地面积有限，以淀粉为原料的燃料乙醇生产规模不能扩大。据统计，2022 年，我国燃料乙醇实际产量约 3.5Mt。由于国内燃料乙醇产能不足，国内市场所需燃料乙醇供应尚不能完全自给。

《可再生能源中长期发展规划》还要求，到 2020 年，生物柴油产量达到 2Mt。目前，我国种植有几百万亩的麻风树、文冠果、黄连木、光皮树、油桐和乌桕等木本油料作物。但用这些油料作物生产生物柴油效益很差，例如麻风树年平均亩产生物柴油仅 70L，完全没有竞争力。因此现已转向以餐饮废油为原料生产生物柴油。2021 年，我国生物柴油产量约 1.86Mt，其中出口 1.29Mt；2022 年，我国生物柴油产量达到 2.14Mt，其中出口 1.50Mt。

我国农村沼气工程，包括户用沼气与处理各种废弃物的较大型沼气工程，在过去几十年中曲折发展。近年来，虽然沼气工程数量有所减少，但是总池容和总产气量都有增长，说明沼气工程逐渐向规模化和大型化方向发展。2022 年我国沼气总产量为 9.868Gm^3，其中户用沼气产量为 7.43Gm^3，占 74.3%。工程沼气产量为 2.537Gm^3，占 25.7%。

截至 2022 年底，我国生物质成型燃料年利用量约 20Mt，主要用于城镇供暖和工业供热等领域。生物质成型燃料供热产业处于规模化发展初期，成型燃料机械制造、专用锅炉制造、燃料燃烧等技术逐渐成熟，具备规模化、产业化发展基础。但是，大型企业主体较少，市场体系不完善。

生物质能技术发展的总趋势，一是原料供应从以传统废弃物为主向新型资源选育和规模化培育发展，二是高效、低成本转化技术与生物燃料产品高值利用是未来技术发展核心，三是以全链条综合利用实现生物质能绿色、高效利用。

虽然国家对生物质能源发展给予很大支持，但生物质能源技术进步速度没有风电、光伏那般迅速直接。生物质能源的发展势头长期都不及风电、光伏那样迅猛，对生物质能的利用也没有达到与其资源量相匹配的程度。产业化进展较慢的原因有多方面，包括原料供应不足且成本高、技术不够成熟、发展模式不够完善、扶持激励政策不到位等。

目前在生物质能源产业化方面存在的问题主要有：

① 政策及激励措施力度不够。生物质能源具有资源分散、规模小、生产不连续等特点，开发利用成本高，在现行市场规则下缺乏竞争力，需要政策扶持和激励。目前，国家对可再生能源全额保障性收购的政策没有能够得到充分落实，对生物质能源发展的政策支持体系还不够完整，经济激励力度不够大。

② 市场保障机制还不够完善。长期以来，我国可再生能源发展缺乏明确的发展目标，没有形成连续稳定的市场需求。

③ 我国生物质燃料开发利用专业化程度不高，大型企业主体较少，市场体系不完善，没有形成产业链，尚未成功开拓高价值商业化市场。许多生物质能企业都处于亏损状态或靠国家补贴维持生存。生物质能项目投资回报率较低，不易形成规模效益，市场风险大，难以吸引社会资金进入。

生物质能的发展曾经长期依赖政府补贴。政府补贴的逐渐减少使得生物质能的发展出现不确定性。受可再生能源电价补贴退坡政策影响，生物质发电增速可能会有所放缓，但"十四五"期间生物质能将会继续持续稳步发展。如果能够科学合理地对其开发和利用，就能够拥有千亿级的产业市场。

思　考　题

1. 如何处理传统能源与可再生能源开发利用的关系？

2. 如何看待我国目前一方面可再生能源发电装机容量和发电量占比快速增长，同时传统火电厂的装机容量也屡创新高？

3. 生物质能源在我国国民经济中的地位如何？开发和利用生物质能源对于国家经济发展和社会进步有哪些意义？

4. 为什么生物质能的利用要采取分布式利用的策略？

5. 在我国，农作物秸秆的收集半径一般有多大？它主要取决于哪些因素？

参 考 文 献

[1] 邹才能，赵群，张国生，等. 能源革命：从化石能源到新能源 [J]. 天然气工业，2016，36（1）：1-10.

［2］ 国家发展和改革委员会. 中国应对气候变化国家方案［EB/OL］. http：//www. gov. cn/gzdt/2007－06/04/content_635590. htm

［3］ IEA. World Energy Outlook 2022［R/OL］. https：//www. iea. org/reports/world-energy-outlook-2022.

［4］ IEA Data & Statistics［DB/OL］. https：//www. iea. org/data-and-statistics/data-tools/energy-statistics-data-browser? country＝WORLD&fuel＝Energy%20supply&indicator＝TESbySource

［5］ IEA Data & Statistics［DB/OL］. https：//www. iea. org/data-and-statistics/data-browser? country＝WORLD&fuel＝Energy%20consumption&indicator＝TFCbySource

［6］ 国家统计局. 中国统计年鉴 2021［Z/OL］. http：//www. stats. gov. cn/tjsj/ndsj/2021/indexch. htm

［7］ REN21 Secretariat, C/O UN Environment Programme. Renewables 2021. Global Status Report, 2021. ISBN 978－3－948393－03－8.

［8］ 国务院. 国务院关于 2020 年度国有自然资源资产管理情况的专项报告［EB/OL］. http：//www. npc. gov. cn/npc/c30834/202110/d1fc1e63e20e4dfe9b5fad0839ab8129. shtml.

［9］ 国务院新闻办公室.《新时代的中国能源发展》白皮书［EB/OL］. http：//www. gov. cn/zhengce/2020－12/21/content_ 5571916. htm.

［10］ 国家统计局能源统计司. 中国能源统计年鉴 2021［Z］. 北京：中国统计出版社, 2021, 34.

［11］ 国家统计局能源统计司. 中国能源统计年鉴 2021［Z］. 北京：中国统计出版社, 2021, 58.

［12］ 国家统计局能源统计司. 中国能源统计年鉴 2021［Z/OL］. http：//www. stats. gov. cn/tjsj/ndsj/2021/index-ch. htm.

［13］ 中国气象局风能太阳能资源评估中心. 中国风能资源评估［M］. 北京：气象出版社, 2009.

［14］ EBERMEYR E. Die gesamte Lehre der Waldstreumit Rücksicht auf die chemische Statik des Waldbaues［M］. Berlin：Springer, 1876.

［15］ BOGOROV B G. Seasonal Changes in Biomass of *Calanus finmarchicus* in the Plymouth Area in 1930［J］. Journal of the Marine Biological Association of the United Kingdom, 1934, 19（02）, 585.

［16］ SILLANPÄÄ M, NCIBI C. A Sustainable Bioeconomy-The Green Industrial Revolution［M］. Springer：2017, 57.

［17］ IEA. Energy technology perspectives 2014［EB/OL］. https：//www. iea. org/etp/etp 2014.

［18］ 马隆龙, 唐志华, 汪丛伟, 等. 生物质能研究现状及未来发展策略［J］. 中国科学院院刊, 2019, 34（4）：434－442.

［19］ STATISTA. Bioenergy capacity worldwide 2020［DB/OL］. https：//www. statista. com/statistics/476338/global-capacity-of-total-bioenergy/

［20］ The installed capacity of biomass and waste electricity in the World https：//knoema. com/data/installed-capacity+biomass-and-waste-electricity.

［21］ https：//www. iea. org/data-and-statistics/charts/biomass-electricity-capacity-additions-by-country-2017-2025.

［22］ 中华人民共和国生态环境部, 国家统计局, 中华人民共和国农业农村部. 第二次全国污染源普查公报［EB/OL］.（2020－06－10）http：//www. gov. cn/xinwen/2020-06/10/content_ 5518391. htm.

［23］ 国家能源局. 我国可再生能源发电累计装机容量突破 10 亿千瓦［EB/OL］. http：//www. nea. gov. cn/2021-11/20/c_ 1310323021. htm.

［24］ IEA. Energy Statistics Data Browser-Data Tools-IEA. https：//www. iea. org/data-and-statistics/data-tools/energy-statistics-data-browser? country＝CHINA&fuel＝Energy%20supply&indicator＝TESbySource.

［25］ 国家发展和改革委员会, 国家能源局. "十四五" 现代能源体系规划［EB/OL］. http：//www. gov. cn/zhengce/zhengceku/2022－03/23/5680759/files/ccc7dffca8f24880a80af12755558f4a. pdf.

［26］ 中国产业发展促进会生物质能产业分会. 2021 中国生物质发电产业发展报告［EB/OL］. 2021. https：//www. beipa. org. cn/productinfo/756733. html.

2 生物质的直接燃烧技术

从生物质中获取能量的热化学方法主要有三种，即燃烧、气化和热裂解。燃烧是燃料的氧化反应。生物质通过燃烧可以被完全氧化，并放出热量；气化是将固体燃料转化为气体燃料的部分氧化过程；热解可以看成是燃烧和气化过程的第一阶段，也可以是单独进行的反应。

2.1 生物质燃料组成及特性

生物质资源含量丰富，但分布分散。生物质原料结构疏松，密度小占用空间大，在直接燃烧时存在能量密度小、热效率低、环境污染大和运输不便等缺点，不利于大规模应用。因此，有时利用固体成型技术，将生物质燃料压缩为形状规则、密度较高的生物质颗粒或压块，从而提升生物质燃料的品质。

生物质燃料的品质和燃烧性能可以通过工业分析（proximate analysis）加以评定。其内容包括水分、挥发分、固定碳和灰分的含量。这些指标提供了生物质受控加热生成产物的信息。挥发分和固定碳含量可用来表示生物质的易燃程度和燃烧时的发热量。目前，固体生物质燃料的工业分析需依国家标准《GB/T 28731—2012 固体生物质燃料工业分析方法》执行。分析方法有两种：一种是通氮干燥法，另一种是空气干燥法。将生物质样品放在带盖的瓷坩埚中，在（900±10）℃下，隔绝空气加热 7min，以减少的质量占试样质量的质量分数，减去该试样的水分含量，作为试样的挥发分。挥发分主要含有氢气、甲烷等可燃气体和少量的氮气、二氧化碳等不可燃气体。测定挥发分余下的固体残渣的主要成分为固定碳与灰分。

发热量（又叫热值）是用于评估燃料的能量含量的重要指标。它定义为一定体积或质量的燃料完全燃烧（即产物为二氧化碳和水等不能再燃烧的稳定物质的燃烧过程），燃烧产物冷却到燃烧前的温度（一般为环境温度）时所释放出来的热量，单位一般为 MJ/kg。发热量可分为低位发热量和高位发热量。低位发热量指的是单位质量燃料在恒容条件下在过量氧气中完全燃烧，生成压力为 0.1MPa 的氧气、氮气、二氧化碳、二氧化硫、气态水以及固态灰，且温度与燃料初始温度相同时所发出的热量；高位发热量指单位质量燃料完全燃烧时放出的全部热量，包括烟气中水蒸气已凝结成与初始温度相同的液态水所放出的气化潜热。两者的差值就是烟气中水蒸气的气化潜热，又叫冷凝热。

生物质燃料的物理化学性质与化石燃料差异显著。表 2-1 对比了几种生物质燃料和烟煤的化学组成。由表中数据可知，与煤炭相比，生物质的挥发分/固定碳比例高，灰分较低，碱金属含量高得多。此外，生物质的水分和氯含量都比较高。生物质的燃烧行为，在热解、着火和燃烧阶段，都与煤炭有显著区别。首先，生物质的热解温度和着火温度都较低，且挥发分很高，因此生物质挥发分燃烧的热量贡献较多；其次，生物质原料中氧含量高，碳含量低，故单位质量发热量低，燃烧时火焰温度较低；第三，生物质颗粒粒径普遍大于煤炭颗粒，燃烧时易出现残炭量偏高、燃烧速度不稳定的问题；第四，虽然生物质灰分含量较低，但碱金属和碱土金属含量高，易造成炉内腐蚀、沾污和结渣现象。

表 2-1　　　　　　　　　　　　　　几种生物质燃料和烟煤的组成和发热量

样品	工业分析结果/%（质量分数）				元素含量/%							发热量/ (kJ/kg)
	水分	灰分	挥发分	固定碳	碳	氢	氧	硫	氮	磷	钾	
稻草	4.97	13.86	65.11	16.06	38.32	5.06	33.54	0.11	0.63	0.15	11.28	13681
玉米秸秆	4.86	5.93	71.15	17.75	42.17	5.45	37.86	0.12	0.74	2.60	13.80	14867
高粱秸秆	4.17	8.91	68.90	17.48	41.43	5.25	37.46	0.10	0.59	1.12	13.60	14441
杂木末	5.21	3.45	76.38	14.96	47.86	5.98	35.44	0.16	0.94	1.50	8.38	15346
花生壳	6.43	3.79	68.20	21.58	49.56	6.21	34.66	0.10	1.24	0.15	9.26	15844
烟煤	8.85	21.37	38.48	31.30	57.42	3.81	7.16	0.46	0.93	0.12	0.10	24300

我国生物质资源以农作物秸秆为主。农作物秸秆的物化性质与国外大量采用的木材纤维燃料差异较大。后者发热量高、灰分低、含水率低、腐蚀性元素含量低、易大规模加工、燃烧后不易结渣，作为燃料具有显著的优势。两类生物质燃料对燃料制备、燃烧设备以及燃烧工艺参数的要求均有不同。

农林废弃物类生物质属于木质纤维素类生物质。主要成分为纤维素、半纤维素和木质素，总量占植物质量的 2/3 以上。在纤维类植物细胞壁中含量最高的是纤维素，纤维素是由 D-葡萄糖以 β（1→4）糖苷键组成的链状高分子化合物，分子式为（$C_6H_{10}O_5$）$_n$。纤维素中存在结晶区和非结晶区，并伴有氢键联结，结构非常牢固。在细胞壁中，纤维素通过分子链形成排列有序的微纤丝束。在压缩过程中，由氢键连接成的纤丝起到骨架支撑作用，有利于提高成型燃料强度。半纤维素和纤维素都属于碳水化合物，但半纤维素是由两种或两种以上的单糖组成的多聚糖。天然半纤维素为非结晶态且相对分子质量较低的支链聚合物，其聚合度为 80~100。半纤维素为无定形结构，易水解，结构强度低于纤维素。半纤维素以无定型状态渗透在纤维素"骨架"中，以共价键或氢键形式与纤维素、木质素连接，其主链和侧链上含有较多的羟基、羧基等亲水性基团，是生物质中吸湿性较强的成分，可起到一定的黏合剂作用。半纤维素受热会软化，不同多糖的软化温度也不同。例如，桦树木聚糖和松树葡甘聚糖的软化温度分别为 167℃ 和 181℃。木质素是一种复杂三维网状结构的无定形高聚物，由愈创木基丙烷、紫丁香基丙烷及对羟基苯丙烷结构单元组成。木质素形成于细胞分化的最后阶段，渗透于细胞壁的骨架中，主要起增强细胞壁刚度、黏合植物纤维的作用。常温下，天然状态的木质素不溶于水及任何有机溶剂；但木质素受热会软化。根据 Goring 等人的研究，木质素的软化温度在 127~193℃ 之间。木质素吸水后软化温度有所降低。干湿木质素或半纤维素的软化温度与木质纤维素原料开始发生黏结的温度有关。软化和黏结行为主要与非晶态高聚物的玻璃化转变有关。当木质素软化熔融后，施加一定的挤压力便可使相邻的生物质原料发生粘连胶结。生物质中的吸附水可以看成一种增塑剂。生物质中纤维素、半纤维素和木质素的含量因原料而异。表 2-2 是几种典型纤维类生物质的组成成分。

表 2-2　　　　　　　　　几种典型纤维类生物质的组成成分　　　　　单位：%

种类	木质素	纤维素	半纤维素	提取物	灰分
稻草	12	32	25	14	13
木屑	20	39	34	3	0.3
小麦秸	17	40	28	10	3
松树皮	34	34	16	12	2

　　纤维素、半纤维素和木质素是组成生物质燃料的主要成分。三者紧密交联在一起，形成了物理和化学抗降解屏障，见图 2-1。采取合适方法进行预处理。可以调整生物质的结构及组分占比，提高生物质燃料品质。常用的预处理手段有水热预处理和蒸汽爆破等。以生物质为原料，水为反应媒介，在密闭容器中通过加压对结构稳定的生物质原料进行热解。原料在水热预处理时经历三阶段的变化：第一阶段，前驱体水解成单体，体系 pH 降低；第二阶段，单体脱水，诱发聚合反应；第三阶段，发生芳构化反应形成最终产物。水热处理造粒后的生物质燃料燃烧特性得到显著改善。预处理可明显提高生物质的成型及燃烧性能，预处理生物质的抗压强度及耐久度均优于原料成型生物质。以火炬松原料为例，其成型后耐久度为（97.5±0.5）%，密度为（1080.2±5.1）kg/m³，能量为（21.3±0.5）GJ/m³；而 260℃ 水热预处理后的成型生物质耐久度为（99.8±0.1）%，密度为（1478±9.7）kg/m³，能量高达（39.2±0.2）GJ/m³，各项指标均有显著提升。蒸汽爆破也是常用的预处理方式，具有成本低、能耗少、无污染的特点。

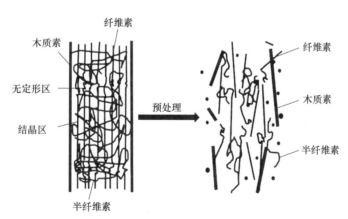

图 2-1　植物生物质纤维素、半纤维素和木质素组成结构

2.2　生物质燃料的燃烧过程

2.2.1　生物质燃烧特性

　　生物质燃烧是强烈的化学反应过程，也是燃料和空气间的传热和传质过程。它包括预

热、干燥、挥发分析出燃烧、焦炭（固定碳）燃烧等阶段。上述各个阶段总体是串行的，但也有相当一部分是重叠进行的，并没有严格的区分线。图 2-2 表示了生物质燃料的燃烧过程。

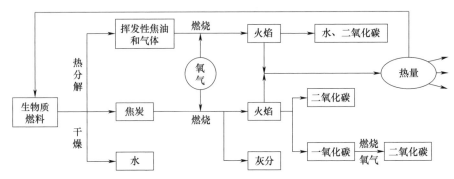

图 2-2　生物质燃料燃烧过程示意图

生物质燃料送入燃烧室后，被加热并析出水分。水分挥发完毕后，生物质表面的挥发分会以气体方式析出。当温度上升至 250℃ 左右时，燃料发生热分解，析出挥发分，并形成焦炭。在 350℃ 时挥发分可析出 80%。气体挥发分达到一定浓度和温度时，开始燃烧并释放大量热量，使温度进一步升高，并使生物质内部的挥发分继续析出。挥发分燃烧时，焦炭被挥发分包围着，使得燃烧室中氧气不易扩散到焦炭表面，故焦炭尚无法燃烧，但挥发分的燃烧为焦炭燃烧提供了热能准备。当挥发分快燃烧完时，焦炭及其周围温度已很高，且氧气与焦炭表面接触。此时焦炭开始燃烧。在焦炭的燃烧过程中，会不断产生灰分。燃料内部的焦炭被灰分包裹，燃烧受阻。此时，若能够经常搅动或加强炉膛中的供风，将有利于剩余的焦炭继续燃烧。

生物质燃烧的上述过程中，预热、干燥和挥发分析出属于吸热过程，而挥发分燃烧和焦炭燃烧属于放热过程。其中挥发分燃烧占燃烧时间约 15%，但提供总热量的约 65%，而焦炭燃烧占燃烧时间约 85%，提供总热量的 35% 左右。

生物质原料中的灰分对生物质的平稳燃烧不利。当原料矿物质含量高时，燃烧不稳定，热转换无法顺利实现，还会生成低熔点混合物，导致结垢。所以通常要求使用灰分含量低的生物质原料。

由于生物质燃料密度小，结构松散，挥发分含量高且析出速度较快，若空气供应不当，有机挥发分可能未被燃尽就排出，排出黑色或浓黄色的烟。所以，在设计燃用生物质燃料的设备时，必须有足够的扩散型空气供给，燃烧室必须有足够的容积和一定的拦火，以便有一定的燃烧空间和燃烧时间。但是，通风过强会将一部分未燃烧的炭粒裹入烟道，形成黑絮，反而降低燃烧效率。由于焦炭燃烧受到灰烬包裹和空气渗透较难的影响，燃烧不完全，灰烬中会残留余碳。为促进焦炭的燃烧充分，此时应适当加以捅火或加强炉箅的通风。

2.2.2　工艺条件对燃烧性能的影响

燃烧工艺条件对生物质燃料燃烧行为影响很大。为了提高生物质燃料的燃烧效率，需要合理调控空气供给量、排烟量和理论燃烧温度等要素。

2.2.2.1　空气供给量

适量的空气供给是燃料充分燃烧的必要条件之一。空气过多会吸收燃烧产生的热量，降低燃烧温度，稀释可燃气体浓度，使燃烧减慢；空气过少会使可燃气体未经燃烧就逸出。单位质量燃料的理论需要空气量可根据化学反应式获得。生物质燃料中磷含量极少，而钾都以氧化钾的形式出现，故二者可以忽略不计。单位质量燃料所需的理论空气量，即1kg 燃料完全燃烧所需要的标准状态下的干空气体积，可以根据燃料中碳氢两种元素的含量和化学方程式计算出来。在工程计算中，经常用到"标准立方米"这个单位。对固体和液体燃料来说，理论空气量的单位为 m^3/kg，对气体燃料则用 m^3/m^3。理论空气量可按经验公式（2-1）计算：

$$V^0 = 0.0889w_{C^y} + 0.256w_{H^y} + 0.033(w_{S^y} + w_{O^y}) \tag{2-1}$$

式中　　　　　　V^0——单位质量燃料理论需要标准状态下空气的体积，m^3 标准状态

w_{C^y}、w_{H^y}、w_{S^y}、w_{O^y}——燃料各组成元素的应用基质量分数，%

常见生物质燃料的理论需要空气量为 $4 \sim 5m^3$ 标准状态。在实际燃烧时，由于供给方式的限制以及空气和燃料的接触的不完善，只供给理论空气量是远远不够的。为了保证燃料充分燃烧，实际供给的空气要比理论空气量多。实际供给空气量 V 和理论空气量之比称作空气过量系数，用符号 a 表示，根据式（2-2）计算：

$$a = V/V^0 \tag{2-2}$$

家用生物质燃料炉灶难以像工业锅炉那样用调节法控制空气过量系数。从实际测试可以看出，当烟囱抽力不足、拦火过分、喉口偏小时，空气的进入量会减少，排烟中 CO 量明显增多；而在烧火旺、拦火小、烟囱抽力大的情况下，空气过量系数增大，最大时可达4.0 以上。一般情况下，a 值在 $1.70 \sim 3.00$ 之间。最佳的 a 值为 2.00 左右。a 值可以采用烟气分析仪测定，其值按式（2-3）计算：

$$a_{py} = \cfrac{21}{21 - 79 \times \cfrac{\varphi_{O_2} - 0.5\varphi_{CO}}{100 - (\varphi_{CO_2} + \varphi_{O_2} + \varphi_{CO})}} \tag{2-3}$$

式中　　　　　　a_{py}——排烟处空气过量系数

φ_{O_2}、φ_{CO_2}、φ_{CO}——干烟气中氧、二氧化碳、一氧化碳含量的体积分数。

由于生物质燃料含硫量很低，故 SO_2 对空气过量系数的影响忽略不计。

2.2.2.2　排烟量

排烟量是指每千克燃料燃烧产生的烟气量。排烟量除与燃料的元素组成、水分含量有关外，还和空气过量系数有关。排烟量可按式（2-4）计算：

$$V_{py} = 0.018866(w_{C^y} + 0.375w_{S^y}) + 0.111w_{H^y} + 0.08w_{N^y} + 0.0124w_{W^y} + (1.016a_{py} - 0.21)V^0 \tag{2-4}$$

式中　　　　　　V_{py}——每 kg 燃料燃烧产生的实际烟气量，m^3 标准状态

w_{W^y}、w_{C^y}、w_{S^y}、w_{H^y}、w_{N^y}——燃料的水分以及碳、硫、氢、氮元素的应用基质量分数，%

a_{py}、V^0 含义同上。

炉灶中的排烟损失和排烟量及排烟温度有关。排烟量大，排烟损失也增大。同时，排烟量直接关系到炉灶的喉口、烟囱截面和火炕炕洞截面尺寸的确定。

2.2.2.3 理论燃烧温度

目前尚不能用计算方法来获得实际燃烧温度，因为它受外界许多因素的影响。为了评价燃料燃烧过程本身的程度，设想使燃料在没有散热损失和完全燃烧的理想条件下燃烧。这样计算出来的燃烧温度称为理论燃烧温度，可按式（2-5）计算：

$$t_{th} = \frac{Q_{dw} + Q_a + Q_f + Q_{t.d}}{V_{py} c_{p,py}} \tag{2-5}$$

式中 t_{th}——理论燃烧温度，℃

       Q_{dw}——燃料的低位发热量，kJ/kg

       Q_a——燃烧每 kg 燃料所用的空气带入的热量，kJ/kg

       Q_f——燃料带入的热量，kJ/kg

       $Q_{t.d}$——燃料热分解吸收的热量，kJ/kg

       V_{py}——单位质量或体积燃料燃烧生成气体产物的体积，L/kg 或 L/L，两者是等价的

       $c_{p,py}$——燃烧生成烟气的比定压热容，kJ/（kg·℃）

2.3 生物质的炉灶燃烧技术

在一些国家（特别是发展中国家）的农村地区，生物质依然是主要的生活能源。炉灶燃烧是生物质能的传统利用手段。即使在生物质能源已进入大规模利用阶段的今天，对炉灶燃烧技术的改进，仍然是提高生物质燃料利用效率、减少排放、保护生态环境的重要措施。在我国，炉灶燃烧的发展大致可分为三个阶段。即原始阶段、改良阶段和技术创新阶段。

20 世纪 80 年代以前，我国农村绝大多数农户使用手工垒砌的传统旧灶，灶台大多是砖石结构。在使用中各种燃料燃烧不充分，释放出大量浓烟，污染环境，严重损害人的身体健康，同时损失大量的热能，热效率低，只有 12% 左右。

20 世纪 80 年代初期，即"六五"期间，我国政府有计划有组织地在农村开展改灶节柴工作。结合当地风俗和生活习惯，研制了一批适合当地使用的省柴灶。与旧式柴灶相比，省柴灶降低了吊火高度，缩小灶门尺寸，缩小炉膛容积，加设挡板，加设拦火圈、回烟道、炉算子等保温措施和余热利用装置，改进烟囱，使炉灶的热效率达到 20% 以上。在一些地方还推广了"炕连灶"。

20 世纪 90 年代中期，生物质炉灶技术进入创新阶段。通过技术创新，一些厂家研发了便利和高热效率的成型商品炉以及现代化的民用生物质炉灶。

生物质气化炉是生物质燃料直接燃烧向气态燃烧的重大飞跃。这里所说的气化炉是指一种小型的先将生物质通过气化生成可燃气、再进行燃烧的炉灶。其效率大大高于传统炉灶。但它也存在许多问题，例如生成的焦油难以处理。当炉灶处于关闭的状态而气化室内燃料未燃尽时，必须将可燃气体排出气化室外，在低气压或无风时造成严重的空气污染和能量损失。

生物质半气化炉是建立在直接燃烧和气化燃烧共同作用的基础上的。燃烧过程中既有

燃料直接燃烧，又有燃料气化后的气体部分燃烧，且无焦油析出。该种炉具燃烧较充分，没有黑烟，污染排放低。有些炉具为了增加燃烧效率，一次风从炉排底部进入，同时在炉具上部出口处设二次风入口，这样将固体生物质燃料和空气的气固两相燃烧转化为单相气体燃烧。这种半气化的燃烧方法使燃料得到充分燃烧，减少了颗粒物和一氧化碳排放，改善了室内空气质量。其结构如图 2-3 所示。使用时燃料一般从炉子的上部点燃，自上而下燃烧，和空气的流动方向相反。从开始点火到燃尽都可以做到不冒黑烟，可以把焦油、生物质炭渣等烧尽。

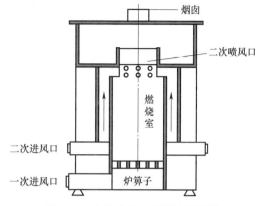

图 2-3　生物质半气化炉灶结构图

2.4　生物质的锅炉燃烧技术

生物质锅炉燃烧属于现代燃烧技术，就是把生物质燃料置于锅炉中燃烧。放出的热量用于生产水蒸气，用于供热或进一步推动汽轮机发电。也就是说，终端用户可以是热电厂或热电联产工厂，也可以是居民用户。热电厂是以供热为主要目的的发电厂。其下游客户是热力公司及用热企业。热力公司的下游客户主要是城镇居民。热电联产是指发电厂既利用汽轮发电机生产电能，又用做过功的蒸汽对用户供热的生产方式。该生产方式比分别生产电、热能的方式节约燃料。适用两类不同用户的锅炉原理相同，但设备规模以及技术细节有一定差别。锅炉燃烧热效率高，是大规模利用生物质最廉价有效的方式。

生物质锅炉按照传热介质可以分为生物质蒸汽锅炉、生物质热水锅炉、生物质热风炉、生物质导热油炉等；按照用途可以分为生物质热能锅炉和生物质电能锅炉；按照燃烧方式可以分为层状燃烧、悬浮燃烧和流化床燃烧。以下我们按燃烧方式介绍几种生物质锅炉。

2.4.1　层状燃烧

层状燃烧简称层燃，又叫炉排燃烧。传统的层燃技术是将生物质燃料铺在炉排上，通入空气，逐步进行干燥、热解、燃烧和还原等过程。层燃主要适用于大颗粒及块状生物质燃料。小颗粒生物质燃料在炉排上燃烧时，因为炉排空隙较大，容易未燃烧就掉落至灰斗中。当燃料被吹入一次风室时，易因质量较轻而被吹走，造成损失。在燃烧过程中，生物质燃料在炉排上床层的不同高度，处于不同的燃烧阶段。层燃式生物质锅炉结构简单、操作简便、投资运行费用相对较低。层燃锅炉的主要缺点是炉内温度较高，有时超过1000℃，远高于生物质燃料的灰熔点，很容易结渣。

现代层燃锅炉主要包括以下四个系统：燃料供给系统、炉排组件、二次送风系统和排灰系统。

在燃料供给层面，生物质层燃锅炉通常用于粒径较大的生物质颗粒的燃烧，对于细颗粒含量很高，颗粒尺寸很小的生物质燃料，在给料时还需要设定燃料分布装置以避免细颗粒的偏析。燃烧时，在入口一次风作用下细颗粒通常处于悬浮状态，而较大较重的颗粒则会落到炉排上进行燃烧。

2.4.1.1　层状燃烧的炉排设置

炉排设置在层燃锅炉燃烧室的底部，主要功能有两个：一是进行燃料的纵向输送，二是对从炉排下方供给的一次风进行分配。炉排可以采取风冷或水冷，其中水冷效果更好，配合使用二次供风系统可以灵活调节炉膛内的燃烧状态。炉排主要可以分为固定式倾斜炉排、移动式炉排、往复式炉排以及振动式炉排。

① 固定式倾斜炉排：炉排固定不动，生物质燃料在重力作用下沿斜坡下滑时燃烧，这种炉排燃烧装置炉排倾斜度的控制比较困难，且存在燃料崩塌的危险。

② 移动式炉排：燃料从炉排的一侧送入后在炉排上运输并燃烧，最终在燃尽时将灰分送入排灰系统。这种炉排与固定式炉排相比更易于控制，且由于炉排上的燃料层很薄，能够获得更好的碳燃尽效率。

③ 往复式炉排：随着燃烧的进行，炉排在炉排杆的推动下前后往复运动以翻滚并输送燃料，最后燃尽的灰分被送到排灰系统。由于炉排的往复运动造成了燃料更好的混合，碳燃尽效率得到进一步的提高。

④ 振动式炉排：炉排通过机械振动的方式来均匀地分散燃料。与其他移动式炉排相比，这种炉排的移动部件较少，结构较简单，因此维护成本降低，运行可靠性提高。燃料的燃尽率也有所提高。

上述几种炉排中，固定炉排适用于小型锅炉，而移动式炉排、振动式炉排、往复式炉排主要适用于大型锅炉。炉排面积较大，炉排运动速度或振动频率可调节，并且炉膛有足够的悬浮空间，能延长生物质的炉内停留时间，有利于生物质燃料的完全燃烧。

2.4.1.2　层状燃烧的生物质燃烧机理

生物质燃料在炉排上的燃烧机理也分为干燥、挥发分析出与燃烧、焦炭燃烧、灰渣燃尽等阶段。

① 干燥：炉膛内火焰与高温炉膛壁的辐射以及高温烟气的对流换热作用下，生物质燃料中含有的水分逐渐被蒸发，此时料料的温度可达 200～500℃。

② 挥发分的析出与燃烧：当温度达到 300℃，在无氧或缺氧的情况下，生物质中的有机物就会发生分解反应，析出各种可燃气体的混合物，即燃料的挥发分。挥发分达到燃点后迅速燃烧，其释放出的大量热量不断地加热焦炭。

③ 焦炭的燃烧：焦炭在炉内高温火焰的辐射热以及挥发分燃烧散发出的热量的双重加热下下急剧升温，达到着火温度后开始燃烧。在这一阶段中，炉排底部的一次风不断供应燃烧过程所需要的氧气，加上炉排往复运动造成燃料层的不断翻滚，焦炭得到充分而猛烈的燃烧，此时温度可达 900℃。

④ 灰渣燃尽阶段：随着燃料的继续前行，燃料层逐渐被燃尽变成灰渣，此时的温度不断降低，燃尽的灰渣也逐渐被送入排灰系统。

一次风的分布与炉排的移动直接影响着生物质燃料的混合与转化，对生物质燃料的燃烧起着重要作用。往复炉排炉运行过程中，为了减少机械不完全燃烧热损失（主要是随飞灰和炉渣排出的未燃烧固体可燃物的热能损失）以及化学不完全燃烧热损失（可燃气体随烟气排出炉外所造成的热损失），炉排下的一次风通常采用分段送风，即前后的风量少，中段的风量最多，以使得燃料在合理的过量空气系数下进行最佳的燃烧。

在传统的以生物质为燃料的炉排锅炉中，一次风占比（单位时间供风体积）通常高达80%，二次风仅占20%左右；而在现代生物质炉排锅炉中，一次风与二次风的配比通常为40∶60。可见二次风在供风系统设计中起着重要作用。合理的二次风设计可以使气体流动良好，例如通过形成局部回流区或者旋转流实现不同的局部燃烧环境，使得炉排前部的可燃气体流经中段高温区的上方，与中段燃烧区上升的过量空气充分混合，使其进一步燃尽，进而减少污染物的排放。

图2-4表现了层燃锅炉中的供风和燃烧区域特性。由图可知，大部分的可燃气体在炉排的前段被释放，分级送风系统使得炉膛在前下部区域内形成局部燃料富集的燃烧环境，增加了可燃物的停留时间，

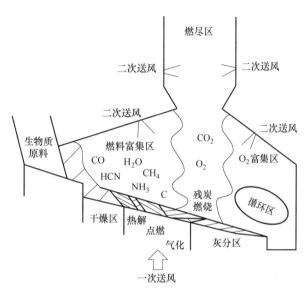

图2-4 层燃式生物质锅炉燃烧的供风和燃烧区域示意图

使温度分布变得均匀，而位于炉膛后壁上的二次风射流会形成局部富氧的环境，在炉膛的右下角形成稳定的回流区，这有利于使炉排最后部分燃料稳定燃烧，减少未燃尽焦炭的热量损失。

2.4.2 悬浮燃烧

悬浮燃烧是将粉体燃料喷入炉膛，并在炉膛内以悬浮方式与空气接触燃烧，如图2-5所示。由于燃料需要以悬浮方式存在于炉膛内，对于质量较大的燃料，需要较大的空气流速才能使之悬浮，但空气流速过大会使炉膛温度降低，因此，悬浮燃烧主要适用于细碎、质轻的干燥生物质燃料。由于生物质颗粒小，且悬浮方式与空气充分接触，因此燃烧形式接近气体燃料，燃料中的挥发分和固定碳都可以充分燃烧，燃烧效率高达98%，可以较好地避免生物质燃烧冒黑烟的问题。另外悬浮燃烧速度比较均匀，起伏较小，燃烧需氧量与外界供氧量匹配较好。但是，悬浮燃烧飞灰浓度大，而且在熄火的情况下易发生爆燃，需安装火焰探测或炉温探测装置，在熄火时立即中断供料或立即点火，同时还需要增加防爆装置。为了保证燃料燃烧充分，通常将空气过量系数控制在1.2~1.5之间。

实际应用的悬浮燃烧炉的燃烧系统包括炉排和预燃室。炉排的作用是使粉体燃料能够较均匀地撒播到预燃室中，并与空气充分混合。燃料在预燃室中的运动路径应适当延长，以便延长燃料的停留时间，提高燃料的燃烧效率，同时也可减轻燃烧尾气对空气的污染。

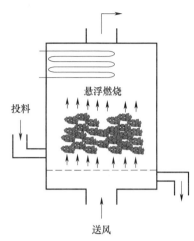

图 2-5　炉腔内悬浮燃烧示意图

粉体燃料的初步燃烧在预燃室里进行，而不是在炉排上进行。这样炉排的温度就不会过高，而预燃室的温度则较高，可以使热量更容易被收集或吸收。

2.4.3　流化床燃烧

流化床（fluidized bed）概念的提出是为了区别于固定床（fixed bed），但两者从本质上讲可以是同一个设备，即圆筒中架设一块布风板（又叫气体分布板，可以透气，但不允许颗粒通过），板上堆积一定高度的颗粒（反应物和反应介质），气体自下而上依次穿过布风板和颗粒层。随着流体速度逐渐增大，固体颗粒开始运动，且固体颗粒之间的摩擦力也越来越大。当流速达到一定值时，固体颗粒之间的摩擦力与它们的重力相等，颗粒便可以自由运动。当操作气速 u_g 低于床中所装颗粒的最低流化速度 u_{mf} 时，该设备为固定床；而当 u_g 大于 u_{mf} 时，该设备为流化床。此时颗粒与气体接触而处于类似于流体的状态。

最早的流化床 1921 年出现在德国，主要用于粉煤的气化生产煤气。

流化床反应器（包括流化床锅炉）都包括以下几个部分：壳体、风室、容器、气体分布装置、换热装置、气固分离装置、固体颗粒的加入和卸出装置。

流化床燃烧又称为流态化燃烧，是介于层燃和悬浮燃烧之间的一种燃烧方式。它结合了两种燃烧方式的优点，较重和较轻的燃料都可以得到充分燃烧。在流化床锅炉中，高速空气从流化床底部的布风板将较轻的燃料颗粒吹至燃烧室上部燃烧，质量较重的颗粒则留在流化床底部燃烧。为了提高燃烧效率，将飞出的颗粒经过旋风分离器分离收集，用返料器重新送至底部继续燃烧，而烟气则从分离器上部排出。

与煤炭相比，生物质燃料具有含水率高，发热量低，灰分熔点低等特点。这些特性使其适合采用流化床技术进行燃烧。

流化床锅炉按工作压力可分为常压流化床锅炉和带压流化床锅炉，而根据流化速度的不同，常压流化床锅炉又分为鼓泡流化床（Bubbling Fluidized Bed，BFB）锅炉和循环流化床（Circulating Fluidized Bed，CFB）锅炉。与炉排锅炉相比，流化床锅炉燃烧效率高，可达 90% 左右，能有效燃烧生物质和低品位燃料，SO_2 和 NO_x 的排放量低。

2.4.3.1　鼓泡流化床锅炉

鼓泡流化床锅炉是炉腔内气固流动处于鼓泡流态化状态下的燃烧装置，其燃烧原理如图 2-6 所示。当气体流速超过临界流化速度后，固体开始流化，床层出现气泡，并明显地出现两个区，即粒子聚集的密相区和气泡为主的稀相区。

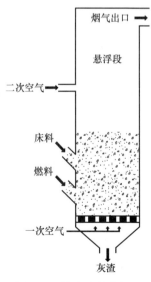

图 2-6　鼓泡流化床锅炉的工作原理

鼓泡流化床中的燃烧主要集中在密相区，因此需布置埋管受热面以吸收燃烧释放的热量。埋管的传热系数很高，可达 $220 \sim 270 kW/(m^2 \cdot ℃)$。有些特种燃料在密相区的燃烧份额较小，释放的热量较少，也可不设置埋管。流化速度有的低至 $3 \sim 4 m/s$，有的高至 $5 \sim 6 m/s$。为了提高鼓泡床的效率，通常需设置飞灰再燃装置。鼓泡流化床锅炉使用的气固相分离器由于效率要求宽松，可采用多种形式，如旋风分离器、卧式旋风分离器、平面流百叶窗、槽形钢分离器等。

鼓泡流化床锅炉的床料需在启动前铺在布风板上。它由砂和燃料灰渣构成。如果需要进行硫捕集，可以向床料中加入石灰石。当流化速度为 0.72m/s 时，最佳的床料粒径宜为 $0.5 \sim 2mm$。

表 2-3 列出某典型的鼓泡流化床的操作参数。

表 2-3　　　　　　　　　　　　典型的鼓泡流化床操作参数

指标	数据	指标	数据
容积热负荷/(MW/m^3)	$0.1 \sim 0.5$	二次风温度/℃	$20 \sim 400$
截面负荷/(MW/m^3)	$0.7 \sim 3$	床温/℃	$700 \sim 1000$
床层压力降/kPa	$6 \sim 12$	悬浮段温度/℃	$700 \sim 1300$
流化速度/(m/s)	$1 \sim 3$	过量空气比	$1.1 \sim 1.4$
床高/m	$0.4 \sim 0.8$	床料密度/(kg/m^3)	$1000 \sim 1500$
床料颗粒尺寸/mm	$0.5 \sim 1.5$	最低负荷/%	$30 \sim 40$
一次风温度/℃	$20 \sim 400$		

在鼓泡流化床锅炉中，燃料颗粒被输送到床层顶部。流化一次风通过风道或风室送至炉膛底部，再由布风系统供给。较重的燃料颗粒（例如煤炭）在床内干燥气化，而生物质等轻质燃料颗粒倾向于快速挥发并在床层上方的悬浮段中燃烧。床层温度在 $700 \sim 1000℃$ 之间，取决于燃料质量和锅炉负荷。温度下限值的设定，主要是要保持充分燃料能够良好燃烧，而温度上限则是要防止床层结块，因为结块会阻止流态化。当燃料颗粒与热床料紧密接触时，燃料易干燥、易挥发。床料的热容量高，有利于低品位燃料的燃烧。如果燃料性质或进料速率发生波动或扰动，床料的高热容有助于平衡这种影响。

鼓泡流化床锅炉在分布式热电系统特别是生物质燃烧发电方面明显优于许多现有技术，经济和环境效益良好。但它也存在许多缺点：燃烧效率低，飞灰含碳量高；炉墙和埋管易磨损，脱硫效率低；床面积热负荷较小，不易大型化；排尘浓度高。由于上述缺点，自 20 世纪 90 年代后，国内已很少使用。但在欧洲和北美，鼓泡流化床锅炉不仅存在，而且还继续发展，是生物质及其他废弃物燃烧的首选。究其原因是采取了一些改进措施。例如用较低的床速克服燃烧效率低的缺点，用取消埋管或用加防磨措施的厚壁埋管减轻其磨损，加入石灰石粉等改善脱硫效果，用静电除尘或布袋除尘器减少排尘量等。

鼓泡流化床生物质锅炉还存在床料易聚团的问题。生物质燃烧生成的灰渣中，钾和钠等碱金属氧化物的含量较高，在高温下易与床砂生成低熔点的共晶体（$Na_2O \cdot 2SiO_2$ 和 $K_2O \cdot 4SiO_2$），最终形成大的颗粒团，沉积在床底，破坏流化状态。有些生物质（如稻麦秆）的灰渣中硅含量较高，会引起受热面的灰污。还有些生物质含有较多的氯化物，会导致受热面金属的高温腐蚀。不过这些原来被认为很严重的缺陷，通过采取适当的技术措施，已基本可以解决。

2.4.3.2　循环流化床锅炉

循环流化床锅炉是在鼓泡流化床锅炉的基础上发展起来的，原本用于煤炭燃烧，现已广泛用于生物质燃料的燃烧。循环流化床锅炉采用流态化燃烧。整个锅炉系统主要包括燃烧室（又叫炉膛，包括密相区和稀相区）、循环回炉（包括高温气固分离器和返料系统）、烟风系统以及汽水系统等部分。其工作原理如图 2-7 所示。燃料在锅炉的燃烧室中燃烧，将化学能转变为烟气的热能，以加热工质；汽水系统的功能是通过受热面吸收烟气的热量，完成工质由水转变为饱和蒸汽，再转变为过热蒸汽的过程。烟风系统是锅炉的风（冷风和热风）系统和烟气系统的统称。风系统主要由燃烧用风和输送用风两部分组成。前者包括一次风、二次风、三次风，后者包括回料风、石灰石输送风和冷却风等。

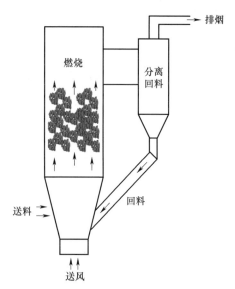

图 2-7　循环流化床工作原理图

循环流化床锅炉对生物质燃料的水分含量要求不严。即使是水分含量很高的生物质，进入炉膛后也能迅速蒸发水分并干燥。同时，燃料与空气接触也很好。因此，循环流化床锅炉是一种高效的燃烧设备。它可使用多种燃料，具有燃烧效率高、污染物初始排放低等优点。生物质流化床锅炉可以采用石英砂、石灰大理石、高铝砖屑、燃煤炉渣等作为流化介质，形成蓄能热量大、温度高的密相床层，为高水分、低发热量的生物质提供优越的着火条件。生物质燃料依靠床层内剧烈的传热传质过程，以及在床内较长的停留时间，可以充分燃尽。流化床锅炉能维持 850℃ 左右的燃烧温度，并伴随料层充分扰动，所以不易结渣。在流化阶段，可以使用石灰石（主要成分为 $CaCO_3$）或白云石 [主要成分为 $CaMg(CO_3)_2$] 等能吸收硫的物质与燃料颗粒混合，同时流化床快速传热传质，使烟气与石灰石或白云石的接触更加高效，使超过 95% 的硫被吸收剂固定在锅炉内，达到固硫和减少 SO_x 排放的目的。空气中的氮原子和氧原子在约 1500℃ 时结合形成氮氧化物污染物，这是氮氧化物形成的主要途径之一。循环流化床燃烧温度较低，因不容易形成氮氧化物，从而可以降低 NO_x 的排放。但是，流化床对燃料的颗粒度有严格要求，因此需要对生物质进行一系列预处理，使其颗粒均匀，以保证生物质燃料的正常流化。

2.5　生物质锅炉的结渣及其抑制

2.5.1　结渣的原因及过程

固体燃料燃烧时，矿物组分滞留在炉内相互黏结，导致结渣。结渣是指由于软化或熔融的灰分颗粒未充分冷却，遇到较低温度的壁面时，附着在其表面，生成熔渣，并且在壁面不断生长。结渣现象既可能发生在燃烧过程中，也可能发生在燃烧之后。发生位置既可以是锅炉的受热面上，也可以是床层中。

生物质燃烧结渣过程如图 2-8 所示。

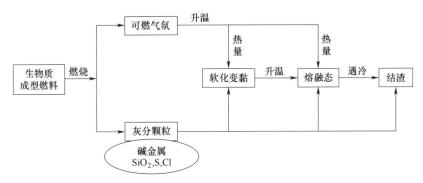

图 2-8　生物质燃烧结渣过程

结渣的原因主要有三个，即 a. 灰渣熔点低；b. 锅炉设计不合理；c. 操作工艺参数选择不当。

生物质原料中的灰分含量高且熔点低是结渣的最重要原因。生物质灰分主要为各种盐和金属氧化物，而氧化物又包括酸性氧化物（如 Al_2O_3、SiO_2）和碱性氧化物（如 MgO、CaO、Fe_2O_3、TiO_2、Na_2O、K_2O）两大类。这些物质主要存在于植物生长所需的各种营养成分中。研究表明，生物质灰中的碱性氧化物尤其是 Na_2O、K_2O 使得灰熔点降低。在高温燃烧时，碱金属及其化合物容易与生物质中的硅酸盐反应，生成不同类型的无机盐和熔点较低的共晶化合物，引起结渣。

$$2SiO_2+Na_2CO_3 \longrightarrow Na_2O \cdot 2SiO_2+CO_2$$
$$4SiO_2+K_2CO_3 \longrightarrow K_2O \cdot 4SiO_2+CO_2$$

上述反应形成的低温共熔体熔融温度分别仅为 874℃ 和 764℃，因此很容易形成渣块。

酸性氧化物含量的增加可以使生物质灰熔融温度升高。不同氧化物的含量变化对灰熔点的影响很复杂，规律性差。一般来说，碱金属含量越高的生物质燃料，在燃烧过程中越容易结渣。

灰熔融特性对结渣有着重要的影响。生物质的种类和来源不同，经生物质锅炉燃烧后形成的结渣灰分成分也不同。一般来说，木材生物质中灰分含量低，碱金属含量也低。因此木材和林业废弃物燃烧很少出现结渣问题。但是，农业废弃物（例如秸秆）中的碱金属元素含量较高，燃烧时容易造成受热面的积灰或结渣。

生物质原料中还含有氯元素。这些氯元素在生物质燃烧过程中，既可能生成气态氯化物（如 HCl），也可能生成固态氯化物（如 KCl）。其中，HCl 可能会扩散到锅炉的金属表面，形成挥发性金属氯化物，还有一部分固态氯化物可以形成低温熔融晶体，导致金属表面的氧化层被腐蚀。所以，生物质中氯元素经过反应形成的渣对锅炉具有较强的腐蚀性。

在生物质锅炉中，碱金属氯化物的灰会降低灰熔融温度、使灰软化后附着在炉壁上。生物质燃烧时，氯提高了钾的挥发性，使得碱金属更容易释放到气相中，并令结渣和腐蚀更为严重。

　　大部分生物质锅炉都可能结渣。锅炉结渣之后，很难清理。结渣对锅炉运行有严重负面影响。结渣会降低锅炉传热能力，使炉内受热面吸收的热量减少，致使排烟热损增大。同时大量未燃尽的生物质颗粒被灰渣包裹，有些直接进入烟道，造成固体不完全燃烧热损失和灰渣物理热损失，降低锅炉热效率。

　　灰渣如果聚集在受热面上，会使得传热能力下降。在结渣 2h 后，水冷壁的传热能力约降低 50%，同时还导致水循环速度下降；灰渣如果聚集在燃烧室喷口处，会使通风变得不顺畅，影响燃烧质量。传热恶化会使炉膛出口烟温上升。当温度超过一定数值时，锅炉就必须降负荷运行以保证锅炉安全运行；如果大块灰渣堵塞炉排或从炉膛出口掉落，会产生安全隐患。

2.5.2　影响锅炉结渣的因素

　　从本质上讲，结渣是由灰分引起的，但其他因素如锅炉的运行工况和锅炉炉膛设计等也是造成结渣的主要原因。生物质锅炉设计不合理，如炉膛结构、送料速度、风烟管道布置和组织燃烧不合理等，仍然采用传统燃煤锅炉的结构，没有考虑到生物质燃料的特性，极易造成炉膛空间温度分布不均匀，炉内出现局部高温和局部还原气氛，使锅炉燃烧时发生结渣的概率、速度和程度增大。严重影响生物质燃料的使用，对于生物质锅炉来说，在设计时要充分考虑结渣的问题。

　　锅炉运行工况对结渣也有很大的影响。炉内空气动力场、速度场和温度场分布不合理均会导致结渣的形成。当炉膛空气量不足即过量空气系数比较低时，燃料燃烧含氧量不足，燃烧不完全使锅炉炉膛出现还原气氛，在高温还原层内高价的 Fe_2O_3 被还原成低价的 FeO，而 FeO 会与 SiO_2、CaO 等化合物反应，生成低熔点共晶化合物。这些具有骨架作用的共晶化合物熔融温度下降，使灰熔融温度进一步降低，使锅炉更容易出现结渣。如果过量空气系数过大，致使火焰中心上移，可能造成炉膛出口处结渣。当炉内超温时，随着燃料在炉膛的燃烧，炉膛燃料层的温度升高极快。当炉膛燃料层的温度超过灰分颗粒的软化温度时，灰分颗粒表面形成具有黏结性的气溶胶层。处于熔融或半熔融状态的灰渣黏附在焦炭或颗粒外层，逐渐黏结成块导致结渣的形成。

2.5.3　锅炉结渣的抑制

　　为了减轻结渣的危害，可以从选择燃料和床料、合理使用添加剂以及控制锅炉工况等几个方面采取措施。

　　在燃料选择方面，应当选用碱金属含量较低的生物质原料。在收集生物质原料时，应当尽量减少尘土砂石的带入，尽量清除燃料中各种可能出现的杂质。要严格限制燃料粒径，这是因为燃料粒径过大可能导致炉膛内火焰中心过高，燃烧室出口易出现结渣；燃料粒径过大会造成燃料不能完全燃烧，未完全燃尽的燃料落入冷灰斗后可能发生再次燃烧，从而导致结渣。对生物质原料进行洗涤预处理也可以减少结渣的可能性。将生物质原料与煤炭混烧也可以降低燃料中碱金属含量。

　　选用软化温度较高的新型床料（非 SiO_2 类床料），可以使床料在一般的燃烧温度下不致软化，从而减少结渣的可能性。

锅炉设计时，控制炉膛负荷，适当降低燃烧温度，使炉内温度尽量不高于灰渣的变形温度，还要合理设计换热器。

锅炉运行时，在保证稳定燃烧的前提下，合理调节配风和燃料，维持合理的燃烧室温度（不高于灰熔点温度），以抑制结渣的形成。要控制运行参数，合理加入燃料和空气，将锅炉热负荷维持在合适值，防止锅炉超负荷运行。如果锅炉超负荷运行，燃烧室内合理的燃烧区域和温度场会被破坏，容易因局部超温而引发结渣。

向燃料中加入添加剂，提高燃料灰分的熔点，抑制碱金属的挥发性，可以解决或减轻生物质流化床积灰、结渣和腐蚀问题。常用的添加剂有硅基、铝基、铁基、钙基以及磷酸盐等。

常见的硅基添加剂有石英、硅酸盐和沸石等。生物质和煤燃料灰中含有一定量的 SiO_2，SiO_2 本身的熔融温度很高，约为 $1730℃$，但在燃烧过程中灰中的 SiO_2 与其他氧化物反应生成的硅酸盐类矿物质，其熔点大大降低，其熔点随着这些硅酸盐类矿物质的熔点和量而变化。添加石英对结渣的影响通常不大，甚至可能降低燃料的灰熔点，主要是因为高温还原性气氛中活性较低的石英容易发生晶形转变，其生成的氧化硅会挥发出来形成极细的灰分颗粒。

常见的铝基添加剂有纯 Al_2O_3 粉末、矾土和高岭土等。一般认为铝基添加剂可以提高灰熔点。Al_2O_3 在灰熔融变化中起着骨架的作用，其晶体结构稳定，熔点为 $2050℃$，灰中含量越多，灰熔点越高。主要是铝基添加剂如高岭土 $Al_2Si_2O_5(OH)_4$ 可以捕获气相中的 KCl、K_2SO_4 等碱金属，作用机理为：

$$Al_2Si_2O_5(OH)_4 + 2KCl \longrightarrow 2KAlSiO_4 + H_2O + 2HCl$$
$$Al_2Si_2O_5(OH)_4 + 2KCl + 2SiO_2 \longrightarrow 2KAlSi_2O_6 + H_2O + 2HCl$$

添加高岭土与生物质中的钾发生化学反应生成了 $KAlSiO_4$（钾长石）和 $KAlSi_2O_6$（白榴石）等高熔点矿物质，同时抑制低熔点矿物质的生成，这些高熔点的矿物质在灰中起到骨架的作用，使熔融温度升高，结渣可能性降低。

常见的铁基添加剂有黄铁矿、Fe_2O_3 等。铁基添加剂可以降低燃料的灰熔点，是一种良好的助熔剂。主要是因为在高温还原层内高价的 Fe_2O_3 被还原成低价的 FeO。而在高温下低价 FeO 会与 SiO_2、CaO 等化合物反应，生成低熔点共晶化合物。这些具有骨架作用的共晶体熔融温度的下降，使灰熔融温度进一步降低，使锅炉更容易出现结渣。一般 Fe_2O_3 的熔融温度比 FeO 高 $500℃$。同时，Fe_2O_3 的加入还抑制了高熔点的矿物质莫来石等的生成。

常见的钙基添加剂有 $Ca(OH)_2$、方解石和 CaO。CaO 单质熔点较高，约为 $2521℃$。钙基添加剂在一定的添加比例下可以升高燃料的灰熔点。钙离子可以和硅酸盐反应生成硅酸钙盐，同时在高温下钙离子可以融入硅酸钾盐中，使得钾进入气相，生成的硅酸钙盐熔融温度较硅酸钾盐高，所以当添加量较低时，钙基添加剂可以明显改善生物质的灰熔点。

磷酸盐添加剂可以显著提高燃料的灰熔融温度。主要是磷酸盐可以捕集灰中的碱金属物质，抑制碱金属的进入气相，改善灰熔融特性。同时可以在灰中生成 K-Ca-P 的高熔点化合物，在灰中成为具有骨架作用的物质，使灰熔点升高。

2.6 生物质发电与热电联产技术

2.6.1 生物质发电技术

生物质发电包括农林废弃物直接燃烧发电、农林废弃物气化发电、垃圾焚烧发电、垃圾填埋气发电、沼气发电等。

生物质直接燃烧发电是将生物质在锅炉中直接燃烧，生产蒸汽带动蒸汽轮机及发电机发电。生物质也可以与煤混合后燃烧发电。混合燃烧方式主要有两种。一种是生物质直接与煤混合后投入燃烧，另一种是生物质气化产生的燃气与煤混合燃烧。这种混合燃烧系统中燃烧，产生的蒸汽一同送入汽轮机发电机组。

生物质气化发电是将生物质在气化炉中转化为气体燃料，经过净化处理后送入燃气轮机燃烧发电，或者送入燃料电池发电。气化技术与直接燃烧技术相比，具有气体燃料用途广泛、可处理不同类型的生物质原料的特点。

沼气发电是将工农业或城乡生活中产生的有机废弃物经厌氧发酵处理，用产生的沼气驱动内燃机，再带动发电机组发电。

垃圾发电包括垃圾焚烧发电和垃圾气化发电。前者是利用垃圾在焚烧锅炉中燃烧释放的热量，将水加热成过热蒸汽，再推动汽轮机，带动发电机发电，所用锅炉与其他生物质锅炉原理相同，但具体设计区别较大；后者则是将垃圾在450~640℃下气化并用气化产物推动内燃机，将含炭灰渣在1300℃以上温度下熔融燃烧，所放出的热量用来加热水，最终用过热蒸汽发电。垃圾发电既可以彻底处理城市垃圾，又可以获得电能，满足了环保和能源双重需求。

2.6.2 生物质热电联产技术

生物质热电联产是通过生物质燃烧来产生高温蒸汽，蒸汽驱动汽轮机转动从而产生电能，同时高温蒸汽通过热交换器产生热水或其他热介质，用于供暖或加热等用途。

在我国发展生物质热电联产，有三个驱动因素。首先是能源供给侧改革。随着国民经济增速调整，能源消费增速放缓，实体经济用电需求降温，而电力供应继续保持高增速，造成了供过于求。其次，由于节能减排和大气污染治理的总体需求，国内清洁供热逐渐兴起，清洁热源需求增长。现有清洁能源供热中应用较多的天然气供热由于气源紧缺，发展受到限制。生物质能由于具备成本较低和应用灵活等优势，可以起到替代燃煤小锅炉等热源的作用。第三，热电联产可以使生物质能源应用的综合效率明显提升，增强企业的盈利能力。

生物质热电联产技术流程如图2-9所示。在全球范围内，生物质发电向热电联产已成趋势。

生物质热电联产也包括生物质直接燃烧和气化等类型。生物质气化热电联产系统主要组成部分包括生物质气化装置、气体处理装置、锅炉或燃气轮机、发电机、供电供热装

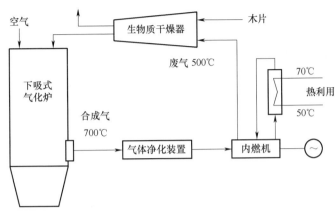

图 2-9　生物质热电联产技术流程示意图

置等。

在以生物质为燃料的热电联产工厂中，层燃锅炉发电容量大致在 4~300MW（电功率）之间。由于生物质燃料挥发分含量高，灰分含量低，炉排的面积热强度可高达 4MWt·h/m²。

生物质循环流化床发电技术主要有直燃式发电、共燃式发电和耦合发电。这些发电技术都需要有锅炉和发电设备。

2.6.2.1　直燃式发电

直燃式生物质发电是指只以生物质为燃料，不加入其他燃料和添加剂，用这种方法燃烧释放的热能进行发电，是最简单直接的生物质发电方式。直燃式生物质热电联产系统主要组成部分包括燃料供应、生物质锅炉、汽轮机/发电机、电力（热力）供应设备。常用于生物质燃烧的锅炉有层燃锅炉和流化床锅炉。这两种锅炉既可以完全依靠生物质来维持燃烧，也可以将煤与生物质混合燃烧。

与燃煤热电联产系统相比，直燃式生物质热电联产系统增加了生物质准备工场、生物质处理设备、捕集大颗粒粉尘的旋风分离器、处理细微粒的囊式集尘室、干式筛分系统、氮氧化物排放量控制装置等其他设备。

直燃式生物质锅炉主要用于处理农林废弃物、城市生活垃圾等生物质燃料。国内小型环保锅炉多采用直燃式。目前国内的生物质直燃式循环流化床锅炉容量主要为 75t/h 和 130t/h 两种规格。

图 2-10 是直燃式生物质循环流化床锅炉结构简图，其锅炉设计、结构与燃煤循环流化床锅炉基本相同，主要包括床下点火器、炉膛、分离器、回料器和尾部对流烟道，其中尾部烟道样式较多，图中虚线框内所示分别为单烟道和三烟道结构。

直燃式生物质循环流化床的主要技术难点有污染物排放控制及防腐蚀、满足更高热负荷的给料系统设计、锅炉的燃烧控制、一/二次风配比优化和循环流化倍率设计等。针对上述问题，需要从锅炉结构设计和燃烧运行控制优化两个方面着手解决。

直燃式生物质锅炉大部分采用中温中压或者次高温次高压技术，因此性能普遍较低。生物质直燃锅炉的容量通常较小，这是由生物质燃料供应量和燃料特性决定的。生物质资源分散，自身的能量密度和质量密度都比较低，不便于收集运输，所以生物质直燃发电燃

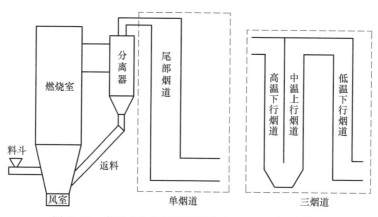

图 2-10　直燃式生物质循环流化床（CFB）锅炉结构

烧综合效率一般低于 30%，且对燃料供应的持续性及经济性依赖度较高。锅炉对耐腐蚀特殊钢材要求较高，受热面所用钢材与超临界机组近似，因此制造成本较高。所以，仅靠生物质直燃技术很难提高蒸汽参数。直燃式锅炉烟气污染物排放水平低于常规流化床，NO_x 排放难以达到超低排放标准，这是因为常用的脱硝技术，如选择性非催化还原脱硝或选择性催化还原脱硝技术，对反应温度的要求都比较高，在生物质锅炉中很难找到合适的温度区段布置脱硝装置。由于上述原因，生物质直燃发电成本较高，通常为燃煤发电成本的 1.5~2 倍。这使得生物质直燃电厂目前大部分处于亏损或盈亏平衡状态。

2.6.2.2　共燃式发电

共燃式又叫做掺烧式或混烧式，是将生物质燃料与煤炭按一定比例混合燃烧。掺烧的生物质燃料包括木材废料、林业和木材加工业残次物、草类、农作物秸秆、粪肥、污泥、沼气和污水等，其中以固体生物质使用最多。20 世纪 80 年代，美国和部分欧洲国家开始研究燃煤电厂掺烧生物质技术。到 2010 年，美国 560 个燃煤机组中有 40 个混烧生物质，原料来源主要为木质产品、废旧铁路枕木等。

为了提高投资的效益，许多生物质共燃（掺烧）发电厂附属于已有的燃煤电厂，将生物质与煤炭掺烧实际上是一定程度上改变燃料的特性，因此仅需对原有设备进行一些改进和优化，其发电经济性取决于原燃煤电厂的效率，而且会对原电厂有一定的影响。相关实验研究表明，将生物质与煤炭按一定比例掺烧有利于改善煤粉的燃烧特性，SO_2、NO_x 等污染物排放量均减少，且灰分特性变化不大。

针对循环流化床锅炉掺烧生物质的研究主要集中在生物质与煤炭性质的匹配、掺烧比例对锅炉燃烧状态、污染物和飞灰等的影响。为了保证燃烧室温度及燃料燃烧的稳定性，生物质原料的发热量不宜与煤炭相差过大。另外，灰分含量越高，可燃成分就越少，燃料发热量就越低。所以要改善掺烧效果，就应当从生物质收购储存和生物质燃料破碎环节开始做起。生物质燃煤锅炉掺烧生物质后，锅炉的运行会受到一定程度的影响。例如，生物质中含有的碱金属元素在炉内高温条件下熔点较低，易结渣，使返料系统不通畅，还可能沾污受热面，影响换热效率。研究证明，将掺烧比例控制在一定范围内可解决这一问题。另外，机组的输送系统、入炉部分以及控制系统等方面也都需要进行适当的技术改造。

2.6.2.3 耦合发电

耦合式发电一般是指生物质与煤炭耦合发电。耦合式发电的优势在于发挥生物质发电的灵活性和煤炭发电的稳定性。分为并联耦合与间接耦合。并联耦合是将生物质燃料在生物质锅炉中单独燃烧，即与燃煤锅炉完全分离，互不影响。生物质"分烧"产生的蒸汽与燃煤锅炉产生的蒸汽一同进入汽轮机做功，即在蒸汽侧实现"混烧"。是一种利用蒸汽实现耦合发电的技术方式。生物质锅炉产生的蒸汽参数应当设计得与电厂主燃煤锅炉蒸汽参数相同或相近，这样才能将纯燃生物质锅炉产生的蒸汽并入煤粉炉的蒸汽管网，共用汽轮机，实现"混烧耦合"发电。这样做的好处是能充分发挥燃煤锅炉容量大，蒸汽参数高的优势，而生物质锅炉可以专门处理高灰分和氯的生物质燃料，灰渣单独处理。但这样做的缺点也很明显，就是设备管线易受腐蚀。间接耦合是将生物质原料破碎、压块，送入气化装置（多为流化床锅炉），在 700~800℃ 的缺氧环境下，转化成为氢气、甲烷、一氧化碳等可燃气体，再送进发电机组，协助发电。生物质气化过程主要包括热解、氧化和还原。这种耦合方式因为气化温度较低，碱金属不易挥发，对设备腐蚀较轻，因此对生物质的预处理要求较低，即使原料中杂质含量较高也可以接受，但是气化生成的燃气含有较多杂质，包括水分、焦油、灰分和炭颗粒等，尤其是焦油可能引起诸如过滤和燃料管道堵塞等技术问题，所以需要经过净化装置进行过滤处理。生物质气化过程中产生的蒸汽可以通过锅炉发电系统实现回收利用。生物质的气化技术将在本书第 4 章中介绍。另外，也有人将共燃式发电也划到耦合式发电一类。

图 2-11 为芬兰 Kemi Jarvi 电厂生物质间接耦合发电系统。国外机组使用的燃料大多是木材生物质，这类燃料的灰分、碱金属和氯含量较少，气化得到的低发热量燃气经过加热后与煤粉直流炉（一种靠给水泵压力，使给水顺序通过省煤器、蒸发受热面、过热器并全部变为过热水蒸气的锅炉）结合燃烧，将循环流化床分离器尾部得到的烟气送入煤

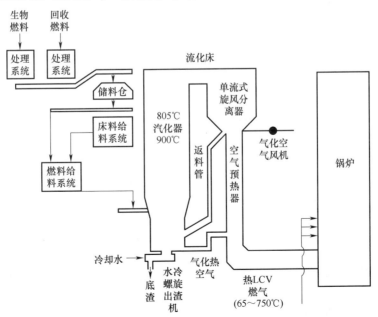

图 2-11 芬兰 Kemi Jarvi 电厂生物质间接耦合发电系统

粉炉燃烧，对煤粉炉的运行影响也比较小。我国是农业大国，生物质燃料多用农林剩余物，尤其是秸秆。秸秆中碱金属、灰分和氯含量较高，所以机组通常需进一步安装除尘净化设备，导致建设成本增加。同时，秸秆类燃料对共燃率和煤粉锅炉的运行影响也较大。

循环流化床的生物质气化间接耦合发电方式应用前景较好，但气化技术方面有待进步，合适的气化参数、催化剂和气化剂，能够使气化产物满足更高标准的要求。在生物质气化与发电锅炉耦合方面，高效的控制手段及策略能够提高燃煤侧锅炉的稳定性及经济性。

2017 年，国家能源局和环保部联合发布《国家能源局环境保护部关于开展燃煤耦合生物质发电技改试点工作的通知》，提出要支持生物质耦合发电试点项目的发展以及相关方向的研究。在政策引领下，全国各地启动了大量的燃煤与农林生物质及污泥耦合发电的试点项目。

当前，在全国范围内，煤炭行业正在大力调整，限制产能，煤炭价格升高，以燃煤发电为主的行业受到冲击。碳中和背景下，压力尤甚。因此，更有必要大力发展生物质发电技术。在国家的大力支持及市场的导向作用之下，对生物质电厂建设和相关技术研究的投入将会更多。

思 考 题

1. 炉灶燃烧生物质燃料是不是清洁的能源利用手段？为什么可再生能源法将它排除在外？

2. "高位发热量"和"低位发热量"这两个概念在评价燃料的燃烧性能时有哪些各自的用途？

3. 影响生物质锅炉稳定安全燃烧的最大技术问题是什么？目前有哪些解决这些问题的手段？

4. 为什么很少有烧稻草的锅炉？

5. 在生物质直接燃烧技术中，循环流化床锅炉相对于层燃锅炉的主要优缺点是什么？

6. 生物质燃烧发电的经济性和环保性曾经广受质疑。为什么现在没有人反对了？推广生物质燃烧发电技术有哪些必要性？

7. 生物质直燃电厂建厂的基本条件有哪些？如果某县的秸秆产量不够一座 30MW 的生物质直燃发电厂的秸秆消耗量，可否建一座规模小些的？

参 考 文 献

[1] 李海龙. 生物质颗粒燃料成型技术及设备研究 [D]. 昆明：昆明理工大学，2017.

[2] HUHTINEN M，KETTUNEN A，NURMINEN P，et al. Steam boiler technology. Helsinki：EDITA. ISBN 951371327X.

[3] CHEN D，GAO A，CEN K，et al. Investigation of biomass torrefaction based on three major components：Hemicellulose，cellulose，and lignin [J]. Energy conversion and management，2018，169：228-237.

[4] 姚宗路，赵立欣，孟海波，等. 生物质颗粒燃料特性及其对燃烧的影响分析 [J]. 农业机械学报，2010（10）：97-102.

[5] 张世红，廖新杰，张雄，等. 生物质燃料转化利用技术的现状，发展与锅炉行业的选择 [J]. 工业锅炉，2019（2）：1-12.

［6］ 张建春，顾君苹，张缦，等. 纯燃生物质循环流化床锅炉设计与运行［J］. 锅炉技术，2018，49（1）：28-32.

［7］ 张文廷. 民用生物质炉具排放影响因素及减排效果研究［D］. 北京：北京化工大学，2020.

［8］ 曹忠耀，张守玉，黄小河，等. 生物质预处理制成型燃料研究进展［J］. 洁净煤技术，2019，25（1），12-20.

［9］ 刘建禹，翟国勋，陈荣耀. 生物质燃料直接燃烧过程特性的分析［J］. 东北农业大学学报，2001，32（3）：290-294.

［10］ 张锦晖. 生物质炉排炉燃烧特性及 NO_x 排放的数值模拟［D］. 广州：华南理工大学，2020.

［11］ 裴俊强. 生物质燃料燃烧过程中结渣成因分析［J］. 区域供热，2021，1：77-85.

［12］ 张越. 生物质炉具的推广调研、技术改进及测试标准比较研究［D］. 北京：北京化工大学，2017.

［13］ 陆燕宁. 生物质炉排炉燃烧过程的 CFD 数值模拟研究［D］. 杭州：浙江大学，2019.

［14］ 王武强，王泽宇，李淑宏，等. 二次风配风方式对锅炉经济性及排放特性的影响［J］. 锅炉制造，2015（6）：1-4.

［15］ 张宏. 生物质锅炉燃烧特性及效率研究［D］. 太原：太原理工大学，2021.

［16］ 范浩东，单雄飞，张缦，等. 生物质流化床结渣、沾污特性及抑制方法研究进展［J］. 洁净煤技术，2020，26（1）：1-6.

［17］ 胡南，谭雪梅，刘世杰，等. 循环流化床生物质直燃发电技术研究进展［J］. 洁净煤技术，2022，28（3），32-40.

［18］ 刘圣勇，刘小二，王森. 不同形态生物质燃烧技术现状和展望［J］. 农业工程技术（新能源产业），2007，（04）：23-28.

［19］ BACH Q V，SKREIBERG Ø. Upgrading biomass fuels via wet torrefaction：A review and comparison with dry torrefaction［J］. Renewable and Sustainable Energy Reviews，2016，54：665-677.

［20］ 王环，王亚静，毕于运，等. 秸秆打捆直燃集中供暖模式概况及效益评价［J］. 中国农业资源与区划，2022，43（6）：153-161.

3 生物质固体成型燃料

生物质原料存在以下缺点，导致其利用难度较大：

① 分布分散，收集运输不方便，在储存时占用大量空间，容易发生火灾；

② 形状不规则，尺寸差异大，密度远低于煤炭，例如木片的堆积密度约为 150～200kg/m³，非木材原料（如农作物秸秆）只有 40～150kg/m³，因此运输不方便，且单位体积包含的能量低，燃烧不稳定，悬浮燃烧比例较高，排烟热损失较严重；

③ 水分含量高，不能提供能量，导致植物生物质燃烧的发热量大大低于煤炭；

④ 灰分含量高，易形成积灰结渣，会释放氮氧化物等有害气体。早期一些生物质发电项目使用破碎的秸秆在水冷炉排炉中燃烧发电，由于秸秆密度太低，导致燃料入炉难。在燃烧过程中，需使用体积较大的炉膛，且因为燃烧持续时间很短，必须频繁地添加燃料。这使得锅炉难以达到额定出力。由于直接燃烧生物质燃料的上述弊端，许多国家都限制直接燃烧生物质，我国北方地区也禁止在野外焚烧秸秆。

生物质固体成型加工技术是一种比较成熟的生物质燃料转换技术。它可以制备生物质固体成型燃料（biomass moulding fuel，又称 wood pellet fuel，或 densified biofuel），从而克服上述弊端。固体成型燃料有不同的中文名称。例如，国家标准《GB/T 21923—2008 固体生物质燃料检验通则》将它称为"致密生物质燃料"（densified biofuel）或"压缩生物质燃料"（compressed biofuel），而农业行业标准《NY/T 1878—2010 生物质固体成型燃料技术条件》则采用"生物质固体成型燃料"这一名称。它是以植物生物质为原料，经过粉碎、混合、挤压、烘干等工艺制成的具有固定形状、密度较高的燃料。

生物质固体成型燃料的分类可以按照尺寸或者来源进行。

国家标准《GB/T 21923—2008 固体生物质燃料检验通则》按尺寸将生物质固体成型燃料分为生物质燃料块（biofuel briquette）、生物质燃料丸（biofuel pellet）等。而农业行业标准《NY/T 1878—2010 生物质固体成型燃料技术条件》则采用了"颗粒状"（pellet）和"棒（块）状"（briquette）的名称。其中，颗粒状成型燃料是指直径或横截面尺寸小于等于25mm的生物质成型燃料，棒（块）状成型燃料是指直径或横截面尺寸大于25mm的生物质成型燃料。而在学术研究、技术开发和产品销售中，人们也经常使用"颗粒""压块""型煤"等名称。在国外，常将直径为 5～12mm，长 10～30mm 的成型燃料称为颗粒状成型燃料，将方形截面 30×30mm² 和长 30～80mm 的成型燃料称为块状成型燃料，将横截面直径 50～60mm、长度约 500mm、中心有 20mm 通孔的成型燃料称为空心棒。

我国农业行业标准《NY/T 1878—2010 生物质固体成型燃料技术条件》将生物质固体成型燃料按原料种类分为木质类、草本类和其他类。与之类似，农业行业标准《NY/T 2909—2016 生物质固体成型燃料质量分级》将生物质固体成型燃料按原料种类分为木质生物质固体成型燃料（forestry densified biofuel）和非木质生物质固体成型燃料（agricultural densified biofuel）两大类。前者所用原料为林业生物质，后者所用原料以农业生物质为主，也可添加林业生物质。

生物质原料经挤压成型后，其体积缩小到原来的 1/9~1/6，堆积密度可达到 700~1400kg/m³，便于储存和运输。致密化加工使得生物质颗粒与压块的形状和大小变得比较规整。燃料的燃烧性能较成型之前有明显改善，有利于自动进料到锅炉中。同成型前的生物质原料相比，生物质固体成型燃料体积能量密度高，接近中等质量的烟煤，但是单位质量的发热量并没有增加，仍为 15~17kJ/kg。生物质固体成型燃料的物理形态和燃烧方式都与煤相近，着火慢、燃烧稳定、黑烟少和飞灰少、火焰温度高、热效率高，可以有效地利用生物质能，同时废渣、二氧化硫和氮氧化物等有害气体排放量都远低于煤炭，二氧化碳净排放为零，是清洁的燃料。生物质固体成型燃料还可以进一步干馏处理，得到木焦油、木醋液、木煤气和木炭，这些都是使用价值很高的工业原料。

选择何种原料和技术用于生产生物质固体成型燃料，取决于经济和农业条件、所需能源种类以及技术本身的复杂性等因素。农林生物质产量高且来源广，所以使用最多；污水污泥、餐厨垃圾或城市生活垃圾等也可用于生产固体成型燃料，但由于其成分复杂，有害物质含量较高，故较少使用。

3.1 生物质固体成型燃料发展概况

3.1.1 技术演进

早在 1880 年，美国人 William H. Smith 就获得了一项生物质致密化专利授权。方法是将木屑加热到 150℃，放入坚固的模具中，并用蒸汽锤夯实压缩，就得到一种致密的块状燃料。最早的固体成型燃料产品则出现在英国。

美国于 20 世纪 30 年代研制出圆锥形螺杆式固体燃料成型机，其原理是利用螺旋叶片提供的压力，在温度 80~350℃、压力 10MPa 的条件下挤压物料，使之通过成型模具，制成成型燃料。此后，又开发了环模成型机，并大量生产使用。20 世纪 50 年代，日本制成了以木屑为原料的生产棒状成型燃料的螺杆式生物质成型机，并在全世界范围内得到广泛应用。同时，活塞成型机在瑞典和美国得到推广。20 世纪 70 年代初，由于石油价格大幅度上涨，加上化石能源对环境的污染加剧，许多国家意识到开发利用生物质能的重要性，投入大量资金和技术力量研究生物质成型技术及设备。美国在 20 世纪 70 年代成功研发了环模挤压式颗粒成型机，随后瑞士、瑞典、芬兰、比利时、法国、德国等国在 70~80 年代期间研发成功模辊挤压式成型机。20 世纪 70 年代后期在欧洲和东南亚国家广泛使用的动辊式平模制粒机就是由德国 Amandus Kahl 公司研发的。该设备产能大、质量好、能耗低、生产的燃料密度大。20 世纪 80 年代，生物质成型燃料的生产在日本和部分西欧国家已形成产业。东南亚国家（如泰国、菲律宾等）也先后研制出了加胶黏剂的生物质致密成型机。

　　生物质压缩成型技术现已进入生产应用阶段。生物质成型设备已经得到规模化利用。生物质成型燃料也已实现商品化，其用途已由采暖等生活用能为主转向以发电等生产用能为主。

　　我国生物质成型技术起步较晚。20 世纪 70 年代末至 80 年代中期，我国从美国、韩国、泰国以及我国台湾省引进一批以螺旋挤压机型为主的粒状、棒状成型燃料的生产设备或生产线，分别在辽宁、湖北、贵州和河南等地进行试验和消化吸收。这可以看作我国生物质成型技术的起步阶段。由于当时煤炭价格便宜，而生物质成型设备不耐用，生物质燃料无市场需求，这一阶段的工作成效不明显。80 年代末 90 年代初，国家增加了投资力度，将引进的技术与自身研究成果相结合，先后研制和生产了一些生物质成型机。当时研制的设备普遍存在着成型筒及螺旋轴磨损严重、寿命较短、电耗大、成型工艺过于简单、综合生产成本较高等缺点。因为对设备的技术问题认识不够深刻，同时企业的参与程度也不够高，该领域的研究主要停留在试验阶段，发展速度较慢。20 世纪 90 年代中期之后，国家自然科学基金委员会持续资助了内蒙古农业大学开展的生物质压缩机理研究项目。该项目系统地研究了不同生物质材料在压缩过程各个阶段的力学行为。在这个阶段，压块装置和生物质压缩理论研究获得了大量成果。在第一代固体成型技术的基础上，开发了一些适合小规模工业化的压块机。典型例子是国家“十五”（2001—2005）科技攻关计划和农业科技成果转化基金资助的压块机研究。这两个项目的目标是开发具有更高生产率、更低能耗和更长易损件寿命的压块设备。目前，压块设备已经商品化。进入 21 世纪以来，为促进和保障生物质能源的快速、有效和可持续发展，国家在“十一五”规划（2006—2010）中启动了一些生物质能源研发重点项目，包括生物质压块技术的研发。研究内容主要有：

　　① 预处理对生物质致密特性的影响；

　　② 探索生物质致密化的结合机制；

　　③ 开发可加工多种生物质材料的压块技术；

　　④ 开发生产效率高、能耗低的压块装置；

　　⑤ 建立以农林废弃物为原料的致密生物燃料示范项目，制订生物燃料的标准。

　　在“十一五”规划中，政府要求到 2010 年全国生物质固体成型燃料年消费量达到 100 万 t。因此，该阶段的研发目标主要集中在生物质成型技术的升级改造上，加快推进生物质成型技术的步伐。在国家的支持下，生物质成型技术与设备研制进步迅速，成型设备的生产和应用初步形成规模。开发了多种生物质成型燃料，并从常规的燃烧利用方式转变为生物质发电、取暖、机制木炭生产等方面应用。目前，我国秸秆固体成型的关键技术已取得突破，特别是模辊挤压式颗粒成型技术，已达到国际同类产品先进水平，在一定程度上解决了能耗高、生产效率低、成型部件磨损严重、寿命短等问题，并已实现商业化。

　　尽管如此，生物质固体成型燃料的推广仍然存在投资大、成本高、生产设备能耗高等问题，制约了该技术大规模应用。生物质固体成型燃料生产厂的建厂成本相当高。每吨每小时的产能一般需要花费 70000~250000 美元。费用的巨大差异是因为设备尺寸、品质和效能等因素都对成本有巨大影响。生产能力大的设备更耐用，并且通常所得颗粒的质量更高，因此投资也更大。选择设备时要考虑的另一个重要因素是能否有足量和可靠的备件以及专业维修人员。一般来说，设备采购成本的一半左右用于制粒机，另一半用于其他设备。而运营成本还要包括原料、能源、劳动力和设备维护的成本。不同的生物质原料对应的生产工艺条件有较大差异，优化不同原料的加工工艺是一件繁重的工作。

3.1.2　市场发展

20世纪70年代，由于石油危机，欧洲国家开始尝试用生物质颗粒作为能源以代替化石燃料。瑞典因为其木材工业比较发达，渴望提高能源独立性并致力于环境保护，是该产业的早期推动者之一。瑞典最早将用于生产动物饲料颗粒的技术移植到成型燃料的生产，首个生物质颗粒燃料生产厂于1982年投产，所用原料是树皮。后来发现生产成本远高于预期，产品质量又很差，所以工厂在1986年不得不关闭。1984年，属于沃尔沃集团的另一生物质颗粒燃料工厂建成，但1989年也因亏损而关闭。第一家干燥材料造粒厂于1987年在Kil建成。其设计年产量为3000t。该工厂是瑞典现存最古老的生物质固体燃料工厂。

在北美，木质颗粒燃料行业在20世纪80年代中期随着住宅木质颗粒炉的推出而逐渐发展起来。该设备能够将颗粒物排放量减少到远低于美国环境保护署（EPA）对木材炉灶的新要求，并为消费者提供更高水平的木材取暖自动化和便利性。生物质颗粒炉的销售在20世纪90年代初期迅速增长，在1994年达到顶峰，此后由于与天然气炉的竞争而趋于平稳并有所下降。在此期间，生物质颗粒燃料主要用于满足住宅取暖的需求。住宅取暖用途约占销售额的95%，工业用途仅占5%。此后，许多大型设施陆续投产，产品出口欧洲，以应对欧洲不断增长的需求。

进入21世纪以来，全球生物质成型燃料产量增长迅速。2000年，全球产量总计约170万t，到2019年，年产量已超过5000万t。2019年全球各地区生物质固体成型燃料产量统计见图3-1。

目前，欧洲是固体成型燃料的主要产地和消费市场，而北美是生物质固体成型燃料的主要产地和出口地区。据统计，截至2020年，欧洲国家对生物质固体成型燃料的使用包括住宅供暖、商业供暖、热电联产（combined heat and power，简称CHP）和发电。它们各自所占比例

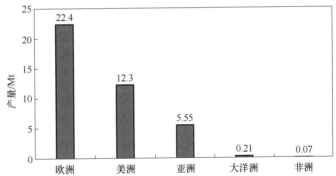

图3-1　2019年全球生物质固体成型燃料产量的地区分布

为40%、14%、10%和36%。2020年，全球生物质固体成型燃料市场规模为105.2亿美元，预计到2027年将达到167.5亿美元，在此期间年复合增长率为7.28%。在欧洲等地，市场对生物质固体成型燃料需求的驱动力主要来自清洁能源发电。但是，光伏、风能、地热能等替代清洁能源的开发会抑制生物质固体成型燃料的需求。在今后一个时期，固体成型燃料生产和消费的格局不会有大的变化。

作为一种可再生能源，生物质固体成型燃料得到许多国家政府的补贴和激励。例如，

2021 年 1 月，新的木材和颗粒加热炉投资税收抵免规定在美国生效。按照这项规定，购买高效木材炉（或生物质成型燃料炉）或大型生物质住宅供暖系统的消费者，可以申请该装置购买和安装全部成本 26% 的税收抵扣。英国也于 2021 年公布了可再生热能激励计划，旨在鼓励在住宅中使用可再生热能。

在全球能源消费结构中。供热消耗能源占比几乎相当于发电和交通燃料二者的总和。以瑞典为代表的北欧国家在生物质能供热领域起步早，水平较高。我国生物质供热产业的规模化发展较晚，但发展迅速。受"高污染燃料"污名化争议的影响，在一段时间里，生物质成型燃料发展速度较慢。除了 2011 年至 2013 年间国家给予生产环节短暂补贴以外，行业发展几乎完全由市场驱动，特别是在 2014 年环境保护法修订以及随之制订的新环保标准发布以前，除广东因召开亚运会实施严厉禁煤政策带来了行业局部发展机遇而外，行业几乎是与燃煤在市场上同步竞争。我国尚未开征碳税，新能源在面对传统化石能源竞争时处于不利地位，只能靠自身力量，努力发展技术，降低成本，与煤炭等传统能源拼价格。在此期间，在各研究机构和企业的不懈努力下，成型燃料加工装备和配套热能装备功能逐渐完善，生物质成型燃料成型设备成本趋于下降，能耗大、生产效率低、成型部件磨损严重和寿命短等问题逐步得到解决，秸秆成型燃料专用供热锅炉、燃料燃烧等技术日益成熟，能源转化效率和对农业废弃物原料的适应性不断提升。生物质成型燃料行业的市场竞争力不断增强，具备了规模化、产业化发展基础。

近年来，国家高度重视农作物秸秆以及林业加工废弃物的综合利用，制订了发展以农林生物质固体成型燃料的一系列规划和相应的配套政策。这些政策得到了研究机构和产业界的积极响应。

3.2　生物质压缩成型原理

生物质的成型是将杂乱无序的生物质原料在一定条件下加工成为具有一定形状的成型体。要实现生物质材料的成型，需要满足一定的内部和外部条件。内部条件指的是生物质原料自身的基本特性，而外部条件指的是加工压力、加工温度、加工时间，以及必要的添加剂等。由于压缩条件、压缩方式、压缩对象等有较大的差异，使影响生物质燃料压缩成型的因素非常复杂。

3.2.1　生物质材料成型的基本条件

几乎所有植物生物质原料都具有质地松散、密度低的天然特征，这是因为它们的分子间空隙大，在外力作用下易被压缩。要将生物质原料压缩成具有一定形状的成型燃料，原料应具有以下基本特性，即 a. 含有黏性成分；b. 具有可压缩的空间结构；c. 适宜的流动性；d. 适宜的含水率；e. 合适的粒度。

植物生物质原料中的纤维素在材料中是一种骨架物质，可以为成型块提供机械强度；原料中所含淀粉、木质素以及蛋白质等在适当条件下可以黏结其他物质。其中，淀粉在高温下遇水糊化，木质素在一定温度下会软化或熔融，蛋白质分子之间聚合和共价偶合，它们都可以使物质间更好地黏结在一起。

在生物质燃料成型过程中，纤维素含量影响成型的难易程度，纤维素含量越高，生物质的抗拉强度越大，成型时所需的压力也就越大。木质素含量越高，高温热压处理中各组分黏结越牢固，生物质造粒效果越好。

在成型过程中，原料中的水分在高压下生成水蒸气，可能使半纤维素和木质素降解成小分子物质。这些小分子物质在模具中受到热和压力作用，将原料粒子黏在一起。进一步加热有利于生物质纤维松弛并软化其结构。

生物质中各种受热软化及流动的物质，如木质素、水、脂肪等都可以增加原料的流动性，有利于原料的成型，但是流动性过强则难以保持成型件形状的稳定。所以，有利于成型的因素对成型材料形状的稳定是不利的。

植物纤维原料传递力的能力比较差，所以要使原料变形和成型，需要施加足够的外力。压力的大小应当足以保证成型体在无外力作用时不变形不溃散。

生物质原料的成型温度主要取决于原料的软化点和熔融温度。不同原料的化学组成不同，因而软化点和熔融温度也不同。植物纤维原料中最重要的黏结物质是木质素。不同原料中，木质素的含量和结构都有差异，因此木质素的软化点和熔融温度也不相同。秸秆的成型熔融温度通常在150~180℃之间。但实践中，具体成型加工温度应当根据每种原料组成及特性，经过试验之后确定。

通常，粒度小的原料，粒子之间容易发生滑移，故较容易被压缩成型，粒度大的原料则相反。成型压力相同时，原料粒度越小，成型后的燃料密度越大。

3.2.2 生物质压缩成型机理

生物质的机械成型力以及对应的压缩成型机理如图3-2所示。

造粒过程中生物质的压缩成型可归因于原料粒子在较高压力下的弹性和塑性变形。压缩成型需满足两方面的条件：一是原料粒子具备形成机械强度较高的颗粒的能力，二是施加外部压力提高材料密度。

用于制备生物质固体成型燃料的原料是天然高分子化合物。其中既包含无定形

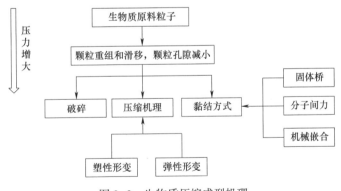

图3-2 生物质压缩成型机理

高分子化合物，也包括晶态高分子化合物。玻璃态转变是无定形高分子化合物玻璃态与高弹态之间的转变，它也可以发生在结晶高聚物非晶区。发生玻璃化转变的温度称为玻璃化温度。熔融温度是指结晶高分子化合物由固态向液态转变的温度。当温度低于玻璃化温度时，由于价键和次价键的作用，植物纤维原料表现出较高的力学强度和较大的弹性模量；而当温度高于玻璃化温度时，植物纤维原料中的大分子部分转动或位移逐渐变成分子的热

膨胀运动，有较大的黏度和一定的流动性。

生物质的压缩成型是原料内部结构由疏松变得紧密的过程。植物纤维原料的构成是决定生物质粒子间结合方式的内部因素。加工成型条件对这种结合起到重要作用。

纤维素是一种由葡萄糖单元通过 β-1,4-糖苷键连接起来的高分子化合物。在纤维素分子之间存在着氢键作用。在植物细胞内部，相当一部分纤维素以晶体形式存在。晶态纤维素的熔点高达 260~270℃，而它的热分解在 250℃ 就开始了。纤维素的压缩成型性能因其晶态结构和丰富的氢键而较差，但加热可以使纤维素变得较为柔软。纤维素是植物纤维的骨架，赋予植物抗拉强度。纤维素含量越高，在生物质燃料成型过程中所需的压力也就越大，生成成型燃料的抗拉强度也越大。

半纤维素是一种由多种糖单元聚合而成的无定形杂聚物，与纤维素共同存在于大多数生物质原料的细胞内。半纤维素具有分支结构，易水解，结构强度低于纤维素。在生物质压缩成型过程中降解的半纤维素可以将多种组分粘在一起。半纤维素的 T_g（玻璃化转化温度）与其组成有关，介于 0~60℃ 之间。木材纤维中的半纤维素 T_g 通常在室温范围，远低于木质素的 T_g。

木质素是无定形的高分子化合物，无固定熔点，但有软化点。在植物纤维原料中，木质素主要起到填充和黏结的作用。木质素在 90~110℃ 开始软化，且具有较高黏度，当温度达到 200~300℃ 时呈熔融状。此时，若施以外力，可使木质素与纤维素和半纤维素通过分子之间的吸引和缠绕粘在一起，原料纤维之间的空隙减少，密度增加，并且，基本上保持着被压缩时的形状。在此之后，即使撤去外力，由于原料中存在大量非弹性的纤维，被压缩的材料也不会恢复至压缩前的形状，体积也不会膨胀。即使不添加黏土或者酚醛树脂等成分，木质素也可以在生物质成型过程中将各种组分黏结起来。

植物纤维原料的玻璃化温度（T_g）主要是由木质素贡献的。木质素的热转变行为对植物纤维的成型起关键作用。木质素的含量、种类差异都会影响植物纤维的玻璃化转变行为。木本植物中的木质素含量约为 25%~33%，而草本植物则通常为 12%~16%，前者木质素含量高于后者，故温度变化对前者成型效果影响大于后者。对于木本植物，升高温度有利于成型，通常在较高温度下加工成型；对于草本植物，温度对成型效果的影响较小，成型加工可在较低温度下进行。

木质素的 T_g 取决于其结构特性。阔叶木木质素同针叶木木质素相比，乙酰基和甲氧基含量较高，而酚羟基含量较低，其 T_g 通常较低。由于羟基特别是酚羟基易形成氢键，有利于促进黏结成型，增大颗粒机械强度，所以，阔叶木比针叶木难成型，且成型后密度和强度低。

淀粉是 α-D-吡喃葡萄糖单元脱水聚合而成的共价聚合物。天然淀粉是谷物等通过光合作用生成的产物。糊化和回生是淀粉的典型反应。其中，糊化可以使淀粉起到黏结作用，对颗粒性能的影响最大。通常，在温度大于等于 100℃、水分含量大于 30% 时，淀粉容易糊化。淀粉还有比较强的黏结和吸附能力。经过适当改性后，这方面的性能会更强。氧化是使用最广的改性手段，而次氯酸钠氧化是最常见的改性工艺之一。它使淀粉分子解聚，同时在淀粉分子上引入羧基和羰基。

原料中的水分可以增强生物质组分（蛋白质、淀粉和木质素）之间的氢键连接，从而增加生物质颗粒之间的吸引力。适量的结合水和自由水可以使粒子间的内摩擦变小，流动性增强，从而促进粒子在压力作用下滑动而嵌合，具有润滑剂的作用。若含水率过低，水分起不到应有的润滑作用，原料粒子之间的内摩擦力较大，流动性差，成型较困难；水分含量过高，会导致压缩产物的体积密度降低，甚至无法成型，这是因为压缩产物在离开成型机模具时会发生膨胀，严重时会开裂。过高的水分还会导致成型加工能耗增加，因为加热原料所消耗的热能有较大一部分用于使水分气化。生成的水蒸气还会增大模具中的压力。若不能及时排出，可能造成气堵；若排出过快，又可能使物料过快喷出。

植物纤维原料中的水分含量增加，会降低生物质的 T_g。例如，当水分含量为 8% ~ 15%（湿基）时，木质素 T_g 约为 100 ~ 135℃；当水分含量高于 25%（湿基）时，T_g 会降至 90℃ 以下。这可能是因为水分子破坏细胞壁内部结构中的氢键，与结合的水分子产生新的氢键，并且降低材料的储能模量。木质素的玻璃化温度与水分含量之间也有类似的关系。在这种情况下，水分起到了增塑剂的作用。当水分含量较高时，原料可以在较低温度下成型。

生物质原料中的蛋白质在热压过程中也会发生变性并形成复杂的键。一般来说，生物质中蛋白质含量越高，制成的颗粒就越耐用。例如，具有较高蛋白质含量的紫花苜蓿可以在较高的原料水分含量下制成耐用的颗粒。

有些生物质（主要是草类和针叶木）含有较多的有机溶剂提取物，例如蜡。蜡存在于植物的角质层中，主要由长链脂肪酸、脂肪醇、甾醇和烷烃的混合物组成，具有疏水性，具有保护功能。蜡对颗粒的黏结性不利。除去原料表面的蜡有利于提高成型块的压缩强度。但粒子表面的蜡同时还有润滑作用。当温度较低时，蜡质有利于减少制粒机压榨通道中的摩擦；但当温度高于木质素的 T_g 时，被加工的原料已经软化，此时润滑作用就没有那么显著。

从加工工艺角度看，能够实现生物质玻璃化转变的压缩条件对于充分激活生物质中木质素、蛋白质、淀粉和水溶性碳水化合物等可以黏结其他物质的成分并帮助将这些粒子结合在一起至关重要。

粒子间的结合方式，主要有以下几种方式：a. 粒子间相互作用力范德华力、静电引力、氢键力等将粒子结合在一起；b. 固体粒子间架桥，靠"固体桥"结构作用结合在一起；c. 自由移动液体的表面张力和毛细压力；d. 固体粒子间填充或嵌合。

在生物质压缩成型过程中，外部压力使原料粒子的熔点降低，并使它们彼此靠近，从而增加了接触面积，粒子间靠吸引力结合。此过程中如果有液体（如水）存在，会出现界面张力和毛细管力，从而增加粒子间的结合力。粒子间或粒子内部摩擦而产生的静电吸引力，能够使粒子相互结合。静电力的大小与粒子之间的距离成反比。当距离小于 $0.1\mu m$ 时，静电力的作用特别显著。

"固体桥"结构可由原料本身物质形成，也可靠加入添加剂形成。生物质成分，如淀粉和其他水溶性碳水化合物、蛋白质、木质素等，在压缩成型设备中受到热和压力作用时，结合行为会受到影响。受原料水分、模具温度和压力影响的常见反应有淀粉糊化、蛋白质变性和木质素玻璃化转变。

生物质成型加工中的化学反应、烧结固化、胶黏剂的硬化、熔融物质的硬化或已溶解物质的结晶都可形成固体桥。物料能够被黏结在一起，可能是由于固体桥所致。原料中的一些物质或添加剂都有可能形成固体桥。因化学反应、某些成分的结晶、胶黏剂的硬化以及熔融组分固化作用，粒子间接触时互相扩散形成交叉结合，从而形成"固体桥"结构，成为粒子间结合的主要方式。在压块或造粒过程中，团聚体形成和生长的机制可描述为成核、聚结、磨损转移、破裂和滚雪球。

例如，以木屑（Sawdust，简称 S）为原料，生产生物质压缩颗粒（Biomass Pellets，简称 BPs）。若没有固体桥或施加的压缩力不足，则生物质颗粒的嵌合键太弱，无法抵抗木屑弹性恢复力，导致运输过程和存储中的耐久性差。在生产过程中，通常用高温（100～250℃）和高压（70～250MPa）来改善材料的软化性能和耐久性，有时还会添加膨润土、木质素磺酸钙、淀粉和废糖蜜等物质，以生成"固体桥"，增加生物质粒子之间吸引力。但是使用高温高压会增加能耗，添加胶黏剂也有一些副作用。例如，添加膨润土会增加不燃物含量，从而降低发热量；添加淀粉和糖蜜会增加制备成本，添加木质素磺酸钙会引入硫元素，增加烟气中二氧化硫含量。

Kaliyan 等分别以玉米秸秆和柳枝稷为原料，制备了生物质成型颗粒和压块。首先测得不同水分下玉米秸秆和柳枝稷的玻璃化温度平均为 75℃。然后用扫描电子显微镜和光学显微镜拍摄植物生物质在成型前后的微观形态。发现：玉米秸秆纤维颗粒基本上是裸露的，其表面基本上不存在能够黏结生物质颗粒的天然物质，而柳枝稷纤维粒子表面则有少量此类物质，包括木质素、蛋白质、淀粉、脂肪和水溶性碳水化合物等成分，像一层玻璃状涂层，可在高温高湿条件下软化，将原料颗粒粘在一起。在热压过程中对生物质施加压力有利于使这些物质从生物质细胞中挤出，并在颗粒的连接处发生局部熔化，形成的玻璃状物质使颗粒之间以"固体桥"方式连接。原料粒子发生机械嵌合。局部熔化而产生的固体桥可能是由塑性变形或熔化引起的，随后木质素、淀粉或纤维颗粒之间的非晶接触点重新凝固，摩擦可能会瞬间产生高达 100～200℃ 的局部温度。其他生物质纤维颗粒的熔化也会在冷却时形成固体桥，从而产生坚固的颗粒。生物质材料具有高度多孔的结构，因此，颗粒/分子从一个颗粒扩散到另一个颗粒可能会发生颗粒的机械嵌合，从而形成颗粒之间的固体桥梁。所以，选用合适的原料，并且在适当的温度湿度下压缩成型，就可以得到形状稳定的生物质固体成型燃料。

其他一些天然纤维（如包装纸纤维）也可能用来充当固体桥。例如，以木屑（简称 S）为基材，以包装纸纤维（简称 P）为"固体桥"，用液压造粒机在圆柱形模具中制备生物质压缩颗粒（简称 BP），命名为"P/S-BPs"。选用包装纸纤维是因为它的特性与其他生物质纤维原料相似，并且含有大量长纤维和木质素，可以黏结生物质小颗粒。结果表明，在相同压力下，随着 P/S 比的提高，成型颗粒的初始密度趋于增加；而为了达到相同的初始密度，包装纸纤维添加比例较高的体系，加工压力比较低。例如，当 P/S = 0/1 时，为了使颗粒产品密度达到 $1.03kg/m^3$，加工压力需要达到 6MPa，而当 P/S = 1/3 时仅需施加 4MPa 压力。这意味着包装纸纤维添加到木屑中有利于将小颗粒紧密压实，从而使制备 BP 变得比较容易。在不添加包装纸纤维时，提高加工压力可以改善成型颗粒的耐磨性和抗冲击指数，但是加工能耗较高。提高 P/S 质量比，不仅可以降低加工压力，还可以改善产品力学性能。废木屑成型时加入废弃包装纸纤维，可通过形成的"固体桥"减少间隔和增加接触面积，增强嵌合键，抵抗弹性恢复并降低废木屑的长度弹性，改善压缩成型块的机械耐久性。

稻草、橡胶树叶和木屑等同属亲水性原料，粒子间能够有效互相缠绕，形成"固体桥"结构，对改善成型颗粒物理品质起到促进作用；而小麦秸秆、尼龙属疏水性原料，对改善颗粒品质起消极作用。

固体桥还会影响生物质颗粒燃烧时的污染物排放。当生物质加热到一定温度时，挥发分会逸出。由于燃烧不完全，部分挥发分会随气流逸出，成为微粒污染物，其中包括颗粒物、多环芳烃等，同时导致部分能量损失。可用烟尘指数（Soot Index，简称 SI）评价单位质量燃尽燃料排放的微粒污染物。P/S-BPs 的 SI 值通常低于同样组成的生物质粉末的 SI 值。另外，脱挥发分作用与颗粒的大小之间存在幂函数关系。粒径较大的 P/S-BPs 的脱挥率和耗氧率低于粒径较小的固体成型燃料。P/S-BPs 中的挥发物可以充分燃烧，很少流失，因此形成的颗粒污染物也少。另外，由于这些小粒子经过压缩变得紧密，压缩的 P/S-BPs 燃烧后随气流排放的微粒污染物较少。所以 SI 会随着 P/S 比的增加而降低，使得生物质固体成型燃料比起未加工的生物质燃料燃烧效率更高、更环保。

3.2.3 生物质压缩成型过程

用于生产生物质固体成型燃料的原料需要粉碎成比较细的颗粒。在成型过程中，这些颗粒经历重新排列、机械变形、塑性流变和密度增大等阶段。从原料粒子运动和原料变形角度看，第一阶段以克服原料间空隙为主，原料中空气在一定程度上被排除，压力与变形大体上呈线性关系，较小的压力增大可获得较大的变形增量。第二阶段为过渡阶段，压力增大，大颗粒破裂成小粒子，发生弹性变形并占主导地位，粒子内部空隙被填补，压力与变形呈指数关系。第三阶段为压紧阶段，原料主要发生塑性变形，粒子在变形中断裂或发生滑移：垂直主应力方向，粒子充分延展，靠嵌合方式紧密结合；平行主应力方向，粒子变薄，靠贴合方式紧密结合。燃料基本成型，压力与原料塑性变形有关。第四阶段为推移阶段，原料发生塑性和弹黏性变形，以弹黏性变形为主。原料发生应力松弛和蠕变等现象，压力会显著下降。

从原料形态变化角度看，生物质的压缩成型过程包括预压、成型和保型共三个阶段。在预压阶段，破碎后的生物质在一定压力和温度下变软，体积减小，密度增加。在成型阶段，生物质原料处于熔融状态，在压力下流动性增加，温度上升到 $160 \sim 180℃$。随着原料体积的减少和密度的增加，生物质颗粒发生塑性变形，相互填充。在高压下，生物质原料通过挤压成型。在保型阶段，随着成型腔内径变大，致密化固体生物燃料之间的内应力减小，温度下降。燃料开始冷却。致密的固体生物燃料由于保型腔的存在和木质素等物质的作用逐渐形成固定形状。定型后即可从成型机中取出。

生物质在外力作用下的应力和应变机

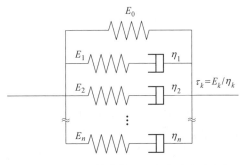

图 3-3 生物质在外力作用下的应力和应变机理

理可用弹簧-黏壶模型表示，见图 3-3。

3.3　生物质压缩成型工艺

　　生物质颗粒的生产过程一般包含原料预处理、固体成型、后处理以及包装入库等环节。其中预处理又由剥皮、干燥、粉碎（除尘）和调理等步骤构成，处理步骤主要是使原料具有合适的粒度，除去有害成分，其具体工艺主要取决于原材料的特性；固体成型由混合搅拌、热压成型等步骤组成，这是生物质固体成型燃料生产工艺的核心部分；后处理由切断、冷却等步骤构成，同时还要过筛除去尺寸不符合要求的颗粒。在这三个环节之间，还有物料的输送过程。

　　生物质固体成型燃料的生产工艺路线取决于其成型方式。目前，生物质压缩成型手段主要有成球、压块、挤出和造粒等。其中，造粒和压块使用最广。这两种方法都在高压下实施，而且彼此之间关系密切。主要的区别是造粒在造粒机中制成，产品称为颗粒；而压块则是用活塞或螺旋挤出机实现，产品称为压块。

　　生物质的成型需要在高温下进行，很少有在常温下进行操作的，因为只有在高温下生物质组分才能够软化。这时原料粒子的流动性较好，有利于减少成型模具的磨损，延长模具的寿命。加工压力可以在很宽的范围内变动。

　　成型时的高温可以来自外部的加热，如采用电加热器、高温蒸汽或加热油，也可以来自成型模具与原料之间的摩擦产生的热量。后者有时也被称为常温成型，但它并不是真正意义上的常温操作。完全在常温下进行的成型操作要求使用大量的胶黏剂，在经济上很不合算。

　　生物质成型燃料的质量受许多因素的影响，包括原料组成、模具直径、模具温度、压力、胶黏剂和生物质混合物的预热等。

3.3.1　预处理

　　制造生物质压块，原料应当粉碎至 3～5mm；制造生物质颗粒，通常原料应当粉碎至2mm 以下。必要时需采用二次或三次破碎。

　　用温和的化学品对生物质进行预处理以提高其可加工性和能源价值。常用的化学预处理手段有：

　　① 温和溶剂处理：温和溶剂包括氢氧化钠、尿素和硫脲（1：1 比例）。通常用这些化学物质处理麦麸、大豆皮，以控制水分含量为 20%～25%。

　　② 焙烧：焙烧可用作生物质致密化的预处理或后处理步骤，以改善生物质的热氧化行为。一般来说，评估焙烧性能的参数包括固体产率、能量产率等。焙烧温度与固体产率之间存在负相关关系。该处理主要是在缺氧气氛中将生物质加热到 200～300℃，从而允许纤维素、半纤维素和木质素降解，释放提取物，减少原料体积。焙烧过程可以降低挥发性物质含量并增加生物燃料的表面积，加快气固表面反应速率。

　　③ 水热炭化：水热炭化以生物质为原料，水为液相反应介质，在一定温度（150～

250℃）和压力（2~10MPa）下，可以将生物质转化为灭菌的、有高附加值的生物炭。据称在中试规模中，可实现高达80%的木质生物质能量转化率。该方法主要用于生产富碳水热炭，不仅可以用于生物燃料，也可用于活性炭肥料。湿焙烧也属于水热预处理，可在180~260℃温度范围内将潮湿的生物质升级为类煤固体燃料。以植物纤维为主要原料的湿焙烧多用于提升生物质水热特性，可节能高达50%。表3-1列出椰子纤维和桉树叶在水热处理前后的部分特性，并与褐煤做了比较。

表 3-1　　　　　　　　　　　　　　水热预处理前后生物质的燃烧特性

参数	生物质原料	水热处理后生物质	褐煤
发热量/(MJ/kg)	18.4~18.9	24.7~26.7	25.0
水分/%	6.6~12.9	2.5~3.2	13.5
挥发分/%	79.2~80.9	67.9~72.5	48.8
含氧量/%	44.8~45.5	26.4~31.1	30.1
灰分/%	8.1~10.5	5.0~7.3	10.3
O/C	0.7	0.3~0.4	0.4
H/C	1.4~1.6	0.9~1.2	1.1
着火温度/℃	253~273	288~372	368
燃尽温度/℃	417~458	556~558	708

④ 蒸汽爆破：蒸汽爆破是一种使植物纤维暴露出来的预处理手段。它可以使生物聚合物更加致密化，从而在不增加压力的情况下增强结合力。蒸汽爆破的本质是将渗进植物组织内部的蒸汽分子瞬时释放完毕，使蒸汽内能转化为机械能并作用于生物质组织细胞层间，从而用较少的能量将原料疏解成细纤维，增加细小纤维的含量。蒸汽爆破不是简单的物理过程，同时还存在着类酸性水解作用及热降解作用、类机械断裂作用、氢键破坏作用和结构重排作用，有利于纤维素向无序结构转化，有利于生物质造粒。实际操作时，木片首先从料斗通过螺旋阀送入喷枪，然后用过热蒸汽加热到约200~280℃，压力增加至4~7MPa。在维持一定时间的高温和高压后，木片通过开槽端口喷出，压力迅速降至大气压。在机械力作用下，原料被粉碎成细纤维。细纤维比粗纤维易于压实并黏结成型。蒸汽爆破法最早用于人造纤维板的生产，后来在许多领域都得到应用。

⑤ 协同加工：这是将其他材料添加到生物质原料中以帮助致密化或增加产品的机械或热性能的方法。可以添加增塑剂、润滑剂、胶黏剂或可以发挥任何这些能力的其他农业残余物。例如，在热压之前将马铃薯浆添加到荞麦壳中。荞麦壳是荞麦碎粒生产过程的副产品，淀粉和果胶等成分含量低，所以难以热压成型。马铃薯浆是马铃薯淀粉提取后留下的底物，内含淀粉、纤维素、半纤维素、果胶、蛋白质等成分，有利于将荞麦壳黏结在一起并且成型。

⑥ 生物预处理：生物预处理是一种安全、环保、低成本、能耗低的木质纤维素预处理方法。该工艺可以使用真菌和细菌来解构拮抗性强的生物质，破坏木质纤维素结构，得到高可及度的木质素碎片，从而提高造粒过程中生物质的颗粒嵌合能力和流动性，提高生物质颗粒燃料的物理性能。来自使用真菌菌株 *Trametes versicolor* 52J 对小麦秸秆进行预处理，然后制备致密颗粒，同未经预处理的小麦秸秆制得的颗粒相比：颗粒密度由

943.9kg/m³ 增加至 1067.4kg/m³，抗拉强度由 0.28MPa 增加至 0.54MPa。

3.3.2　造粒工艺条件

　　温度对生物质固体成型燃料的堆积密度、机械强度和耐久性等指标影响很大。当原料水分含量相同时，升高温度使原料易于软化，因此可以在较低压力下成型，还可以提高原料中水分含量的允许上限。在实践中发现，小麦秸秆在 30℃ 下压缩造粒产物有膨胀趋势（即 "回弹效应"），且压缩强度较低，而在 100℃ 下造粒产物则膨胀很小，压缩强度也较高。回弹效应可以作为成型燃料粒子间结合效果的一种量度，回弹较轻则说明粒子间的键合牢固，结合较为紧密。高温有利于木质素软化和流动，而这对于加工过程中的聚合物互穿以及粒子之间键合的形成十分重要。30℃ 温度远远低于生物质的 T_g，在这种条件下加工成型，粒子间的键合不够牢固，所以造粒效果不好。在 100℃ 下，生物质粒子之间的黏附性就很强，因此机械强度很高。小麦秸秆压块的情况与之类似。但是，如果热压成型温度过高，由于生物质原料化学降解，压块或颗粒可能出现表面烧焦和轻微变色。Tabil 等人发现，将研磨料预先加热到 90℃ 以上再压缩造粒，有利于促进生物质粒子的结合，并生产出耐久性良好的生物质颗粒燃料。另外，有研究表明，在生物质原料玻璃化温度范围内进行生物质的热压，所得到的产物的耐久性比在玻璃化温度范围外加工所得产品好。例如，在 75℃ 和 100℃（在玻璃化温度范围内）加工得到的产品，耐久性比 150℃（在玻璃化温度范围外）加工得到的材料好。

　　压力对由农业生物质制成的颗粒质量影响很大。在制造燃料压块时，有一个最佳压块压力，高于该压力，压块可能会因膨胀而破裂。致密化过程中的高压和高温可能会通过分子在接触点从一个粒子到另一个粒子的扩散形成固体桥，从而增加材料的密度。Butler 和 McColly 观察到，生成的颗粒密度与所施加压力的自然对数成正比。

　　Kaliyan 等使用活塞缸压缩造粒/压块机，分别以玉米秸秆和柳枝稷为原料制备压缩颗粒/压块，并且优化这些生物质原料造粒/压块的工艺条件。这些工艺条件包括原料的粒度和水分含量、压力和预热温度。经过研究，确定生产玉米秸秆颗粒/压块的最佳预处理条件是：在室温（25℃）下将研磨料的水分含量调节至 15%～20%（湿基）或将研磨料预热至 75℃，水分含量调节至 10%～15%（湿基）。生产柳枝稷压缩成型燃料的最佳预处理条件是将研磨料预热至 >75℃，水分含量为 8%～15%（湿基）。在室温（约 25℃）下，压制出松弛密度（即成型 7d 后测量的单个成型块密度）为 745～1013kg/m³ 的玉米秸秆压块（直径约 19.2mm）和松弛密度为 417～825kg/m³ 的柳枝稷压块（直径约 19.4mm）。在 25℃ 下，将玉米秸秆压制得到的压块耐久性为 50%～96%，柳枝稷制成的压块耐久性为 0。如果将玉米秸秆和柳枝稷原料预热至 75～100℃ 再进行热压，可以进一步压块增加密度，玉米秸秆压块最大耐久性为 97%，柳枝稷压块的最大耐久性为 67%。

　　压缩速度对成型燃料成型品质和生产率有重要影响，在小麦秸秆开式成型中，随着压缩速度增大，压缩密度降低，比能耗减小，最佳压缩速度为 40mm/min。

　　成型时间和保压时间也是固体燃料成型的关键因素。有研究表明，成型时间在 40s 内对成型燃料品质影响较明显，保压时间一般为 2～3min。

　　压缩速度对成型燃料松弛比（即压缩密度与松弛密度之比）的内在影响机制表现为

成型燃料的成型时间。通过实验，可看出，压缩速度对成型燃料松弛比的影响作用相差不大，随着压缩速度的增大，松弛比呈增大趋势。分析原因：在压缩成型过程中，物料粒子发生流动填充，并在轴向挤压力作用下发生径向延伸，压缩速度较快时，物料粒子得不到充分填充和延伸，粒子之间嵌合性不足，因而在成型燃料挤出模孔之后表现出较大的松弛比。

适当的成型和保型时间有利于保持颗粒燃料形状的稳定。成型时间在 40s 内对成型燃料品质影响较明显，保压时间一般为 2~3min。对于大多数生物质物料来说，成型段结束后成型燃料进入保型段，此时成型燃料在内部应力作用下会发生膨胀和松弛，成型燃料密度也会相应减小，随着保型时间的延长，成型燃料密度逐渐趋于稳定，即达到松弛密度。

3.3.3 压块工艺条件

木块、树皮、秸秆或其他较大尺寸的生物质原料需要用破碎机或锤磨机破碎。小尺寸的木屑或稻壳不必粉碎。

生产生物质压块时，物料水分应当在 10%~15% 之间。但大多数情况下，原材料的水分含量不符合上述要求。如果原料含水量过多，会堵塞压块机模具，甚至会导致压块过程中温度升高时原料突然膨胀，最终引起爆炸；但如果生物质太干，压块就很难形成。如果原料水分超标，则需用烘干机对原料进行烘干处理。小容量干燥机多为立式气流干燥机，大容量干燥机多为转鼓式（又叫转筒式）。

为了改善压块的可加工性，松散的原材料在推入成型模具之前要先进行预压。然后，用活塞式压块机或者螺杆挤出机生产生物质压块。活塞式压块机一般为液压式。压块机内的加热温度在 150~300℃ 之间。热量是由原材料和机器部件的摩擦产生的。高温可使生物质中的木质素软化，使其可以黏结其他物质，从而使颗粒在压力下被压在一起。压块成型机的模具是成型的场所。原料首先被高压挤入成型模具，然后又在高压下被挤出模具，固体压块由此定型。由于这些生物质压块大部分都要出售，所以压块还需要冷却并包装。对于一些生物炭的生产厂来说，这些压块就充当了炭化的原料。

增大压力也可影响抗压强度，因为压力在分子水平上作用于生物质的天然成分（如纤维素、木质素、淀粉和蛋白质）上。这些成分重新分布在压实的生物质中，同时它们从原来的基质中挤出来，开始填充空白空间，形成新的压块基质。但有时候增加压力并不会改善压块的耐久性。当压块过程达到压实阶段时会发生这种情况。

3.3.4 附聚

翻滚附聚提供了另一种生物质致密化的方法。该装置由一个装有钢球的旋转滚筒组成。原料通常跟胶黏剂一起逐渐加到滚筒中。来自旋转滚筒的离心力将钢球压入粉末中，使粉末成核，然后附聚成产品。目前，翻滚并不普遍应用于生物质致密化，但它为不太适合其他致密化过程的情况提供了一种选择。

3.3.5 生物炭

生物炭也是一种重要的生物质固体成型燃料。它是将生物质原料炭化或部分炭化后再加工成型得到的产物。生物炭的加工需要加入一定量的胶黏剂，才能制成具有一定形状和尺寸的固体燃料，这主要是因为炭材料不易黏结，难以保持稳定的形状和尺寸。在炭化过程中，植物纤维原料的纤维结构被破坏，因而比纤维容易挤出，有利于减轻加工设备的机械磨损，减少能量消耗。炭化成型工艺有两大类：一类是先成型后炭化，即先用压缩成型机将生物质物料压缩成具有一定密度和形状的成型体，然后在炭化炉内炭化；另一类是先炭化后成型，即先将生物质原料炭化或部分炭化，然后加入适量胶黏剂压缩成型。

3.3.6 后处理

在生产过程中，刚从成型机中挤压出的生物质颗粒或压块燃料温度较高，含水率也较高，必须冷却干燥设备，以降低温度和含水率，否则容易出现燃料颗粒破碎，发霉变质等问题。在工艺设计中，为了提高燃料的耐久性，防止成型颗粒出现爆腰现象，要保证颗粒在冷却设备中停留足够时间，使燃料出机温度与周围温度一致。这个过程称为保型。

在加热过程中，还会释放烟气和产生刺激性气体，故在出料口附近会安装一个除烟装置。

3.4 生物质压缩成型设备

生物质压缩成型设备系从饲料、食品和制药等其他用途加工设备发展演化而来。常用的设备有造粒机、压块机、螺杆挤出机和压片机等。其中前三种机器在生物质固体燃料生产中使用最为广泛。

3.4.1 造粒机

生物质颗粒燃料是由造粒机生产的。造粒机由带有一个或两个压辊的硬钢模具组成。模具可以是环形或平板的形状，分别称为平板模和环模。如图 3-4 和图 3-5 所示。压辊外周比较粗糙，有的加工有齿或槽，以防止物料在被挤压时打滑。有些造粒机的模具和压辊都可以旋转，但许多机器的模具和压辊只有一个能旋转。模具上分布有模孔。生物质原料通过旋转模具和压辊，被旋转挤压。钢质模具表面与模具中的生物质之间的挤压摩擦会产生大量热量。原料软化后，通过模孔被挤出，再被刀切断，形成致密的、形状规则的颗粒燃料。

平板模造粒机的模具规格一般是固定的，难以更换，因此同一台机器只能生产单一规格的生物质颗粒产品。在生产过程中，压辊轴承会放出大量的热。为防止过热，一般采用润滑脂散热方式冷却，但散热效果并不理想，轴承易损坏，而且会消耗大量润滑脂。与此同时，模孔也容易堵塞，牙轮易打滑，甚至造成电机过热。近年来有人对这类设备的结构进行改进，例如采用水内循环冷却，降低压辊轴承的温度，延长设备的寿命。

与平板模成型机制粒相比较，环模成型机制粒时，对生物质原料的含水率及粉碎粒度的适应范围较广，且由于运动过程中环模和压辊在任意接触点的线速度相同，故无额外力

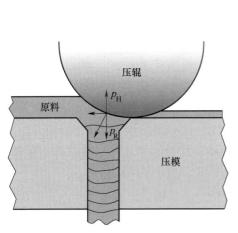

图 3-4 平板模造粒机原理图

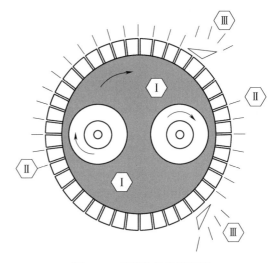

图 3-5 环模造粒机原理图

Ⅰ—原料 Ⅱ—模具中挤出的颗粒 Ⅲ—刀片

消耗，其全部的压力都被用于制粒。因此，环模成型机应用范围更广，制粒质量更好，单位生产效率更高，更适合于大规模生物质颗粒燃料的生产。

造粒环模和压辊是设备的核心部件，目前主要是采用单环模+双压辊形式。根据环模和物料喂入形式不同，可分为立式和卧式两种。在立式造粒机中，粉状物料从整机上部喂入造粒腔体，环模相对造粒单元水平放置；在卧式造粒机中，粉状物料则从造粒腔体前端垂直喂入（借助风机力量强行喂入），环模与造粒单元垂直布置。两种造粒机的工作原理基本相同，但在对物料的含水率适应性、维修方便性、腔体温度、物料输送和喂入均匀性等方面存在差异。

环模颗粒成型机包含了喂料器、调质器、造粒器、调节机构和润滑系统五个部分。在成型过程中，环模与压辊在任意接触点的线速度都相同，故全部压力都用于成型，没有额外力消耗，因此这种成型机造粒效果较好，应用范围也较广。尽管如此，模具因长时间与原料接触摩擦，容易受损。虽然运动过程中环模和压辊在任意接触点的线速度相同，但由于尺寸结构上的差异，压辊的磨损率远高于环模磨损率。

大多数造粒机在主机上方安装了调质器，其作用是通过加湿装置输送的水蒸气，将混合原料调节至一定温度和湿度，然后再送入造粒器中。通过控制蒸汽添加量，使生物质原料软化，并使淀粉部分糊化，这样可以改善颗粒的耐久性。在造粒室中，刮板将原料均匀地散布在模具表面。此时，原料基本上不受外力的作用。当模具旋转时，摩擦驱动的压辊使物料紧贴在环模的内表面，并且随着环模一起旋转，形成挤压压紧区。在这个区域里，随着模具和压辊之间空间的减少，原料受到的挤压力不断增加，致使颗粒之间空隙减小，密度不断增加。但物料内部压力小于环模孔内壁的静摩擦力，故物料并未向模孔流动。此后，随着模具旋转，模具与压辊之间空间减至最小，挤压力增至最大，使得物料粒子间接触面积增大，并且黏结在一起。当挤压力超过环模模孔内壁静摩擦力时，物料即向模孔流动，并发生弹塑性变形。下一阶段，被压实的原料充满环模模孔，形成燃料颗粒，并被不断挤入的物料推向出料口。然后，安装在模具外部的切刀将软化的成型料从模具中挤出时将其切断形成颗粒，最后颗粒通过排料口落下。该过程可能伴随有应力松弛现象。

环模成型机的制粒过程与主轴及压辊的转速、压辊的结构尺寸及表面粗糙度、环模材料及结构尺寸、生物质原料种类等因素有关。

造粒机还可以根据动力驱动和工作方式分为固定式和移动式两大类，其中移动式又可以细分为牵引式和自走式。

固定式造粒机一般在厂房内工作，工作位置相对固定。动力来源一般是电机。其功率需根据生产线或设备效率不同来选择。固定式造粒机往往还配置切碎、输送、除尘、降温和包装等系统，以生产线方式运行。在造粒机中，环模和压辊是易损件，使用寿命较短，一般生产 1000t 左右产品就需要更换，导致造成造粒机使用成本居高不下。

移动式造粒机相对于固定式造粒机，具有方便灵活、不需要固定场地等优点。它可以做到秸秆、饲料等物料的田间地头收获造粒，实现秸秆捡拾、切碎、造粒、冷却和仓储一体化，降低收储运成本，提高工作效率。移动式造粒机按行走方式分类，可分为自走式和牵引式移动两种。自走式动力由自带发动机（一般为柴油机）提供，工作部件和行走都全部由发动机完成，整机各功能部件匹配性设计；牵引式一般由拖拉机牵引实现走行，动力一般来自拖拉机后动力输出。

多数造粒机在使用时不需要从外部加热，物料被挤压时所产生的热量即可使物料软化。若原料中木质素含量较低，则可适量添加少量胶黏剂。生产出来的产品性质因原料和加工工艺条件而异。例如，用木屑制得的生物质颗粒密度就高于用秸秆制成的颗粒。工业上使用的造粒机生产能力一般在 2.5~5t/h 之间，耗电量在 15~40kW·h/t 之间。

3.4.2 活塞压块成型机

压块机通常使用液压、机械力或辊压方式操作。与制粒机不同，压块机可以在不添加胶黏剂的情况下处理尺寸较大、水分含量范围较宽的原料。有时原料中水分含量高达 22% 还可以用压块机加工生物质压块。压块同颗粒相比，具有尺寸和形状均匀、燃烧时方便进料、燃烧均匀、发热量高、烟尘排放少等优点。

活塞冲压成型机通过活塞高速往返运动，产生较强冲压力，从而将生物质原料冲压成型。与螺杆挤压式成型机相比较，活塞冲压式成型机允许的原料含水率范围较宽，且因活塞和生物质原料之间没有相对滑动，故磨损较小，因而使用寿命较长。按驱动力来源区分，可分为液压式和机械式两大类。它们的主体结构和工作原理相同，仅驱动力不同而已。图 3-6 为冲压成型机的工作原理图。

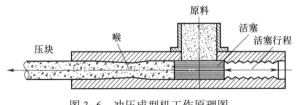

图 3-6 冲压成型机工作原理图

液压式活塞冲压成型机通过液压油缸提供的压力，带动冲压活塞将生物质冲压成型。液压式活塞冲压成型机由于采用液压系统提供动力，在提供动力时可实现"按需增能"，从而降低了生产时所需的单位能耗。由于压力有限，压块燃料的密度低于 1000kg/m³。因为液压油缸的运动较慢，所以生产能力较低。单台机器的生产能力通常在 50~400kg/h 之间，但它对原料水分的容忍度较高，最高可以承受 22% 的水分含量，而机械式压块成型机通常只能承受 15% 的水分含量。

机械式压块成型机是利用飞轮储存的能量带动冲压活塞，能够产生约 200MPa 的压力，因此无需添加黏合剂即可得到高密度（>1000kg/m³）的压块。单台机械式压块成型机的生产能力一般在 200~2500kg/h 之间。机械式压块成型机的使用寿命比液压式压块成型机长得多。因此它比液压式压块成型机能提供更好的投资回报。但是，机械驱动活塞冲压式成型机振动负荷较大，导致机器运行时，噪声明显、稳定性差。

此类成型设备的优点是通常不需要用电加热。与螺旋挤压式成型机相比，改善了成型部件磨损严重的问题，但成型物密度较低，容易松散。由于存在较大的振动负荷，设备运行稳定性差，噪声较大，润滑油污染也较严重。

3.4.3　立方体压块机

立方体压块机的环模和压辊（轮）类似于造粒机的环模（图 3-7）。螺旋输送器将切碎的生物质均匀地移向模环的开口。当物料离开螺旋输送器时，重型压轮迫使进料通过环中的模具开口。立方体中的压力在 24~34MPa 之间。被粉碎的生物质中的天然胶黏剂、压辊的高压以及将生物质压过模具产生的热量有助于黏合立方体。环模外侧的导向器将立方体破碎成 50~75mm 的长度。加工成型时适当添加胶黏剂如膨润土、熟石灰、淀粉、木质素磺酸盐等，有利于提高立方体的耐久性。

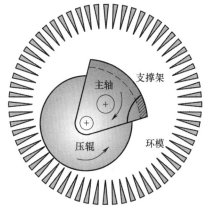

图 3-7　立方体压块机

3.4.4　辊压机和压片机

辊压机由两个直径相同的压辊组成，它们在平行轴上以相反方向水平旋转。图 3-8 为辊压机工作原理图。磨碎的生物质，当被挤压通过两个压辊之间的间隙时，被挤压形成致密的产物。由于两根压辊的旋转方向相反，因此生物质原料被从压辊一侧拉入，而致密物从另一侧挤出，变成薄板。两根压辊之间的间隙尺寸取决于许多因素，例如生物质的类型、粒度、水分含量和添加剂的使用。对生物质致密产品质量起主要作用的设计参数包括压辊直径、间隙宽度、压辊力和模具形状。用这种方法制成的成型燃料堆积密度范围一般为 450~550kg/m³。

压片机用电机（或液压缸）和压棒在直径 10~15cm 圆柱形冲模中将生物质粉状原料压紧。（图 3-9）。在模具中施加约 100~150MPa 的压力，就可以使材料黏合在一起而无需添加黏合剂。物料的充填深度，压片厚度可调节，通过电机推动拉动流栅式加料机构对下模具进行填料，再通过液压缸推动上压棒伸入下模板的内部进行压片，压片后通过下冲头推出压片，压片密度平均为 880kg/m³，与生物质颗粒燃料密度相近。但压片过程比制粒过程消耗更多能量。目前片状燃料的生产和使用都很少。

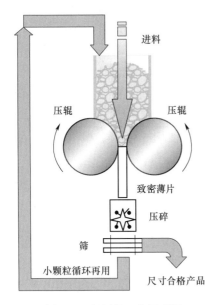

图 3-8　辊压机工作原理图

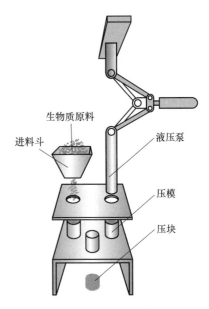

图 3-9　压片机示意图

3.4.5　螺杆挤压成型机

挤压力使粒径小于 4mm 的生物质小颗粒紧密结合在一起，增强它们之间的作用力，从而形成强度较大的致密材料。经过粉碎的生物质原料由上料机或者靠人工加到成型机的进料斗，然后沿螺杆直径的方向进入螺杆前端的螺旋槽中，并在螺杆推进力的作用下被挤压并向出口处移动。由于生物质的剪切，形成显著的压力梯度和摩擦力。原料与螺旋槽之间的摩擦、原料的内部摩擦和螺杆的高转速（约 600r/min）的综合影响使生物质的温度升高。被加热的生物质进一步被挤压通过模具，被黏结成一体。如果体系内产生的热量不足以使物料达到可以平滑挤出的假塑性状态，则需要使用加热器从外部提供热量。典型的螺杆挤压式成型机原理图见图 3-10。

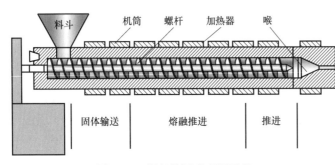

图 3-10　螺杆挤压成型机原理

3.4.6　附聚成型机

附聚是一种通过将粉末颗粒黏合在一起来增加粒度的方法。该系统用于多种粉末，包括生物质原料。生物质团聚的应用不多。最常用的方法是翻滚附聚。其设备的主体是一个旋转腔体，里面装满不同尺寸的滚珠（一般为钢制）。生物质原料粉末和胶黏剂一并加入。腔体旋转产生离心力和摩擦力。这些力将光滑的滚珠压在粉末上，帮助它们粘在一起并使颗粒尺寸增大。也有的设备采用搅拌器使原料粘在一起。附聚成型设备除了成型装置外，还应当有包括进料斗、混合桶、搅拌器在内的混合装置和包括电动机、传动轴等和皮带轮等在内的传动装置等。附聚机有很多类型，主要有鼓形、盘形、锥形和板形等。

用附聚机造粒包括以下步骤：第一步，将磨碎的原料连续添加到筒中并用液体胶黏剂润湿；第二步，圆筒旋转导致润湿的细粒形成小的种子颗粒（成核）；第三步，种子颗粒"滚雪球"聚结成更大的颗粒，直到它们从筒中排出；第四步，用刀切割黏结成型的挤出物，形成颗粒。

3.5　生物质压缩成型燃料的性能、产品标准和应用

3.5.1　生物质固体成型燃料的规格和主要性能

生物质固体成型燃料的性能包括基本物理性能、机械性能和燃烧性能等方面。

生物质固体成型燃料的基本物理性能包括燃料颗粒或压块的尺寸、密度、含水率、灰分含量等。

颗粒的形状和大小对内部和外部的传导、对流和辐射热传递有重大影响，同时还对焦炭氧化和灰分形成速率有影响。粒子尺寸的影响表现在以下几个方面：a. 燃气和燃烧器周围介质之间的传热和传质；b. 来自火焰的辐射吸收；c. 易于气体渗透的床的流动性；d. 颗粒的燃烧速率。粒度大的颗粒燃烧慢，反之则燃烧快。

生物质成型燃料的密度高，有利于提高燃料的能量密度和存储容量，降低运输成本；同时，挥发分由内向外的析出速度以及热量由外向内的传递速度都较慢。此时料点火较难，燃烧速率也较低。有利于平稳燃烧和充分燃烧。

生物质固体成型燃料含水率对燃料的贮存性能和燃烧性能有一定影响。一般要求成型燃料的含水率低于10%（质量）。

生物质固体成型燃料的机械性能主要有强度（即抗压性、抗冲击性和防水性）和耐久性（即耐磨性）两个方面。通过测定这两个方面的指标，可以评价压缩成型工艺能否有效地在如颗粒和压块等成型燃料中产生牢固和持久黏合。这些测试可以表征致密产品可以承受的最大力/应力，以及在处理、运输和储存过程中产生的细粉量。

耐久性是一个质量参数，用于描述材料在储存和运输过程中处理时保持完整的能力。在生物质燃料的运输和使用过程中，燃料的破碎会导致粉尘形成，同时也不利于向锅炉中输送。

生物质颗粒燃料的耐久性是评价生物质颗粒燃料品质的重要性能指标。它对生物质颗粒燃料的包装、运输及储存性能有较大影响。耐久性通常包括抗跌碎性、抗变形性、抗渗水性和抗吸湿性等内容，习惯上多用抗跌碎性来评价，也有用耐磨性来评价耐久性的。测试耐久性的设备有很多，例如 Holmen 测试仪、滚罐、Ligno 测试仪和 Dural 测试仪。有很多方式可以用来描述颗粒的耐久性，例如：

① 相同质量的颗粒破碎前的最大压缩力，单位 N；

② 相同长度或者单位长度的颗粒破碎前的最大压缩力，单位 N；

③ 单位横截面积的颗粒在破碎前的最大压缩力，单位 MPa；

④ 抗拉强度 T_S，单位 MPa，定义为：

$$T_S = \frac{2F}{\pi l d} \tag{3-1}$$

式中　F——最大压缩力，N

　　　d——颗粒直径，mm

　　　l——颗粒长度，mm

⑤ Meyer 硬度 H_m，单位 N/mm^2，定义为压缩力除以带有半球端压头的杆的投影压痕面积。计算公式（3-2）为：

$$H_m = \frac{F}{\pi(D-h^2)} \tag{3-2}$$

式中　F——破碎前的最大压缩力，N

　　　D——压杆直径，mm

　　　h——压痕深度，mm

⑥ 将长度为 15mm 的颗粒径向压缩 1.5mm（从最初的直径 6mm 压缩到直径 4.5mm），单位 J/粒。

我国农业行业标准《NY/T 1881.8—2010　生物质固体成型燃料试验方法　第 8 部分：机械耐久性》规定的机械耐久性系指在可控的振动下，通过在试验样品之间、样品与测试器内壁之间发生碰撞，然后将已磨损和细小的颗粒分离出来，以剩余的样品质量占起始质量的百分比作为燃料的机械耐久性量度。

生物质固体成型燃料的燃烧性能主要有发热量、总热释放量、热释放速率、烟生成速率、烟释放总量、燃烧率、质量损失速率、着火温度、点燃时间、排烟黑度、排尘浓度等。

① 发热量是燃料最重要的燃烧参数之一。其定义在本书 2.1 中已有介绍，此处不再重复。生物质成型燃料的发热量主要取决于固定碳含量，而且与固定碳含量大致呈线性关系。固定碳含量越高，发热量就越高。这是因为生物质的发热量主要是由固定碳中的碳元素彻底氧化而提供的。通常情况下，木质颗粒的发热量高于秸秆颗粒。国家标准规定，发热量用氧弹法测定。

② 总热释放量是指在预置的入射热流强度下，材料从点燃到火焰熄灭为止所释放热量的总和，单位为 MJ/m^2。总热释放量越大，燃料燃烧所放出的热量就越多。生物质固体成型燃料的燃烧放热量—时间曲线中有两个峰值。第一放热峰对应于点燃时的有焰燃烧过程，第二放热峰对应于第二次出现较高火焰的燃烧过程，第一放热峰值一般大于第二放热峰值，且该峰下面所覆盖的面积（放热量）也高于第二放热峰。从试样被点燃到第二放热峰峰值出现的有焰燃烧阶段，总热释放量迅速增加，并且在放热峰处变化最快。当第二放热峰之后，总热释放量增加很缓慢，说明生物质成型燃料燃烧释放的热量主要是由有焰燃烧提供的。

③ 热释放速率也是燃料最重要的燃烧参数之一。热释放速率越大，燃烧提供给材料表面的热量就越多，随之导致材料热解速率加快和挥发性可燃物生成量增加，从而加速了

火焰的传播。一般来讲，易点燃的燃料，放热速率较快，说明其燃烧较剧烈。有些燃料中含有较多不燃性的杂质，导致热解产物扩散和热量传递困难。

④ 烟生成速率和烟释放总量都是用于表征材料烟释放性能的重要参数。一般来说，这两个参数越大，烟释放性能就越好；但从环境安全角度看，燃料的品质却越差。烟的生成与热量的释放基本上是同步的。烟释放总量大通常意味着燃烧不够完全。另外，燃料中氯、硫、氮等元素的存在易使燃料燃烧时烟气排放量增加，同时可能导致对燃烧设备的腐蚀。

⑤ 燃料中硅元素的含量对燃料的结渣性影响大。一般来说，硅含量越高，燃烧后结渣就越明显。秸秆类颗粒燃料中硅元素含量高于木材类颗粒燃料，因而它的结渣比木材类颗粒严重。

⑥ 用燃料失重曲线（质量—时间曲线）可以直观地反映燃烧过程中的质量变化情况。曲线斜率可以代表质量损失速率。失重曲线与总热释放量曲线折线变化位置相同，这表明材料燃烧时放热和质量损失是同步的。燃烧的前期为有焰燃烧阶段，该阶段材料热解产生可燃物最快释放热量速率最快，失重曲线的斜率较大；燃烧后期为红热燃烧阶段，失重曲线的斜率较小。所以，质量损失和放热主要发生在有焰燃烧阶段，该阶段结束时，燃料基本上已经炭化。在此后的红热燃烧阶段，主要是木炭发生反应。燃料失重曲线斜率低说明其可持续燃烧能力较好，这对于燃料来说很重要。

⑦ 着火温度和点燃时间可以用于评价燃料的易点燃性能。着火温度越低，点燃时间越短，说明燃料越容易点燃，但这并不意味着燃料能够稳定地燃烧。一般来说，燃料中挥发分含量高有利于燃料的点燃。

⑧ 排烟黑度是评价固定污染源烟尘浓度的一项指标。林格曼黑度是用视觉方法对烟气黑度进行评价的一种方法，共分为 6 级，即 0~5 级。0 级表明污染最轻，5 最重。通常要求生物质固体成型燃料的排烟黑度低于 1 级。林格曼黑度的观测结果受许多主客观因素的影响，不够准确。

⑨ 排尘浓度是指从除尘器排出的烟气中单位体积含有的尘埃质量。但是排尘浓度并非燃料固有性能，而是与锅炉性能密切相关，即必须与相应的锅炉配合使用才能考察其性能。

3.5.2　生物质固体成型燃料产品标准

在一些工业发达国家，生物质固体成型燃料早已实现了产业化。已经建立了相对完善的原材料、生产设备、应用设备和产品标准。瑞典率先颁布了生物质颗粒燃料的国家标准 SS187120 及生物质压块燃料的标准 SS187121，其他许多欧洲国家也随后提出了各自的标准。

2000 年，欧洲标准化委员会（CEN）授权瑞典标准局，成立生物质成型燃料技术委员会（CEN/TC335）。欧洲标准化委员会 CEN 在 2003—2006 年间发布了 27 项生物质固体燃料技术规范（预标准）。这些技术规范后来均升级为完整的欧洲标准（EN），并最终取代各国原有的国家标准。这些标准涉及术语、规格和等级、质量保证、采样制样、试验方法、安全储运、排放控制等，同时考虑了住宅/商业和工业应用等不同用户的分级质量要求。

在上述欧洲标准中，最重要的两个系列分别为《EN 14961　生物质固体成型燃料分类和规格》以及《EN 15234　固体生物燃料的质量标准》。这两个标准后来成为国际标准《ISO 17225　固体生物燃料—燃料规格和分类》的基础。该标准的最新版本是2021年修订的。这些标准不仅保证了生物质固体成型燃料在生产和销售过程中的产品质量，还有利于原料的收集、分类、储运以及产品应用过程中的标准化。

我国于20世纪80年代中期至90年代末制订了国家标准《GB/T 5186—1985　生物质燃料发热量测试方法》（与农业标准《NY/T 12—1985　生物质燃料发热量测试方法》内容相同）《GB/T 17664—1999　木炭和木炭试验方法》等。后来借鉴国外先进标准，结合我国国情，将《GB/T 5186—1985　生物质燃料发热量测试方法》合并到国家标准《GB/T 21923—2008　固体生物质燃料检验通则》中。该标准统一了有关生物质燃料及其检验的概念、术语和定义、检验规则和结果表述等。河南农业大学、农业部规划设计研究院等单位主持制订了农业行业标准《NY/T 1878—2010　生物质固体成型燃料技术条件》《NY/T 1879—2010　生物质固体成型燃料采样方法》《NY/T 1880—2010　生物质固体成型燃料样品制备方法》《NY/T 1881—2010　生物质固体成型燃料试验方法》等一系列标准。为今后建立的一系列固体生物质燃料检验标准或技术规范奠定基础。

在此基础上，又制订了行业标准《NY/T 1882—2010　生物质固体成型燃料成型设备技术条件》。这是第一个关于生物质固体成型燃料的产品标准。但这个标准仅规定了燃料的尺寸、耐久性（抗破碎性）和发热量等指标。

有关生物质固体成型燃料的国家标准和行业标准主要有以下几个：

《GB/T 21923—2008　固体生物质燃料检验通则》；

《NY/T 1878—2010　生物质固体成型燃料技术条件》；

《NY/T 1881.1—2010　生物质固体成型燃料试验方法　第1部分：通则》；

《NY/T 1881.2—2010　生物质固体成型燃料试验方法　第2部分：全水分》；

《NY/T 1881.3—2010　生物质固体成型燃料试验方法　第3部分：一般分析样品》；

《NY/T 1881.4—2010　生物质固体成型燃料试验方法　第4部分：挥发分》；

《NY/T 1881.5—2010　生物质固体成型燃料试验方法　第5部分：灰分》；

《NY/T 1881.6—2010　生物质固体成型燃料试验方法　第6部分：堆积密度》；

《NY/T 1881.7—2010　生物质固体成型燃料试验方法　第7部分：密度》；

《NY/T 1881.8—2010　生物质固体成型燃料试验方法　第8部分：机械耐久性》。

农业行业标准《NY/T 1878—2010生物质固体成型燃料技术条件》规定了生物质固体成型燃料的主要指标，包括几何外形尺寸、成型燃料密度、含水率、灰分、发热量、破碎率等，而辅助性能指标包括硫、钾、氯和添加剂的含量。

表3-2和表3-3分别列出《NY/T 1878—2010生物质固体成型燃料技术条件》所规定的生物质固体成型燃料的基本性能要求和辅助性能指标要求。

农业行业标准《NY/T 2909—2016生物质固体成型燃料质量分级》根据产品尺寸、含水率、密度、耐久性、低位发热量、灰分、氮、硫、氯含量等指标，将木质生物质固体成型燃料分为A1、A2、A3共3个级别，非木质生物质固体成型燃料分为B1、B2、B3共3个级别。表3-4和表3-5列出木质生物质棒状燃料和颗粒燃料的等级要求。

表 3-2　　　　　　　　　　　生物质固体成型燃料基本性能要求

项目	颗粒状燃料		棒（块）状燃料	
	主要原料为草本类	主要原料为木本类	主要原料为草本类	主要原料为木本类
直径或横截面最大尺寸(D)/mm	≤25		>25	
长度/mm	≤4D		≤4D	
成型燃料密度/(kg/m³)	≥1000		≥800	
含水率/%	≤13		≤16	
灰分含量/%	≤10	≤6	≤12	≤6
低位发热量/(MJ/kg)	≥13.4	≥16.9	≥13.4	≥16.9
破碎率/%	≤5			

表 3-3　　　　　　　　　　　生物质固体成型燃料辅助性能指标

项目	性能要求	项目	性能要求
硫含量/%	≤0.2	氯含量/%	≤0.8
钾含量/%	≤1	添加剂含量/%	无毒、无味、无害≤2

表 3-4　　　　　　　　　　　木质生物质块（棒）状燃料等级要求

燃料属性	A1 级	A2 级	A3 级
全水分(收到基)/%	≤10	≤12	≤15
密度/(kg/m³)	≥1100	≥1000	≥800
机械耐久性/%	≥97.5	≥97.5	≥95
低位发热量(收到基)/(MJ/kg)	≥15.5	≥15.3	≥14.6
灰分(干燥基)含量/%	≤1.5	≤3	≤6
氮(干燥基)含量/%	≤0.3	≤0.5[*]	≤1.0[*]
硫(干燥基)含量/%	≤0.05	≤0.08[*]	≤0.1[*]
氯(干燥基)含量/%	≤0.03	≤0.03[*]	≤0.03[*]
添加剂含量/%（干重）	≤2		
结渣性	弱结渣性		

注：带"＊"的指标为该级别的非关键性指标，其余为关键性指标。

表 3-5　　　　　　　　　　　木质生物质颗粒燃料等级要求

燃料属性	A1 级	A2 级	A3 级
规格/mm	长度小于直径 4 倍	长度小于直径 5 倍	长度小于直径 5 倍
全水分(收到基)/%	≤8	≤10	≤12
密度/(kg/m³)	≥600	≥500	≥500
机械耐久性/%	≥97.5	≥97.5	≥95
小于 3.15mm 细小颗粒量/%	≤1.0	≤1.0	≤1.0
低位发热量(收到基)/(MJ/kg)	≥15.5	≥15.3	≥14.6
灰分(干燥基)含量/%	≤1.5	≤3	≤6
氮(干燥基)含量/%	≤0.3	≤0.5[*]	≤1.0[*]

续表

燃料属性	A1 级	A2 级	A3 级
硫(干燥基)含量/%	≤0.05	≤0.08*	≤0.1*
氯(干燥基)含量/%	≤0.03	≤0.03*	≤0.03*
添加剂含量/%(干重)		≤2	
结渣性		弱结渣性	

注：带"*"的指标为该级别的非关键性指标，其余为关键性指标。

另外，在生物质燃料炉具和锅炉方面也有相应的国家标准和行业标准。例如，国家标准《GB 13271—2014 锅炉大气污染物排放标准》规定，生物质成型燃料锅炉参照燃煤锅炉排放控制要求执行：烟尘排放浓度小于 50mg/m³；SO_2 排放浓度小于 300mg/m³；NO_x 排放浓度小于 300mg/m³。在执行大气污染物特别排放限值的地区（京津冀、长三角、珠三角等"三区十群"19 个省、自治区、直辖市 47 个地级及以上城市），烟尘排放浓度小于 30mg/m³；SO_2 排放浓度小于 200mg/m³；NO_x 排放浓度小于 200mg/m³。

在生物质燃料炉具方面，有以下一系列能源行业标准进行规范：

《NB/T 34005—2020　清洁采暖炉具试验方法》；

《NB/T 34006—2020　清洁采暖炉具技术条件》；

《NB/T 34007—2012　生物质炊事采暖炉具通用技术条件》（已被 NB/T 34006—2020 取代）；

《NB/T 34008—2012　生物质炊事采暖炉具试验方法》（已被 NB/T 34005—2020 取代）；

《NB/T 34009—2021　清洁炊事烤火炉具技术条件》；

《NB/T 34010—2021　清洁炊事烤火炉具试验方法》。

尽管在生物质成型燃料标准化方面已经做了很多工作，但是离该项产业发展的要求相比还有较大差距。例如，由于成型工艺不同，导致成型设备的种类千差万别，设计标准也不统一。另外，产品标准规范的内容还不充分，规定的指标还比较少。所以，进一步完善符合我国实际情况的成型燃料生产加工和产品质量标准具有极其重要的意义。

思 考 题

1. 生物质固体成型燃料相对于直接燃烧植物生物质有哪些优缺点？

2. 植物生物质中哪些成分具有将生物质颗粒黏结成一体的能力？它们是通过哪些作用力，基于何种原理实现生物质的成型？在生物质固体成型燃料加工过程中如何改善成型效果？

3. 预热成型在实践中有哪些积极意义？

4. 成型压力在生物质固体成型过程有哪些影响？如何通过实验选择合适的成型压力？

5. 预期生物质固体成型燃料主要有哪些应用场合。

参 考 文 献

[1] SÁNCHEZ J, CURT M D, ROBERT N, et al. Biomass Resources [M]. in: The Role of Bioenergy in the Emerging

Bioeconomy. Elsevier, 2019, 30.

［2］　STELTE W, SANADI A R, SHANG L, et al. Recent developments in biomass pelletization-A review ［J］. BioResources, 2012, 7 (3), 4451-4490.

［3］　ANGULO-MOSQUERA L S, ALVARADO-ALVARADO A A, RIVAS-ARRIETA M J, et al. Production of solid biofuels from organic waste in developing countries: A review from sustainability and economic feasibility perspectives ［J］. Science of The Total Environment, 2021, 795: 148816.

［4］　SMITH W H. Fuel ［P］. US233887 A, 1880.

［5］　郝玲, 祖宇, 董良杰. 模辊式生物质燃料成型技术及设备的研究进展 ［J］. 安徽农业科学, 2012, 40 (1): 367-369+372.

［6］　ZHOU Y, ZHANG Z, ZHANG Y, et al. A comprehensive review on densified solid biofuel industry in China ［J］. Renewable and Sustainable Energy Reviews, 2016, 54: 1412-1428.

［7］　BAJWA DS, PETERSON T, SHARMA N, et al. A review of densified solid biomass for energy production ［J］. Renewable & Sustainable Energy Reviews. 2018, 96: 296-305.

［8］　Production of wood pellets worldwide in 2021, by region. https://www.statista.com/statistics/476924/worldwide-wood-pellet-production-by-region/#:~: text=Global%20wood%20pellet%20production%20has%20been%20increasing%20annually, for%20a%20large%20share%20of%20wood%20pellet%20consumption.

［9］　Wood Pellet Market-Growth, Trends, COVID-19 Impact, and Forecasts (2022-2027) https://www.mordorintelligence.com/industry-reports/wood-pellet-market.

［10］　http://www.gov.cn/zhengce/zhengceku/2022-04/26/content_5687228.htm.

［11］　张百良. 生物质成型燃料技术与工程化 ［M］. 北京: 科学出版社, 2012, 131.

［12］　李伟振, 姜洋, 王功亮, 等. 生物质压缩成型机理研究进展 ［J］. 可再生能源, 2016, 34 (10): 1525-1532.

［13］　TUMULURU J S, WRIGHT C T, HESS J R, et al. A review of biomass densification systems to develop uniform feedstock commodities for bioenergy application ［J］. Biofuels Bioproducts & Biorefining-Biofpr, 2011, 5 (6): 683-707.

［14］　OLSSON A M, SALMEN L. The softening behavior of hemicelluloses related tomoisture ［C］. in: GATENHOLM P, TENKANEN M. Hemicelluloses: Science and Technology, ACS Symposium Series, 2004, 864: 184-197.

［15］　STELLE W, CLEMONS C, HOLM J K, et al. Thermal transitions of the amorphous polymers in wheat straw ［J］. Industrial Crops and Products, 2011, 34 (1): 1053-1056.

［16］　OLSSON A M, SALMEN L. Viscoelasticity of in-situ lignin as affected by structure-softwood vs. hardwood ［C］. In: Glasser W, Hatakeyama H. Viscoelasticity of Biomaterials. ACS Symposium Series, 1992. 489: 133-143.

［17］　STELLE W, HOLM J K, SANADI A R, et al. A study of bonding and failuremechanisms in fuel pellets from different biomass resources ［J］. Biomass and bioenergy, 2011, 35 (2): 910-918.

［18］　BÖRCSÖK Z, PÁSZTORY Z. The role of lignin in wood working processes using elevated temperatures: an abbreviated literature survey ［J］. European Journal of Wood and Wood Products, 2021, 79: 511-526.

［19］　STELTE W, CLEMONS C, HOLM J K, et al. Fuel pellets from wheat straw: the effect of lignin glass transition and surface waxes on pelletizing properties ［J］. Bioenergy Research, 2012, 5 (2): 450-458.

［20］　RUMPF H. The strength of granules and agglomerates. in Knepper WA, Agglomeration ［M］. New York: Interscience Publishers, 1962, 379-418.

［21］　SASTRY KVS, FUERSTENAU DW. Mechanisms of agglomerate growth in green pelletization ［J］. Powder Technology, 1973, 7: 97-105.

［22］　KALIYAN N; MOREY R V. Natural binders and solid bridge type binding mechanisms in briquettes and pellets made from corn stover and switchgrass ［J］. Bioresource Technology 2010, 101 (3): 1082-1090.

［23］　KONG L J, TIAN S H, HE C, et al. Effect of waste wrapping paper fiber as a "solid bridge" on physical characteristics of biomass pelletsmade from wood sawdust ［J］. Applied Energy, 2012, 98: 33-39.

［24］　BAJWA D S, PETERSON T, et al. A review of densified solid biomass for energy production ［J］. Renewable & Sustainable Energy Reviews, 2018, 96: 296-305.

［25］ CANAM T, TOWN J R, TSANG A, et al. Biological pretreatment with a cellobiose dehydrogenase-deficient strain of Trametes versicolor enhances the biofuel potential of canola straw ［J］. Bioresource Technology, 2011, 102：10020-10027.

［26］ TABIL L G, SOKHANSANJ S, TYLER R T. Performance of different binders during alfalfa pelleting ［J］. Canadian Agricultural Engineering, 1997, 39（1）：17-23.

［27］ INGWALD O, THOMAS B, GEORG B. Chemical properties of solid biofuels-significance and impact ［J］. Biomass and Bioenergy, 2006, 30（11）：973-982.

［28］ 邢献军, 李涛, 马培勇, 等. 生物质固体成型燃料热压成型实验研究 ［J］. 太阳能学报, 2016, 37（10）：2660-2667.

［29］ AL-SHEMMERI T T, YEDLA R, WARDLE D. Thermal characteristics of various biomass fuels in a small-scale biomass combustor ［J］. Applied Thermal Engineering, 2015, 85：243-251.

［30］ 孙毅, 张文标, 林启晨, 等. 6种生物质颗粒成型燃料性能测试分析 ［J］. 浙江林业科技, 2015, 35（6）：16-22.

4　生物质气化

不同种类生物质的燃烧行为差别很大。另外，生物质资源密度低，在直接燃烧时存在许多不便。为此，人们一直在尝试通过不同途径将生物质转化成其他形式的燃料，以便于输送。气化可以为人们提供一种经济可行的解决方案。

生物质气化由煤炭气化演化而来。关于煤炭气化研究的报道始于 1659 年，当时 Thomas Shirley 用这种方法制备甲烷。1861 年，西门子公司制造了世界上第一台商业性质气化炉。1926 年，流化床气化炉问世，1931 年又出现了加压移动床工艺。这些技术为生物质气化打下了基础。

19 世纪末 20 世纪初，石油被广泛用作燃料，压缩了燃气应用的空间。在两次世界大战特别是第二次世界大战期间，石油供应短缺导致了气化技术的重新大规模使用。第二次世界大战后，廉价石油的供应使得气化燃气生产下滑。1956 年苏伊士运河危机后，生物质气化的研究又加速进行。几十年来，欧美国家生物质气化技术进步很快，建成了规模较大、自动化程度高、工艺较复杂的生物质气化装置，已达到示范工厂和商业应用规模，主要用途为供热、发电和合成液体燃料。在生物质气化发电和集中供气领域，已部分实现商业化应用。

我国对生物质气化技术的研究始于 20 世纪 80 年代。最初研究的是家用小型气化炉。这种炉具因为规模小、热效率低、污染严重、设备寿命短而基本被淘汰。当前采用的大规模气化技术，可以将各类生物质原料转换为燃气或蒸汽，用于生物质气化集中供气、燃气锅炉供热、蒸汽轮机发电或燃气轮机发电等用途，还可用于生产化学品和其他增值材料，实现了资源的清洁高效利用。

4.1　生物质气化原理

4.1.1　生物质气化的概念

生物质在氧气不足的条件下进行不完全燃烧，放出的热量使原料中的高分子化合物发生热解。热解产物在气化剂存在下进一步反应，形成混合气体，通常称为"合成气"，其中的可燃成分主要有氢气、一氧化碳、甲烷、乙烷等。这一过程称为生物质的气化。气化还会伴随生成液态和固态副产物。生物质气化是一种用热化学手段从生物质获得能量的方法。它的使用有利于减少污染物的排放。传统农林加工剩余物、能源作物以及城市有机垃圾等各类生物质都可以气化。生物质的化学成分、发热量、灰分和水分含量等指标因原料种类、产地、年龄、季节和其他因素而有差异，它们气化生成的产物种类、转化率和转化速率也不相同。在实践中，应当选择来源丰富且便宜的原料用于气化。

根据反应机理，可以将生物质的气化分为热解气化（不使用气化介质）和反应性气化（使用气化介质）。热解气化是将生物质在无氧或高度缺氧条件下加热分解并生成多种气态小分子产物的过程，其中包括大分子的化学键断裂、异构化和小分子的聚合等反应；反应性气化是在空气、氧气、水蒸气、空气-水蒸气混合物以及氧气-水蒸气混合物等气化剂存在的条件下进行的气化。

气化过程包括干燥、脱挥发分、热解、氧化和还原等过程。涉及燃料研磨、干燥、气化、气体冷却、气体净化和气体最终利用等单元操作。如图4-1所示。

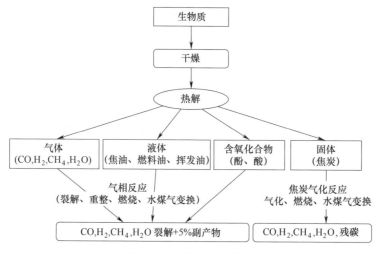

图4-1 生物质气化路径

生物质合成气的主要成分为氢气、一氧化碳、甲烷、轻质烃（乙烷、丙烷等）和重质烃（如焦油）等可燃成分和二氧化碳、氮气等不燃成分。具体组成取决于原料种类、气化剂种类和气化操作条件。合成气中可能含有硫化氢、氯化氢等有害气体。合成气的低位发热量在 $4 \sim 26 MJ/m^3$（标准状态）之间。气化反应还生成焦炭，它是未反应有机组分（主要是碳）和灰分的混合物。前者数量主要取决于气化方法和操作条件，后者数量取决于生物质的组成。焦炭的低位发热量在 $25 \sim 30 MJ/kg$ 之间，取决于未反应有机组分的量。

4.1.2 生物质气化的基本反应

生物质气化，首先要通过外热将生物质加热到一定温度使其干燥。干燥的生物质在外部热源的作用下，一部分热解，释放挥发性成分，另一部分发生氧化反应，燃烧放热，放出的热量使得生物质气化、热解或还原。发生何种反应，取决于设备和反应条件。整个气化过程，燃烧（氧化）是放热步骤，其余都是吸热步骤。燃烧放出的热量（属于自热）必须大于干燥、热解、还原和焦油分解所吸收的热量，才能维持反应的进行，否则就必须由外热补足。

在自热过程中，气化炉通过生物质的部分燃烧进行内部加热，提供所需能量；而在外热过程中，气化所需能量由外部提供。气化可以看成是以下几个阶段的组合，如图4-2

所示。

4.1.2.1 干燥

干燥的意义在于将原料中所含水分蒸发掉，以方便生物质原料的裂解和气化。该阶段所需的热量或来自外部热源，或来自生物质原料的不完全燃烧。干燥阶段消耗的热量与原料水分含量成正比。通常当生物质原料温度达到 150℃ 时，就认为干燥已经完成。

4.1.2.2 热解

生物质在热的作用下发生化学分解，化学键断裂，生成相对分子质量较低的产

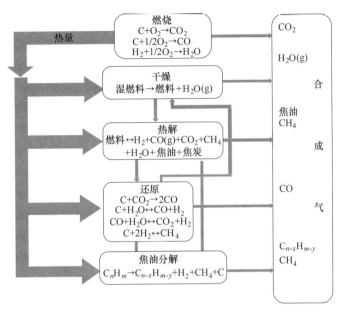

图 4-2　生物质气化过程中的主要化学反应

物，包括固、液、气三类。固体产物包括生物质中的灰分和高碳含量部分，称为"焦炭"。焦炭的碳含量和发热量都较高。流化床气化炉焦炭产率 5%~10%，而固定床气化炉为 20%~25%（均为质量分数，下同）。液体产物通常称为"焦油"，得率因气化炉类型而异，例如，下吸式气化炉低于 1%、鼓泡床气化炉 1%~5%、上吸式气化炉 10%~20%。生物质在温度不太高时裂解形成的产物称为初级焦油，它是生物质原始成分中的一些片段，相对分子质量较大，性质不稳定；随着温度升高，初级焦油会转化为二级焦油；如果温度继续升高，部分焦油还会转化为三级焦油。焦油是黏稠液体，易附于管道和设备壁上，堵塞和腐蚀管路，影响下游用气设备的稳定运行。若不收集处理，还会造成环境污染。另一方面，焦油中含有烃类化合物和能量。通过热解或催化裂解，可以将焦油转化为永久性气体，既可消除焦油危害，又可有效利用焦油中的能量。气态部分称为"热解气"，通常占进料的 70%~90%，是在室温下不可冷凝的气体混合物。它主要由 H_2、CO、CO_2 和轻质烃（不超过 3 个碳原子的烃）组成，另外还含有少量酸性或惰性气体。热解在 250~700℃ 温度范围内进行，是吸热反应。

4.1.2.3 氧化

生物质氧化（部分燃烧）反应的功能是给反应体系提供气化过程中所有吸热环节所需的热能，并将操作温度保持在所需值。氧化在供氧不足的条件下进行，以控制反应程度，避免反应过度浪费能量。部分氧化涉及原料中所有碳质组分，包括植物生物质以及生物质经过反应后得到的焦炭。其中碳的反应可以用下式简单表示：

$$C(固) + O_2 = CO_2 \quad \Delta H = -408.177 \text{kJ/mol}$$

氧化（燃烧）阶段还生成 CO、CO_2 和水的气体混合物。如果氧化在空气中进行，则产物中会含有氮气；如果氧化在氧气中进行，则产物中没有氮气。

另外焦炭和合成气中的氢元素也可以参与部分氧化反应。

4.1.2.4 还原

热解和氧化阶段生成的各种产物在此阶段相互反应，生成最终的合成气。该阶段的主要反应有：

$C+CO_2 \longleftrightarrow 2CO$ $\Delta H = 172kJ/mol$（碳素溶损反应，又称为 Boudouard 反应）

$C+H_2O \longleftrightarrow CO+H_2$ $\Delta H = 131kJ/mol$ （焦油重整反应）

$CO+H_2O \longleftrightarrow CO_2+H_2$ $\Delta H = -41.2kJ/mol$（水煤气变换反应）

$C+2H_2 \longleftrightarrow CH_4$ $\Delta H = -72.8kJ/mol$ （加氢气化反应）

上述反应，前两个是吸热反应，后两个是放热反应。它们都是化学平衡反应。根据热力学原理，高温对吸热反应有利，而低温对放热反应有利。还原阶段的温度对合成气的组成、低位发热量、焦油含量等特性影响很大。一方面，高温会增加碳的氧化，从而减少过程中的残炭和焦油含量；另一方面，它会增加灰分烧结的风险，并降低合成气的能量密度。使用空气进行大规模气化的操作温度通常为 800～1100℃，而用氧气进行气化时，操作温度为 500～1600℃。

生物质的气化过程非常复杂。气化反应器类型、工艺流程、反应温度和压力、原料种类和粒度、气化剂种类等因素都会影响气化反应。

4.1.3 生物质气化的能量变化

生物质气化反应的热化学方程式（反应温度 25℃）如图 4-3 所示。

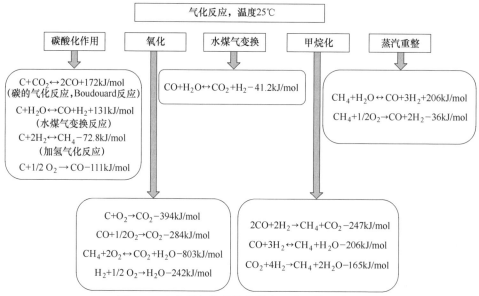

图 4-3   生物质气化的热化学方程式和能量变化

若气化反应用式（4-1）和式（4-2）表示：

$$n_A + m_B \xrightarrow{\;k_{正}\;} p_C + q_D \tag{4-1}$$

$$p_C + q_D \xrightarrow{\;k_{逆}\;} n_A + m_B \tag{4-2}$$

式中 n、m、p、q——化学计量反应的系数则正反应和逆反应的速率可以分别表示为式（4-3）：

$$r_1 = k_{正}\, c_A^n c_B^m \text{ 以及 } r_2 = k_{逆}\, c_C^p c_D^q \tag{4-3}$$

式中　c——各反应物和生成物的物质的量浓度

当反应开始时，反应物 A 和 B 的浓度高，而产物 C 和 D 的浓度低。因此，正反应速率 r_1 最初远高于逆反应速率 r_2，即 $r_1 \gg r_2$。随着反应的进行，正反应增加了产物 C 和 D 的积累，导致逆反应速率增加。当正逆反应速率相等（$r_1 = r_2$）时，反应达到平衡状态。反应物和产物的浓度不再变化。系统的吉布斯自由能最小，系统的熵最大。

在平衡状态下，有式（4-4）：

$$k_{正}\, c_A^n n_B^m = k_{逆}\, c_C^p c_D^q \tag{4-4}$$

反应的平衡常数 K_c 定义为：

$$K_c = \frac{k_{正}}{k_{逆}} = \frac{c_C^p c_D^q}{c_A^n c_B^m} \tag{4-5}$$

K_c 与温度有关，但与压力无关。

物质的生成热是指标准状态下从最稳定单质出发转化到 1mol 该物质的过程的焓变。表 4-1 列出部分气化反应的平衡常数、反应焓变和产物的生成热数据。

表 4-1　　　　几种气化反应的平衡常数、反应焓变和产物生成热

反应	平衡常数/$\log_{10}K$			生成热/(kJ/mol)	
	298K	1000K	1500K	1000K	1500K
$C + 1/2O_2 \rightarrow CO$	24.065	10.483	8.507	-111.9	-116.1
$C + O_2 \rightarrow CO_2$	69.134	20.677	13.801	-394.5	-395.0
$C + 2H_2 \rightarrow CH_4$	8.906	-0.999	-2.590	-89.5	-94.0
$2C + 2H_2 \rightarrow C_2H_4$	-11.940	-6.189	-5.551	38.7	33.2
$H_2 + 1/2O_2 \rightarrow H_2O$	40.073	10.070	5.733	-247.8	-250.5

4.1.4　气化介质

气化介质（气化剂）与固态碳和重烃化合物反应，并将其转化为低相对分子质量气体，如一氧化碳和氢气。用于气化反应的气化剂主要有空气、氧气和水蒸气。超临界流体特别是超临界水也可以用作气化介质。

氧气是一种常用的气化介质，它主要用于气化炉中的燃烧或部分气化。它可以以纯氧形式或者是混合在空气中供应到气化炉中。气化生成的气体产物的成分和发热量与所用气化剂的性质和数量密切相关。碳、氢和氧的三元图显示了在气化炉中产物组成随气化剂变化的规律，见图 4-4。

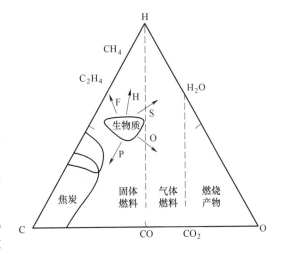

图 4-4　固体生物质气化过程中的碳-氢-氧三元图
H—氢气气化　S—水蒸气气化　O—氧气气化　P—慢速热解　F—快速热解

如果用氧气作为气化剂，则转化路径向氧角移动。其产物包括氧含量低的 CO 和氧含量高的 CO_2。当氧气量超过化学计量点时，气化就转变为燃烧，产物由燃气变为不可燃烟气。在气化过程中氧用量增高会导致产物中氢的含量降低，气体产物中的碳基化合物（如 CO 和 CO_2）增加。

如果使用水蒸气作为气化剂，则该过程向上移动至图中的氢角。然后，产品气体中单位碳中含有更多的氢，从而使 H/C 比升高。

生物质气化生成的合成气的发热量与气化剂的类型密切相关。以空气、水蒸气和氧气为气化剂气化所得气体发热量分别约为 $4\sim7MJ/m^3$、$10\sim18MJ/m^3$ 和 $12\sim28MJ/m^3$（标准状态）。生物质经过气化，碳氢质量比有所降低。

有些稳定物质除了有气液固态三相点外，还有一个临界点。当把处于气液平衡的物质升温升压到特定值时，热膨胀使得液体密度降低、压力升高，气液两相的界面消失，成为均相体系，这个特定值称为临界点。高于临界点的流体称为超临界流体，低于此临界点的流体称为亚临界流体。超临界流体中没有单独的液相和气相，兼具液体和气体的双重特性，即密度大，与液体接近；黏度低、扩散系数高，与气体接近。超临界流体具有很强的溶解能力和良好的流动、传递性能，表现出独特的反应性和溶解性特征。处于临界温度和临界压力附近的超临界流体，密度随温度和压力变化显著。在当温度和压力合适时，流体能提供足够的密度来保证足够强的溶解性。如果温度和压力降低，密度会随之急剧降低，溶解性能也会发生变化，同时导致静态相对介电常数显著降低。水的临界温度为 374.29℃，临界压力为 22.089MPa。高于此温度和压力的水被称为超临界水（简称为 SCW），低于此压力和温度的水或水蒸气称为亚临界水。

在临界点附近，水的离子积约为 10^{-11} $(mol/L)^2$，而它在自然环境条件下的离子积约为 10^{-14} $(mol/L)^2$，此时水的 [H^+] 和 [OH^-] 含量远高于在自然状态下的含量。这时，水可以充当酸或碱催化的有机反应的有效介质。然而，在临界点以上，离子积迅速下降 [24MPa 时约为 10^{-24} $(mol/L)^2$]，水变成离子反应的不良介质。

在超临界水气化（SCWG）反应过程中，水不仅是参与反应的反应物，也是重要的催化剂，可以催化生物质的水解反应。在水解反应中，水和盐能产生酸或碱，对有机化合物的键断裂有影响。超临界水提供的质子还可以促进杂环的饱和以及烷基和 C—N 自由基的形成。与普通水解相比，与超临界水或高温水的相互作用可以加速 S 的消除和杂环的开环。

生物质高温下的气化反应主要是遵循热解机理，但在高密度水中主要是水解机理。此外，有机化合物在亚临界水中的反应可以通过水解产物的自催化来增强，因为在水解过程中产生的酸和碱可能对反应有催化作用。

有机化合物在亚临界和超临界水中可以发生酸催化反应，无需催化剂。例如，环己烯在亚临界条件下发生脱水，无需添加催化剂。该反应是由高温下水产生的 H_3O^+ 催化的。有些反应，在通常情况下需要碱催化才能实现，例如苯甲醛的歧化反应，通过任何反应机理形成产物醇都需要 OH^- 离子，有证据表明 OH^- 离子参与了使用超临界水的歧化反应。但是在超临界水中无需加碱也能进行该反应。

用超临界水进行生物质气化，可以得到氢气、甲烷等产物，并且水安全、无毒、易于获得、价格低廉且对环境无害。此外，超临界水气化应用于湿生物质而无需预干燥，这是它相对传统气化技术的主要优势。

生物质在超临界水中的气化可分为高温超临界水气化和催化超临界水气化两类。高温超临界水液化不使用催化剂，反应需要在 500~750℃ 温度下进行，这使得操作成本居高不下，导致该技术难以推广。若改用催化超临界水气化，在金属催化剂的帮助下，在 350~600℃ 温度范围内就可以使原料气化。当温度低于 450℃ 时，产出气体的主要成分是甲烷，而当温度高于 600℃ 时，水是一种强氧化剂，它与碳反应并释放氢气，因此产物的主要成分是氢气。

如果生物质由通式 $C_6H_{12}O_6$ 表示，则气化过程可通过以下总体反应描述：

$$mC_6H_{12}O_6 + nH_2O \rightarrow wH_2 + xCH_4 + yCO + zCO_2$$

生物质在超临界水中气化用的催化剂有均相和非均相两大类。催化剂可以改变反应途径，降低反应过程的活化能，加速水气变换反应。均相催化剂主要有碱金属类催化剂（KOH、NaOH、K_2CO_3、Na_2CO_3、$NaHCO_3$ 等），其主要特点是加速水煤气变换反应。有人认为，在 KOH 催化的水煤气变换反应中，一氧化碳与水反应，先生成甲酸，然后甲酸分解释放出氢气和二氧化碳。另外，催化剂 NaOH 的加入有利于氢气的生成，却使一氧化碳和焦炭的产率降低。碱催化剂有利于提高燃气产率，但可能导致设备腐蚀、堵塞或结垢。非均相催化剂主要有过渡金属催化剂和活性炭催化剂。其中过渡金属催化剂有镍、钌、铂、锆等，一般为配位化合物，而活性炭催化剂主要由自云杉、澳洲坚果壳、椰子壳等生物质原料以及煤炭制得的活性炭。与均相催化剂相比，非均相催化剂具有选择性高、可回收、环境友好等优点。因此现在多数催化剂都是非均相的。

超临界水气化已经有了显著改进，特别是在应用于湿生物质时已经有了可行的技术，但距离大规模或商业化应用仍有一段距离。

4.2　生物质气化炉

固体生物质的气化需要在专门的气化反应器中进行。该反应器被称为气化炉。气化炉设计的关键是创造条件，使生物质能够高效地还原为焦炭，并使焦炭在适宜温度下转化为一氧化碳和氢气。

气化炉的分类有很多种。目前多数是根据反应床的工作方式（或原料移动方式）和气流类型，分为固定床、流化床、携带床（又叫作气流床）等类型。

4.2.1　固定床气化炉

固定床气化炉（fixed-bed gasifier）是床料保持静态或平稳移动的气化炉，适合 10MW 规模的小型气化工厂。在固定床气化炉中，生物质在重力作用下缓慢向下移动，并发生氧化和热解反应，生成气体产物。固定床气化炉结构简单，催化剂在炉内不易损耗，床层内流体的运动近似于平推流，因此依靠较小的反应器和较少的催化剂即可获得较高的生产能力。但是固定床气化炉的传热性能较差，而且在操作过程中不能更换催化剂。

固定床气化炉按气化剂流动方向可分为上吸式气化炉（updraft gasifier）、下吸式气化炉（downdraft gasifier）和横吸式气化炉（crossdraft gasifier）三大类，如图 4-5 所示。除此之外，还有冲天炉、搅拌槽炉、管式炉、熔融槽炉、电弧炉、等离子炬、电感应炉等。

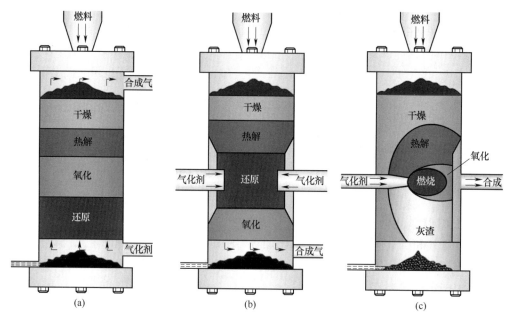

图 4-5　上吸式、下吸式和横吸式气化炉
(a) 上吸式　(b) 下吸式　(c) 横吸式

上吸式气化炉工作时，床底部的焦炭首先与气化剂相遇，并充分燃烧，生成 H_2O 和 CO_2，温度升至约 1000℃。热气体向上渗透通过床层，与未反应的焦炭发生反应，形成 H_2 和 CO。该反应为吸热反应。随后气体冷却至约 750℃，使正在下降的干生物质热解，同时使位于气化炉上部的生物质干燥。从生物质转化过程看，在上吸式气化炉中，生物质经过干燥、热解和还原，最后到达燃烧区，经过氧化之后，合成气从顶部抽出。

上吸式气化炉可用于生产在高温下燃烧的气体。生成的气体中含有 10%~20%（质量）的焦油，由于焦油含量高，故难以提质，用途较为有限。

上吸式气化炉既有小型装置（用于农村烹饪），也有大型装置（如由煤炭生产汽油）。大型上吸式气化炉主要有两种类型，一类为干式出灰气化炉（dry-ash gasifier），又名 Lurgi 气化炉；另一类是排渣气化炉（Slagging Gasifier）。

干式出灰气化炉为加压、移动床、逆流的气化反应器。所谓"干式出灰"是指出产出的灰渣没有熔融。这种气化炉是自供热的反应装置。它用水蒸气或水蒸气与 CO_2 的混合物作为气化剂来完成气化反应，并用氧或空气作助燃剂供给吸热过程所需的热量，用氧进行逆流操作可实现最大的热量回收率及最高的碳转化率。

虽然燃烧区的峰值温度为 1200℃，但最高气化温度为 700~900℃。反应器压力在 3MPa 左右，原料应粉碎到 3~40mm 后再进料。原料在气化炉中的停留时间为 30~60min。气化介质为水蒸气与氧气、水蒸气与空气或水蒸气与富氧空气的混合物。在反应器中，水蒸气燃料比约为1.5。干灰气化炉中，温度低于灰渣熔点，因此灰渣不会熔融，而是干燥的，并可通过旋转炉排从反应器中排出。

排渣气化炉的工作原理与干灰气化炉相同，只是燃烧区温度控制在1500~1800℃，以熔化灰分。水蒸气燃料比约为0.58，低于干灰气化炉。

被粉碎至尺寸5~80mm的原料通过锁斗送入气化炉。一般用氧气和水蒸气作为气化剂，通过侧壁安装的喷枪，在燃烧和形成炉渣的高度，通入加压（约3MPa）气化炉炉体。

顶部加入的原料在气化炉中逐渐下降，进入气化反应区。在该区域以下，任何残余的碳都会被氧化，灰分熔化形成炉渣。炉渣通过气化炉底部炉膛板上的开口从渣池中排出，而气化燃气从顶部离开气化炉，其温度通常在400~500℃之间。

作为灰渣中重要成分，残炭显著提高了灰渣的熔融温度。残炭的石墨化程度以及灰渣化学组成等因素对于灰渣的熔融性影响较大。残炭的存在导致生成FeSi、SiC等难熔矿物质的生成。降温过程中，残炭促进了熔渣中矿物质的结晶，提高了熔渣的黏度。这些对灰渣处理是不利因素。

上吸式气化炉热效率较高，其原因大致有：生物质和气化剂之间接触良好、炉中压力降较小、炉渣形成量低以及结构设计简单等。它们的主要缺点包括合成气中焦油含量高，以及原料装载和工艺操作灵活性差等。

下吸式气化炉是一种并流反应器。生物质和气化剂都从顶部通入，两者方向相同。经过热解、燃烧，生成的合成气流向还原区，经过还原后，从底部吸出。气化剂从上部某位置进入气化炉，通过设置在气化炉周围一组喷嘴向下流动并与热解炭颗粒接触，形成温度约1200~1400℃的燃烧区。气流进一步下降通过由热炭颗粒构成的反应床，使炭颗粒气化。气体产物向下方流动，从气化炉下部通过热灰床离开，产生的烟灰落在反应器的底部。由于气体产物通过热灰高温区，气体中混杂的焦油遇高温热解成小分子气体，或直接燃烧，给生物质原料气化提供热量。这个过程也称为燃烧降解。在气化过程中，约有0.1%的初级焦油转化为二级焦油，其余焦油转化为可燃气体或被烧掉。因此，下吸式气化炉的焦油产率低[一般为0.015~3g/m³（标准状态）]，因此较适合需要清洁气体的应用场合，例如生产内燃机用的气体燃料。

同上吸式气化炉相比，下吸式气化炉点火和达到同样的工作温度所需的时间较短，只需要20~30min。

下吸式气化炉可分为有喉和无喉两类。图4-6为这两类气化炉的示意图。

在无喉下吸式气化炉中，自上而下温度逐渐升高。在燃烧区，温度达到最高值（1400℃左右），此后温度趋于降低。气化区的温度降至1000℃左右。

无喉下吸式气化炉又称为顶部敞开式或分层无喉气化炉。它的顶部暴露在大气中，气化炉容器的壁是竖直均匀的，中间不收窄。这种设计可以使生物质原料自由地向下移动，有喉设计则无法做到这一点。另一种无喉设计是开放式内芯，但空气不像其他类型的下吸式气化炉那样从中间加入，而是被气化炉下部风机产生的吸力从顶部吸入。这类气化炉适合使用细颗粒或轻质生物质燃料，如稻壳。

开顶或无喉气化炉结构简单，可用于描述下吸式气化炉中的气化过程。图4-6（a）中，气化炉分为4个区域。Ⅰ区接收顶部加入的固体燃料，并使燃料在Ⅰ区空气中干燥。

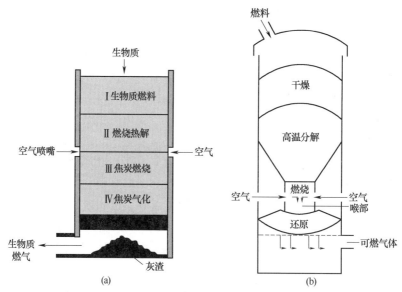

图 4-6 无喉和有喉下吸式气化炉

(a) 无喉 (b) 有喉

Ⅱ区是火焰热解层，主要通过热传导从Ⅲ区接收热量。生物质通过Ⅰ区时被加热，温度高于 350℃ 时被热解，形成生物质焦炭、不凝性气体（CO、H_2、CH_4、CO_2 和 H_2O）和焦油蒸气（可凝性气体）。Ⅱ区的热解产物仅从下方得到少量空气供应，并在富含燃料的火焰中燃烧。这一过程称为火焰热解。火焰热解产生的大部分焦油和生物质焦炭在Ⅲ区燃烧，产生的热量用于热解和随后的吸热气化反应。Ⅲ区含有Ⅱ区产生的灰渣和热解焦炭。含有二氧化碳和水的炽热气体通过热解焦炭时会发生水蒸气气化和 Boudouard 反应，生成一氧化碳和氢气。由于气化反应是吸热反应，向下流动气体的温度略有降低，但仍高于 700℃。底层Ⅳ区由热灰渣和/或未反应的生物质焦炭组成，可以使未转化焦油发生裂解。

有喉下吸式气化炉的横截面积在喉部减小，然后扩大 [图 4-6（b）]。这样设计的目的是使氧化（燃烧）区位于喉部的最窄部分，并迫使所有热解气体通过该狭窄通道。这种气化炉是 Jacques Imbert 在 20 世纪 20 年代发明的，因此称为 Imbert 气化炉。在第二次世界大战期间，Imbert 气化炉总共约生产了 100 万台。大部分为民用，少数安装在汽车上，对木柴或木炭进行气化，所得可燃气体用于驱动内燃机。

图 4-7 是一种 Imbert 气化炉的示

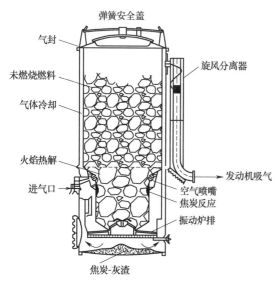

图 4-7 Imbert 生物质气化炉示意图

意图。图中圆筒形反应器的顶部是料斗，用于补充原料。反应器盖子用弹簧拉紧，成为气密盖。向料斗中加料需将其打开，但在气化炉工作期间，需关紧密封。气密盖也相当于安全阀。如果内部气体压力过大，盖子会打开以释放压力。圆柱形反应器下部有一个气密室，两侧分别设有进气口和排气口。生物质通过其中一个开口进入底部燃烧室，在那里与炽热废气相遇。燃烧发生时，从上部将热解生成的挥发性气体吸入。它们和进入的空气混合，生成可燃合成气。产物可代替汽油或柴油用于内燃机。进气口高度约为从底部向上的1/3处，喉的上方，为一组径向喷嘴。气化剂（一般是空气）通过喷嘴进入气化炉。生物质原料从顶部加入，然后沿着圆柱形储罐下降。当生物质向下移动时，这些喷嘴会注入空气并其使与生物质接触。在正常操作时，大部分生物质、大部分焦油和油都在这里燃烧和热解，形成热解气以及废气，同时生成焦炭，堆积在喷嘴下方狭窄区域。

生物质热解后，热解产物以及热解生成的部分焦炭遇空气燃烧。炽热生物质炭和热解产物通过喉部，大部分焦油在喉部热解，生成的炭被气化。因为所有热解产物通过喉部，横截面上的温度分布比较均匀。

在燃烧区下方，燃烧生成的二氧化碳和水蒸气通过炽热焦炭，然后被化学还原为一氧化碳和氢气这两种可燃性气体。炉膛变细，迫使全部气体通过反应区，改善混合效果，减少热损失。在整个反应炉中，这个区域的温度最高。

进入底部腔室的稳定气流将反应温度保持在最佳范围内，从而提高燃烧效率，以减少污染物生成。相比之下，传统方法（如直接燃烧木材）基本上不会控制气流，所以生成的污染物比较多。对废气进行过滤处理可减少颗粒物。

如果不将气化炉中的灰渣清除掉，细小的焦炭颗粒和灰渣最终会堵塞焦炭床，使得气体难以通过反应器。在气化炉中有一个可往复运动的炉排，焦炭堆放在炉排上，从焦炭层落下的积灰会堆积在炉排下方。需定期清洁，清除积灰。通常，木材的灰分质量分数少于1%。但是当焦炭燃烧或气化时，焦炭层会坍塌，形成粉末状的焦炭/灰渣混合物，其总量可能占总燃料质量的2%~10%。

lmbert气化炉的冷却和过滤装置包括充满水的沉淀罐和散热器式气体冷却器。沉淀罐去除气流中的焦油和大部分细灰，散热器进一步将气体冷却。装有细网的过滤器可进一步清除能够通过冷却装置的灰渣或灰尘，得到清洁的、可直接驱动内燃机的气体燃料。这种过滤系统存在许多严重不足，现已淘汰。

Imbert气化炉有一些自动调节功能。如果空气喷嘴处的焦炭量少，则会有更多的原料燃烧和热解以生成更多的焦炭；如果形成的焦炭过多，则焦炭会堆积到喷嘴上方，进入的空气会将过量的焦炭烧掉。

Imbert气化炉也有许多局限性。首先，中间较细的喉部要求气化原料长度大于2cm、大小较均匀、含水量低于20%，否则气化炉喉部尺寸收缩和突出的空气喷嘴会阻碍燃料通过；第二，当尚未热解的燃料落入反应区时，可能会产生架桥和烧穿，从而降低气体产物的质量；第三，侧面喷入的空气无法穿透直径较大的燃料床，因此气化炉的尺寸不能太大；第四，气态产物中焦油含量较高（最高可达1%），还含有灰渣和尘埃，不适合对燃气质量要求严格的应用场合。这些缺点在其他下吸式气化炉中也有表现。

横吸式气化炉又叫侧吸式气化炉，是一个并流移动床反应器。燃料从顶部进料，空气从侧面的喷嘴喷射到气化器中。与上吸式和下吸式气化炉不同，横吸式气化炉中的灰仓、燃烧区和还原区是分开的。这种设计只能使用低灰分低焦油燃料如木材、木炭和焦炭，不适合处理细颗粒生物质燃料。高速空气通过位于炉排上方一定高度的喷嘴喷入气化炉。喷嘴前的过量氧气有助于部分焦炭的燃烧（氧化），形成一个温度高达 1500~2000℃ 的区域，即燃烧区，其余部分的焦炭随后在还原区气化成一氧化碳。气化产物（即合成气）从气化器进气口的相反方向排出。燃烧区放出的热量传递到热解区周围，使新鲜生物质在通过该区域时发生热解。当使用木炭等干燃料时，横吸式气化炉中较高的温度对出口气体成分有明显影响，导致一氧化碳含量高，氢气和甲烷含量低。

横吸式气化炉的一个重要特征是反应区较小，热容量较低，因此常用于小规模生物质气化。上述结构特征也使得横吸式气化炉的响应速度比其他固定床气化炉都快。横吸式气化炉的启动时间约为 5~10min，比上吸式和下吸式气化炉都短得多。它在用于直接驱动发动机时能够很好地响应负载变化。由于其焦油产量低 [0.01~0.1g/m³（标准状态）]，只需配置较简单的气体净化系统即可。

横吸式气化炉的缺点有：燃烧区温度和出口气体温度高、CO_2 减排量差、气流速度高等。横吸式气化炉的燃烧区温度高达 2000℃，高于灰分熔点，因此容易结渣。虽然天然气产品中的焦油通过热区，类似于下吸式气化炉，但由于反应器尺寸小，空气流速高，因此焦油停留时间较短，不能充分裂解。所以该炉只适用于含焦油和灰分不超过 5% 的燃料。固定床气化炉的技术特性见表 4-2。

表 4-2   固定床气化炉的技术特性（以木材为燃料）

燃料（木材）	上吸式	下吸式	横吸式
水分/%	最高 60	最高 25	10~20
干灰含量/%	最高 25	最高 6	0.5~1.0
灰分熔点/℃	>1000	>1250	—
尺寸/mm	5~100	—	—
设施规模/MW	2~30	1~2	—
出气口温度/℃	200~400	700	1250
焦油含量/（g/m³ 标准状态）	30~150	0.015~3.0	0.01~0.1
燃气高位发热量/（MJ/m³ 标准状态）	5~6	4.5~5.0	4.0~4.5
热气体效率/%	90~95	85~90	75~90
操作弹性	5~10	3~4	2~3
炉膛负荷/（MJ/m²）	<2.8	—	—

各类固定床气化炉的主要优点和缺点见表 4-3。

4.2.2　流化床气化炉

流化床气化炉中有惰性材料（一般是粒状材料，如砂或氧化铝）制成的床，用于传热和混合物料，而气化剂用作流化介质。将颗粒状生物质原料注入床中，与热床料快速混合后被加热到床温。被粉碎到一定粒度的生物质颗粒和床料被气化剂流化悬浮，气化剂流过床，达到均匀的温度分布。在此过程中快速干燥，此后热解产生生物质焦炭和气体。床料和部分灰渣通过流化床再循环。流化床气化炉工作温度在 700~1000℃ 之间，以避免灰渣熔融结块。部分气化剂接触生物质并将焦油烧掉，因为焦油的产生方式跟在下吸式气化炉中相似；部分气化剂像在上吸式气化器中那样与焦炭接触。因此，焦油含量介于上吸式和下吸式气化炉之间，通常为 1%~5%。

表 4-3 固定床气化炉的优缺点

气化炉类型	优点	缺点
上吸式固定床	构造简单,建造容易	合成气中焦油含量高
	热效率高	焦油中能量含量超过 20%
	固体原料与氧化剂接触好	CO 和 H_2 得率低,需进行焦油裂解
	易处理高含水原料	加料和加工灵活性差,加入的原料应性质相近
	烟尘和飞灰夹带少	需安装移动炉排以避免在固定床中形成窜流
下吸式固定床	技术可靠,稳定成熟	生成的合成气的能量可能低于气化反应活化能,需外部加热,催化剂易中毒
	大规模生产无困难	单位体积产能低
	烟尘和飞灰夹带少	原料粒度需均匀
	固体停留时间长	要求原料水分含量低
		催化剂易中毒失活
	建造容易	热传导系数低
		启动难,控温难
横吸式固定床	在 10kW 功率范围内经济可行	需要优质木炭作燃料
	反应器高度较低	焦油转化能力差
	对负载响应快	对炉渣形成很敏感
	燃气产量灵活可控	压力降较大

流化床气化炉有鼓泡流化床（bubbling fluidized bed）和循环流化床（circulating fluidized bed）两种基本类型。在流化床气化炉基础上又发展了携带床和双床气化炉。

4.2.2.1 鼓泡流化床气化炉

这种气化炉由 Fritz Winkler 于 1921 年发明，最初用于煤炭气化，后来用于生物质气化。它主要适用于中等规模（<25MW）的气化装置。鼓泡流化床气化炉按操作温度可分为高温和低温两类，按工作压力可分为常压和加压两类。

低温鼓泡流化床气化炉的床料温度较低，常低于 900℃，以避免灰渣熔融结块。生物质颗粒从床的侧面和/或底部下方进料，气化剂（空气、氧气、水蒸气或者它们的混合物）也从床底自下而上进入气化炉。在流化床反应器中，反应介质在流化状态下克服自身重力向上移动时所对应的风速称为流化速度。气化剂流速应当略大于床材料的最低流化速度，一般为 1~3m/s。在此条件下，惰性固体床的行为类似于液体，并通过气泡的搅动使床内的生物质原料处于流化状态，生物质原料在剧烈的搅动和返混中，与气化剂充分接触，进行化学反应和热量传递。利用燃烧放出的热量，提供给生物质原料进行干燥、干馏和气化。在此过程中，固体和气体之间能够均匀地进行物质和热量交换。炉算区域的范围可以显著影响气化剂和床固体之间的传质和传热。气化过程的各个阶段都可以在流化床中发生，但部分气化反应可以在稀相段即流化床未到达的反应器上部完成，在那里仅存在气相。产品气从气化炉顶部排出，灰分从底部或使用旋风分离器从产品气中除去。

气化介质从炉内不同高度通入气化炉。可以分两步供应。第一步是将流化床维持在所需温度；第二步是在流化床的上方供气，将夹带的未反应炭颗粒和碳氢化合物转化为有用气体。

高温 Winkler 气化是高温高压鼓泡流化床气化的一个实例。见图 4-8。该工艺所用装置为温度低于灰渣熔点的加压流化床，所用气化剂为水蒸气和/或氧气。为了提高碳转化效率，粗产物气中的细炭粒被旋风分离器分离并返回主反应器底部。气化剂从不同高度通入流化床。床压保持在 1MPa，床温控制在约 800℃，以避免灰渣熔融和结块。在床顶供应气化介质将该处温度升高至约 1000℃，以尽量减少甲烷和其他烃类化合物的产生。与传统低温流化床产生的气体相比，高温鼓泡流化床工艺

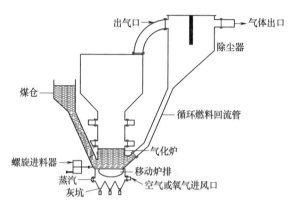

图 4-8　Winkler 鼓泡流化床原理图

产生的气体质量更好。虽然高温鼓泡流化床气化炉最初是为煤炭气化开发的，但它也适用于褐煤和其他反应性燃料，如生物质和城市固体废物。

鼓泡流化床气化炉有两个缺点：一是由于固体的返混而无法提高生物质转化率，也不能将焦炭完全转化成气体，二是氧气扩散缓慢而降低气化效率。

4.2.2.2 循环流化床气化炉

循环流化床气化炉因气体在其中停留时间长而特别适合高挥发性燃料的气化。循环流化床气化炉通常包括提升管、旋风分离器和固体回收装置。提升管用作气化反应器。

循环流化床气化炉工作原理如图 4-9 所示。系统中有两个集成单元。在第一个单元（提升管）中，生物质原料在反应器中部自上而下加入反应器，气化剂自下而上通入反应器，床层材料依靠气化剂保持流化，气化剂速度高于鼓泡流化床中的速度。这使得床层材料比在鼓泡流化床中的流化程度更大，并且由于循环，物料总停留时间更长。将气化生成的燃气和夹带的床层材料通过旋风分离器，旋风分离器将燃气与床层材料分离，再将床层材料循环回提升管，从而实现了循环。

循环流化床的流体力学行为不同于鼓泡流化床。在循环流化床中，固体物质分布在整根很高的提升管里，所以气体和细颗粒停留时间都较长。循环流化床中的流化速度（3.5~5.5m/s）远高于鼓泡床中的流化速度

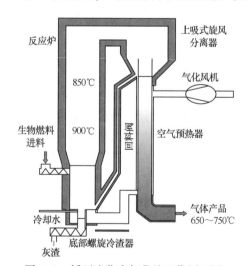

图 4-9　循环流化床气化炉工作原理图

（0.5~1.0m/s）。此外，烟气携带固体颗粒流出炉膛，被旋风分离器分离之后，经过返料器回到气化炉的炉膛。提升管中固体的循环速率和流化速度足够高，以保持其处于快速流化床流体动力学条件下。提升管的运行温度可在 800~1000℃ 之间，因燃料种类和应用场合而异。

　　循环流化床气化炉转化率高，焦油和未转化碳含量低，适用于大规模应用。但是，虽然循环流化床气化炉可以产生更多的能量，其热交换效率却低于鼓泡流化床气化炉低。

　　循环流化床气化炉又可分为输运床气化炉（transport bed gasifier）和双流化床气化炉（dual fluidized bed gasifier）两类。图 4-10 为这两种流化床的原理图。

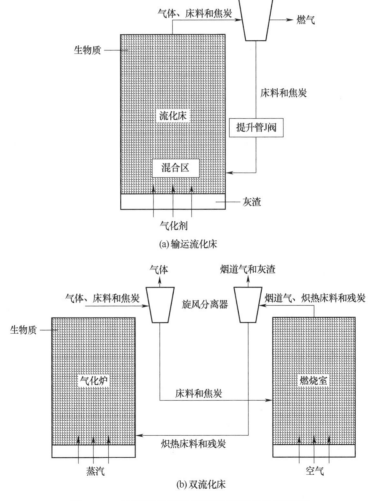

图 4-10　输运流化床和双流化床气化炉原理图

　　输运床气化炉具有携带床和流化床反应器的特点。它的流体动力学类似于流体催化裂化反应器。运输床气化炉的循环速率、速度和提升管密度都远高于传统的循环流化床，从而实现更高的吞吐量、更好的混合以及更高的传质和传热速率。这种反应器所需燃料颗粒也很细，因此需要粉碎机或锤式粉碎机。

输运床气化炉由混合区、提升管、旋风分离器、沉降器和返料器组成。燃料、吸附剂（用于捕获硫）和空气被注入反应器的混合区。沉降器去除较大的携带颗粒，分离的固体通过位于提升管底部的 J 阀返回混合区。大多数剩余的细小颗粒被位于下游的旋风分离器去除，气体从那里离开反应炉。这种反应器可以用空气或氧气作为气化介质。以氧气作为气化介质，可以避免空气中的氮气稀释产品气。但氧气价格昂贵，且生产氧气耗能较多。出于这种考虑，空气用作气化剂更适合发电，而氧气更适合用于生产化学品。这种气化炉较少应用于生物质气化。

双流化床气化炉由两个相互连接的流化床组成：第一个是鼓泡流化床气化室，将生物质送入流化床下部，并转化为粗合成气，该反应是吸热反应；第二个是循环流化床或快速流化床燃烧室，在氧化剂（或流化剂）存在下将残余焦炭氧化，该反应为放热反应，可为高吸热的气化反应提供热量。燃烧所释放的热量随物料循环进入吸热的气化室，实现装置自供热，提高了碳的转化率和装置的热效率。图 4-11 为双流化床气化炉的原理图。

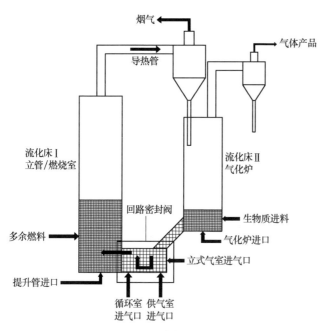

图 4-11　双流化床气化炉原理图

双流化床气化炉可以用空气、水蒸气、氧气、二氧化碳以及它们的混合物作为气化剂。

双流化床气化炉中的循环床材料在吸热—放热反应中传递能量，因此也被称为"热载体"或"传热材料"。在气化反应中，床层材料还充当气化室和燃烧室之间未转化的焦炭和活性物质的载体。床层材料可以是非催化性的，也可以是催化性的。床层材料在气化过程中对生物质转化的主要影响有热效应（例如石英砂）、催化作用（例如铁橄榄石）、灰分增强的催化作用（例如燃料灰分中存在的碱金属和碱土金属），以及吸附增强的二氧化碳传输效应（例如钛铁矿）。

双流化床生物质气化炉中，床层材料的选择需考虑抗磨损性、催化活性和焦油重整能力等因素。以前使用的床层材料一般是非催化性床材料，例如石英砂，但现在一般用催化床材料。在测试催化材料的活性时，通常以石英砂作为参照。使用催化性床层材料的优点是可以增强生物质热解产生的焦油的重整，有利于降低产物中的焦油含量，从而提高生物质原料的转化率和合成气的产量，甚至可能因此省略掉后续工艺中的除焦油单元。天然橄榄石（氧化硅酸镁铁）、预处理橄榄石（例如铁橄榄石，镍橄榄石，煅烧橄榄石等）、钛铁矿、白云石（主要成分为碳酸钙镁）、多孔 γ-氧化铝、石灰石（主要成分为碳酸钙）、镍-铝、合成催化剂（如 $Rh/CeO_2/SiO_2$）等都可用作床层材料，有利于提高产品得率，降低焦油含量。其中，天然橄榄石具有足够的抗磨损性和适度的焦油裂解活性，是一种合适的床层材料。橄榄石中的铁是其具有催化活性的部分原因。其他含铁物质例如铁/橄榄石和钛铁矿/沙混合物等也用作双流化床的床层材料。高岭土（氧化铝-硅酸盐）床层材料对抑制生物质燃料（特别是对于含钠的生物质燃料）的灰分熔化具有积极作用。近年来，气化耦合二氧化碳捕集技术因其能够富集产品气体并且实现焦油减排而引起业内的极大兴趣。这种技术使用独特的催化材料，可吸附二氧化碳或充当氧气载体。耦合了二氧化碳吸附的技术称为吸附增强重整，而使用氧气载体的技术称为化学链。在二氧化碳吸附的情况下，可以使用石灰石和方解石作为床层材料，而镍基催化剂、钛铁矿砂和锰矿石则适用于大规模化学链装置的氧气载体。

用床层材料充当两个流化床之间的传热介质，避免了气体在两个流化床反应器之间传递。经过粉碎的生物质原料依靠螺旋输送器送入气化炉。两个流化床是分开控制的，但通过非机械阀相互连接，以确保床材料颗粒的循环。旋风分离器用于分离提升管部分中的传热介质和烟气。传热介质返回气化炉，而烟气则被引导至热回收系统。从气化炉获得的产品气体主要由氢气、一氧化碳、二氧化碳、甲烷、少量焦油和其他成分组成，这些成分被送到净化单元生产合成气。提升管上还需要设置额外的燃料入口，以便补充燃料，保持燃烧室的温度。由于燃烧反应器与气化反应器分离，使得生物质燃烧过程中所用空气中的氮气以及燃烧释放的废气不会对气化生成的燃气造成稀释，可以生成无氮合成气。通常情况下，生物质颗粒尺寸应当小于 1mm。

生物质气化生成的焦炭量较少。该焦炭若用于气化，则其量可能不足以保证燃烧炉向气化炉提供所需的热量以及 900℃ 以上的炉温。这时需要外部加热。

双床流化床气化炉生产的生物质燃气的发热量在 12~20MJ/m³（标准状态）之间，属于中发热量燃气。

目前，流化床是生物质气化和焦油转化中最有前途的技术。它的混合能力强，传质传热速率高，可保持整个气化炉的温度稳定，催化剂还可以充当气化炉床料的一部分，影响焦油重整。

4.2.3 携带床气化炉

携带床气化炉又称为气流床气化炉，原本用于煤炭的大规模气化，后来也用于石油焦和炼油厂残渣大规模气化。

携带床气化炉工作原理如图 4-12 所示。在携带床气化炉中，生物质燃料被研磨成粒径约 0.1mm 的颗粒，然后与气化剂通过喷嘴自上而下并流注入炉膛。所用气化剂一般是氧气。将生物质磨细是为了与气化剂接触时有足够大的接触面积，以达到合适的反应速率。气化炉在高温（1300~1500℃）和加压（2~7MPa）条件下运行。生物质进炉后，气化剂包围固体颗粒并迅速反应，一部分生物质着火燃烧，生成大量热量，另一部分生物质发生热解，生成合成气及熔融的灰渣。在反应中，气溶胶混合物湍流导致生物质快速转化并流出。当生物质原料随着气化剂和合成气下降到气化炉底部时，只有灰分和炉渣能够保持固体状态并被旋风分离器收集。

携带床气化炉也可以将生物质与水混合配成浆料，然后以喷雾的方式进料。

携带床气化炉可分为结渣和非结渣两类：前者灰渣以液态形式离开反应器，后者不产生渣（最大允许灰渣量为1%）。生物质细颗粒用作气化原料时，通常需要烘干预处理来降低堆积密度和水分含量。

由于生物质含水量较高等多种原因，携带床气化技术用于生物质气化时，效果不理想，这是因为生物质在气化炉中停留时间只有几秒。为了保证充分反应，需要将植物纤维类生物质磨成细颗粒，但这样做的技术难度较大。

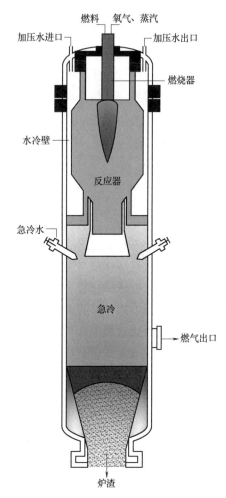

图4-12 携带床气化炉工作原理图

携带床气化炉需要熔化灰分。CaO含量高而碱金属含量低的生物质，灰分熔点很高。为了将其熔融，需要消耗大量氧气才能达到所需温度；碱含量高的生物质，灰分熔点则低得多，因此为了熔融灰分所需要的氧气量也较少。生物质灰分熔融后易结块，会大大缩短气化炉耐火衬里的寿命。

携带床气化炉的气化温度通常超过1000℃。在这样的温度下，焦油容易裂解。因此携带床气化炉生产的燃气几乎不含焦油，且甲烷含量很低。携带床气化炉如果设计合理，操作得当，可使碳转化率接近100%。气化生成的合成气温度很高，为了节能，必须用换热器冷却，产生的过热水蒸气可供生物质气化用。

携带床气化炉按进料方式可分为顶端进料式和侧方进料式两大类。顶端进料式气化炉是圆柱形的立式反应器，燃料和气化剂的精细颗粒以射流的形式从顶端进料。倒置的燃烧器使其燃烧，然后气化。产物气体从下部侧面取出，而炉渣沉积在反应器底部。在侧方进料式气化炉中，粉状燃料和气化剂通过反应器下部的喷嘴进料。这种设计导致燃料和氧气的适当混合。产品气体从容器顶部收集，炉渣从容器底部收集。

有些携带床气化炉采用了分级气化技术。即：裂解产物首先分离出合成气，再把焦炭气化，最后把裂解的合成气通入反应室进行第二次气化反应。与传统气化相比，携带床分级气化显著提高了氢气含量，并显著降低了焦油含量。

图4-13是Choren携带床气化炉的原理图。它是一种比较典型的携带床气化炉。炉中气化包括三个阶段。首先是水平搅拌式低温气化炉，接收生物质后，在空气供给不足条件下，在400~500℃下进行预气化，生成焦炭和富含焦油的挥发性产物。挥发性产物进入携带流燃烧室，为第二阶段。挥发性产物和氧气混合后，自上而下注入该燃烧室并燃烧，温度升至1300~1500℃，使焦油完全裂解。炽热的燃烧产物流入第三阶段气化室，在那里焦

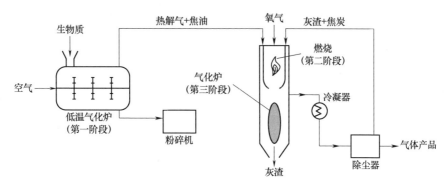

图 4-13　Choren 携带床气化炉原理图

炭被气化。来自第一阶段的固体焦炭粉碎后也送到这里，并与来自第二阶段燃烧室的炽热气化介质混合并气化。气化反应是吸热反应，因此温度会降到约 800℃。第三阶段生成燃气中的焦炭与灰烬分离，并输送到第二阶段燃烧室中。灰烬在燃烧室中高温熔化并从底部排出。熔融的灰烬凝固，在膜壁上形成一层保护层，保护膜壁免受新鲜熔融生物质灰烬的腐蚀作用。生成的燃气经过除尘后输往下游，用于费托合成或其他应用。

携带床气化炉的优点是：适用多种原料，碳转化率很高，产物焦油含量低，甲烷含量低，非常适合合成气生产，灰烬以炉渣形式排出。

4.2.4　等离子体气化炉

等离子体在物理学中是一种导电介质，是由部分电子被剥离后的原子及原子团在电离后产生的数量大致相等的带正电和带负电的粒子组成的、尺度大于德拜长度的宏观电中性电离气体。等离子体可通过直流放电、交流放电、射频感应放电或微波放电等方法产生，也可以用气体在 4700~20 000℃高温下产生。

等离子体不同于固态、液态和气态，因此有时被称为物质的第四态。

按自身的热平衡状态，等离子体可分为高温等离子体和低温等离子体两大类。高温等离子体属于热平衡态等离子体，其特点是其所含重粒子和电子温度均极高且几乎相等，密度很大，一般仅存在于恒星中，或通过人为的核聚变才能生成；低温等离子体为非热平衡态等离子体，即重粒子和电子的温度不相等，常用气体放电产生，较容易获得和维持。

图 4-14 为等离子体气化炉的原理图。在等离子体气化中，高温等离子体促使生物质烃类化合物的气化。它特别适用于城市固体垃圾和其他废弃物。这一过程也可以称为"等离子体热解"，因为它是在缺氧环境中将碳基材料热解成化合物碎片。该过程的核心装置是等离子枪。在通有惰性气体的封闭容器中的两个电极空间之间产生强烈的电弧。电弧的温度极高（约 13000℃），但下

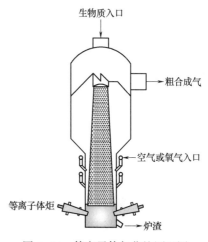

图 4-14　等离子体气化炉原理图

游的温度要低得多（2700~4500℃）。尽管如此，下游温度仍然足以将复杂的烃类化合物热解成简单的气体，如一氧化碳和氢气。同时，所有的无机成分（如玻璃、金属、硅酸盐和重金属）都被熔化成火山岩型熔岩。产品气体在高温（1000~1200℃）下离开气化器。

4.3　生物质气化工艺

4.3.1　生物质气化工艺流程

生物质原料的气化工艺流程一般包括原料收集、预处理、预热干燥、热解/燃烧、焦油气化等环节。这些步骤经常以串联方式结合使用。

原料预处理的主要目的是确保气化过程所用原料都有均匀的尺寸和成分，因为生物质原料粒度减小可以使单位质量的原料具有更大的表面积和孔径，这有助于提高传热和气化速率，并且进一步提高 H_2、CH_4、CO、C_2H_4 等可燃气体产率，降低 CO_2 产率。较高的气体产率和能量效率归因于较小尺寸颗粒中由于较大的表面积而增加的传热。预处理的另一目的是降低原料的初始水分含量，以便使原料在气化过程中有相近的分解行为。初始水分含量一般不应超过 25%~30%（质量分数）。由于生物质原料密度低，有时可能需要致密化，即经过适度压缩后，再进行气化。

农业和林业残余物的粉碎常用锤式粉碎机、刀式粉碎机、压磨式粉碎机等设备。锤式粉碎机用于干燥农业和干燥林业残留物。锤片式粉碎机是小型移动锤式粉碎机。粉碎机中要安装筛网以确保研磨颗粒不会过大。原料粉碎过程中的能量消耗取决于生物质原料的初始尺寸和水分含量、生物质特性、磨机的筛网尺寸和磨机的特性。

新收集的生物质含水率可能较高，例如，刚砍伐的木材的含水量一般在 30%~60% 之间，某些生物质原料的水分含量甚至会超过 90%。因此需要干燥，以便使水分含量符合气化过程的要求。干燥是一种耗能过程，可能会降低该过程的总能量效率。在气化场合中，可以利用废热来降低生物质的水分含量，从而提高工艺的整体效率。常用的干燥机有多孔仓式干燥机（perforated bin dryer）、带式输送干燥机（band conveyor dryer）和转筒式多级干燥机（rotary cascade dryer）。在热电联产过程中，也应尽量降低生物质原料水分，以提高整体效率并降低发电的净成本。对于含水率较低（低于 10%）的生物质原料，可以省略干燥阶段。大多数气化系统使用含水量为 10%~20% 的原料。

原料进入气化炉后还会进一步干燥。原料从炉顶加入后，从下游热区吸收热量，原料自身被加热，并蒸发掉其中的水分。当温度升至 100℃ 以上时，生物质中松散结合的水被不可逆地去除。随着温度进一步升高，低相对分子质量提取物开始挥发，直到温度升至大约 200℃。

干燥后的生物质原料接着发生热解。热解主要是生物质中较大的烃类分子热分解为较小的气体分子（可冷凝和不可冷凝）的化学反应，不包括与空气或其他气化介质之间的反应。热解反应后，热解产物（即气体、固体和液体）之间、热解产物与气化介质之间都可以发生反应，形成最终气化产物。在大多数气化炉中，干燥和热解所需的热能来自气化炉中部分原料燃烧反应放出的热。

在热解过程中，不需要外部试剂。根据图4-4所示的三元图，随着热解或烘烤过程，固体产物向碳角移动，从而形成更多的炭。另一方面，快速热解过程将产物移向与氧气角相对的 CH 轴。因此，氧气大量减少，产生更多液态烃。

热解的一个重要产物是通过过程中产生的可冷凝蒸气冷凝形成的焦油。作为一种黏性液体，焦油在气化产品的工业应用中造成了很大的困难。

气化步骤的反应包括炉中燃料中的烃类化合物、水蒸气、二氧化碳、氧气和氢气之间的化学反应，以及逸出气体之间的化学反应。其中焦炭气化是最重要的反应。生物质热解得到的生物炭通常不是纯碳。其中含有一定量的烃类化合物，以及氢和氧等元素。生物炭的孔隙率在40%~50%之间，比煤、褐煤或泥炭通过高温碳化生成的焦炭孔隙率更大，反应性更强。

气化反应后，产生的气体需要经过净化处理，除去其中的杂质和污染物。常见的净化方法包括冷凝、过滤、吸附和洗涤等。冷凝是通过降低气体温度，使其中的可燃气体冷凝成液体，然后分离出来。过滤则是通过过滤介质，将气体中的固体颗粒去除。吸附是利用吸附剂吸附气体中的杂质，从而净化气体。洗涤则是通过将气体与洗涤液接触，使其中的污染物溶解于洗涤液中。

4.3.2　影响生物质气化反应的因素

生物质中有机成分组成、水分和灰分含量、尺寸规格、反应器类型、操作条件等都会影响生物质的气化反应。

4.3.2.1　原料种类

生物质的主要成分有纤维素、半纤维素和木质素。它们在气化过程中的作用至关重要。草本作物和木材含有60%~80%纤维素和半纤维素，以及10%~25%的木质素。这些聚合物在生物质中的组成会影响产品组成。通常情况下，合成气产率与纤维素和半纤维素之间的比例有关，而残渣率主要取决于木质素含量。Hanaoka 发现，在900℃温度下，纤维素、木聚糖和木质素的碳转化效率分别为97.9%、92.2%和52.8%。木聚糖和木质素气化产生的产物组成相似。纤维素生成的一氧化碳得率（35%）（摩尔分数，本段下同）高于半纤维素和木质素（25%），甲烷得率（6%）也高于半纤维素和木质素（5%），但纤维素生成的二氧化碳得率（27%）低于木聚糖和木质素（36%），氢气得率（29%）得率也低于木聚糖和木质素（33%）。

纤维素和半纤维素含量相对于木质素含量的比值越高，合成气产率就越高。

表4-4列出了几种生物质使用不同气化炉以及在不同操作条件产生的合成气的组成。

4.3.2.2　原料水分含量

生物质原料水分含量对合成气的产率也有重要影响。低含水量有利于提高能源效率，改善合成气质量，增加合成气的发热量，减少气化过程的排放。常规气化技术通常要求原料水分含量在10%~20%（质量）之间，以保持床温稳定。当水分含量高于30%~40%时，气化炉温度会降低，导致产物中气体产率降低，而焦油含量增加。

表 4-4　　　　　　　　　　　若干种生物质合成气的组成

生物质种类	气化剂	当量比	水蒸气/生物质比	温度/℃	合成气组分含量/%(体积分数)				高位发热量/(MJ/m³标准状态)
					CO	H₂	CH₄	CO₂	
空果串	空气	0.15~0.35	—	700~1000	21~36	10~38	5~14	10~65	7.5~15.5
松木锯末	空气-水蒸气	0.22	2.7	700~900	35~43	21~39	6~10	18~20	7.4~8.6
竹	空气	0.4	—	400~600	23.5~30.6(质量)	6.6~8.1(质量)	4~5(质量)	59~63(质量)	1.6~1.9
α纤维素	空气-水蒸气	0.27	0~1.5	800	6.5~11.2	13.5~18.5	2.2~3.7	26.3~27.7	6.5~7.6
空果串	空气	0.15~0.35	—	850	32~45	18.3~27.4	12~15	16.6~36.0	12.3~15.3
竹	空气	0.4	0:1	400~600	23.5~30.6(质量)	6.6~8.16(质量)	—	—	
竹	空气-水蒸气	0.4	1:1	400~600	36.1~40.3(质量)	10.9~16.5(质量)			
棕榈油废渣	水蒸气	—	1.3	750~900	15~25	48~60	4~5	20~25	9.1~11.2
棕榈油废渣	水蒸气	—	0.67~2.67	800	14~33	47~58	3~6	14~26	8.7~12
橄榄仁	空气	0.14~0.42	—	950	15~20(质量)	20~30(质量)	10~12(质量)	40~55(质量)	8.8~10.4

注：表中各种合成气均在流化床气化炉中气化得到。"—"表示无数据。

上吸式固定床气化炉可在含水量高达 60% 的条件下工作，而下吸式固定床气化炉可接受的原料最高含水量为 25%。

超临界水气化和等离子体技术可用于含水量较高的生物质的气化，但它们的安装成本和能耗都较高。

4.3.2.3　生物质颗粒尺寸

生物质原料的粒度分布会影响原料颗粒在气化炉中的停留时间、磨损率和颗粒在流化床反应器中的夹带。特别是在流化床反应器的情况下，小颗粒与大颗粒的共流化会导致流化床表面的夹带和分离。为了改善固气接触（即床内催化/传热材料与产生的气体之间的接触），提高催化床材料的有效性，必须适当控制和优化固体循环速率和原料粒度分布。

通常情况下，减小原料颗粒尺寸，可以增加其表面积，降低扩散阻力，改善颗粒之间的传热和传质，增加反应速率，提高燃料转化和气化效率，从而导致合成气总产量增加，氢气浓度增加，焦油和焦炭产量减少，碳转化效率提高。但有时也得到相反的结果，这是因为燃料细颗粒使它们主要在流化床反应器的悬浮区脱除挥发分，减少了床料与气体之间的接触。此时挥发物的重整减少，所得产品含有高浓度的焦油。另外，减小颗粒尺寸意味着要将原料深度粉碎，从而增加原料的预处理成本。

大尺寸颗粒预处理成本较低，但进料复杂，脱挥发分和整体气化性能降低。但是在高温下，颗粒尺寸对气化性能的影响不那么显著。

常规气化炉可用的生物质原料的颗粒尺寸在 0.15~50mm 范围内。固定床气化炉中的物料停留时间比较长，因此固定床气化炉可以使用最大尺寸 50mm 的生物质原料。鼓泡流化床气化炉可使用尺寸不超过 6mm 的粒状原料，而携带流化床气化炉只能使用尺寸不大于 0.15mm 的粒状原料。

4.3.2.4　灰分含量

灰分含量低于 2%（质量）的生物质可在上吸式固定床气化炉中使用。

谷类作物、油料作物、根茎作物、草和花卉的残留物等灰分含量高于 10% 的生物质，会导致大量炉渣形成，尤其在下吸式气化炉中更是如此。灰分含量高于 20% 的生物质（如稻壳）很难气化。

4.3.2.5　反应器类型

对于规模低于 10MW（热功率）的小型气化工厂来说，通常选用固定床气化炉。热功率为 15MW 的工厂安装两个固定床，投资比单个流化床高 10%。选择流化床时，将原料制备成均匀粒径的额外成本可能是工厂成本的 10%。另外，流化床系统中焦油除尘器的成本也与之类似。

4.3.2.6　催化剂和床料

生物质气化过程中，不一定要用到催化剂，但有时催化剂可以起到很大作用。催化剂的使用动机主要有以下两个方面：

① 去除合成气中的焦油，尤其是当下游应用或设备无法容忍焦油的时候更为重要；

② 降低合成气中的甲烷含量。焦油重整的需要推动了催化气化技术的发展。当产品气通过催化剂颗粒时，焦油或可凝性碳氢化合物可以在催化剂表面被水蒸气或二氧化碳重整，生成氢气和一氧化碳。这样可以增加燃气的得率，同时气体产率发热量均有提高。

床料在气化过程中起着多方面作用。床料一般是惰性的，起到生物质转化的传热介质作用。有些床料有催化活性，可以改善合成气质量，捕获二氧化碳，促进反应重整，有利于焦油裂解。常用床料有二氧化硅、白云石、橄榄石、石灰石、碱金属氧化物以及镍基钾基催化剂等。

4.3.2.7　气化剂种类

常用的气化剂有空气、氧气、水蒸气等，气化剂的组成会影响合成气的组成和发热量。

以空气为气化剂，得到的合成气发热量在 $4~7MJ/m^3$（标准状态）之间，且一氧化碳和氢气浓度较低，这是因为空气中氧气含量仅为 21%；此外，氢气和一氧化碳燃烧会导致合成气中二氧化碳浓度增加。

用氧气气化可以生成发热量高达 $28MJ/m^3$（标准状态）的合成气，且一氧化碳和氢气浓度较高，焦油浓度较低。但是氧气价格较贵，会增加气化成本。

用水蒸气作为气化剂时，由于水煤气变换反应，生成发热量在 $10~18MJ/Nm^3$ 之间且氢气浓度较高的合成气。不过气化反应中的吸热步骤导致能耗较高。

将水蒸气和氧气混合使用，有利于生物质转化，但生成的合成气中二氧化碳浓度较高，一氧化碳和氢气浓度较低。

以二氧化碳为气化剂，可以生成富含一氧化碳的合成气。这是因为二氧化碳与碳之间反应缓慢，生成的产物发热量较高。该反应需要从外部加热。

4.3.2.8　操作条件的影响

气化过程的操作参数主要有气化剂分压、加热速率、反应温度、气化压力以及物料的停留时间。气化行为、合成气产率及其组成主要取决于这些操作参数。

气化剂分压对生物质焦炭的反应活性影响较大。

提高加热速率可以增加合成气产率并降低焦油产量。

温度决定了灰渣和合成气的特性。还原阶段的温度对合成气的组成及其特性（低位发热量、焦油含量等）具有重要作用。高温会增加生物质焦炭的氧化（减少生成的固体残渣），并减少焦油的形成。但另一方面，高温增加了灰渣熔融烧结的风险，并降低了合成气的能量含量。并且，当气化温度高于 1000℃ 时，对反应器要求变得很严格。工业化气化的典型温度范围为 800~1100℃，其中，农业废弃物、固体垃圾和木质生物质气化的典型温度范围分别为 750~850℃、800~900℃ 和 850~950℃。在使用氧气进行气化的工艺中，操作温度范围为 500~1600℃。现在人们对气化过程设计开发了多种技术方案。这些方案考虑了温度对整个气化过程的影响，所采用的反应温度各不相同，因而所获得的合成气组成和固体残渣量都不同。

气化可以在常压或加压条件下进行。在加压状态和大当量比条件下，轻质烃和焦油产率降低。合成气的一些下游应用如生物燃料、涡轮机和发动机的燃料等，需要使用发热量较高的合成气。这时应当采用高压气化工艺。

当量比是指气化过程的实际空燃比与化学计量空燃比（即完全燃烧空燃比）的比值，是气化炉设计的一个重要参数。因为气化反应是不完全燃烧，所以所有气化反应的当量比均低于 1。生物质在固定床和流化床气化炉中气化的当量比一般在 0.2~0.3 之间，而携带床气化的当量比通常要高 20%。若当量比低于 0.2，则气化程度较低；当量比高于 0.4 时，气化接近燃烧。降低当量比可以增加合成气中的氢气和一氧化碳浓度；增加当量比会降低合成气中氢气和一氧化碳浓度并增加二氧化碳浓度，同时降低合成气的发热量。焦油的裂解和重整反应对氧气需求量较大，所以要提高焦油的裂解率，氧气供给应当较充足，亦即要求较高的当量比。

水分和挥发物含量对反应所需当量比有影响。当生物质中水分含量增加到 15% 时，需采取较高当量比；高浓度的挥发物会增加合成气中焦油的浓度，为了减少产物中焦油的含量，也必须提高当量比。

水蒸气/生物质比例（SB 值）是指输入水蒸气与输入的生物质的流速之比。增加 SB 值，H_2 和 CO_2 浓度以及合成气的发热量都会增加，而 CO 和焦油浓度降低，这是因为水蒸气可以促进水煤气变换反应、重整和裂化反应，从而导致上述结果。SB 值过高意味着水蒸气过量，会降低气化炉内温度，有利于焦油的形成，同时还会增加气化过程的能耗。对生物质气化而言，该比值在 0.3~1.0 之间为宜。当该比值在 1.35~4.04 之间时，H_2 和 CO_2 的浓度较高。通常，固定床气化炉的 SB 值大于流化床气化炉，而流化床气化炉又大于携带床气化炉。

Aljbour 等人在外热上吸式气化炉中，研究了雪松木材气化的操作条件（包括停留时间、当量比、气-碳比和气化温度）对合成气中焦油浓度的影响以及其他污染物浓度的影响。其中气化温度控制在 923~1223K 之间。在 923K 下，酚类焦油在焦油中的比例最高，而多环芳烃焦油的生成量低于酚类焦油，并且气体产物中酚类焦油的生成与停留时间之间没有明确的关系。随着停留时间的延长，气体产物中的多环芳烃焦油含量变化很小。在停留时间 14~36s 区间，气体产物中的多环芳烃焦油总含量约为 $3g/m^3$（标准状态）。萘的含量变化趋势也相似。萘是多环芳烃焦油总量中所占比例最大的成分。气化温度为 923K、1023K 和 1223K 时，萘的含量分别为 $2g/m^3$（标准状态）、$7g/m^3$（标准状态）和 $0.7g/m^3$（标准状态）。温度很高时，由于高温下产生灰渣的催化作用，升温以及延长反应时间，有助于减少多环芳烃的含量。

在蒸气气化中，高温水蒸气有利于将焦油转化成相对分子质量更低的烃类，同时还生成 H_2、CO 和 CO_2。但是，增加蒸汽-碳比（S/C）对多环芳烃转化率的影响比较小。而增加当量比（ER）可以有效地降低焦油含量。

4.4　生物质燃气的性质和提质升级

生物质气化最终产物可以分为固相和气相两大类。固相产物即灰渣由存在于原料中的惰性物质和未反应的生物质焦炭组成。灰渣中的生物质焦炭含量很低，通常低于 1%。将生物质原料中的碳尽量转化成气态产物并使气态产物满足用户的需求是整个气化过程的目标。

4.4.1　生物质气化气的主要性质

生物质气化所得的气相产物即合成气，可分为气相和可凝相。气相是在室温下不可冷凝的气体，如 H_2、CO、CO_2、轻质烃（CH_4、C_2~C_3 烃）等。当用空气作气化剂时，空气中的氮气会混到气相产物中。另外气相产物中可能还含有氨气或无机酸性气体（H_2S、HCl 等），具体成分取决于生物质组成。合成气的产量在 1~3m^3（标准状态）/kg（干基原料）之间，低位发热量在 4~15MJ/m^3（标准状态）之间，因气化工艺和操作参数而异。可凝相又称焦油，是合成气中除气态烃外的全部有机化合物的总称。焦油可能在反应装置温度较低的下游部分冷凝析出。有时也将焦油称为沥青油。欧洲标准化委员会将焦油定义为 "存在于合成气中的除 C_1 至 C_6 气态烃外的所有有机化合物"，国际能源机构、美国能源部和欧盟委员会能源总局将有机物在热氧化或部分氧化（气化）条件下产生的相对分子质量高于 78（苯的相对分子质量）的所有有机成分称为焦油。焦油组成复杂，其主要有机成分有含氧酸酯、酚醚、烷基酚、杂环醚、多环芳烃（PAH）等。随着反应强度的增加，焦油从较大的分子（例如较大的多环芳烃）转变为较小的分子（例如混合含氧酸酯），但不会自动地完全分解成气体。

生物质类型对合成气成分的影响不大，但是，如果用秸秆作为原料，则所得合成气中氢气含量会较高，而低位发热量较低；针叶木气化所得到的合成气低位发热量最高。秸秆气化后焦炭含量最低，而针叶木生物质则最高；秸秆的粉尘含量较高。阔叶木气化后焦油含量较高。

各种生物质的水分、化学成分、灰分和无机物含量等参数相差较大。水分含量是最重要的参数之一，并对生物质气化过程的能量平衡产生关键影响。由于水在气化过程中不增加气化产物的得率，反而增加气化过程的能量消耗，故原料中水分含量越高，则气化产物的低位发热量越低。

4.4.2　生物质气化气的除杂质

4.4.2.1　除颗粒物

来自气化炉的产品气流通常含有颗粒物。颗粒物由未气化的生物质（灰分和焦炭）和床材料组成。灰分物质是生物质的矿物成分；焦炭是生物质中反应性较低的未转化部分。焦炭的生成会降低生物质碳转化效率。床层材料的细粉也被气流夹带。下游设备中的颗粒沉积会导致设备堵塞并增加磨损。

在初步净化阶段，一般用旋风分离器分离直径超过 $5\mu m$ 的较大颗粒。这类设备建造和运营成本低廉。经常用多台旋风分离器来提高分离效率。

燃气经过初步净化后，再用湿法洗涤器、静电除尘器、屏障过滤器等设备分离较小的颗粒。湿法洗涤器是将水雾喷到气流上去除颗粒。当洗涤器文丘里压力在 $2.5\sim25kPa$ 之间时，可以除去 $95\%\sim99\%$ 的尺寸大于 $1\mu m$ 的颗粒和 99% 的大于 $2\mu m$ 的颗粒。单台湿法洗涤器的效率较低，所以常将多台设备串联使用。湿法洗涤器工作温度低于 $100℃$ ，这会导致显热损失。燃气轮机和重整反应等许多应用场合需要温度更高的燃气，不适合用湿法洗涤器。静电除尘器利用高压电场使烟气发生电离，气流中的带电粉尘在电场作用下与气流分离。负极为放电电极。正极为集尘电极。静电除尘器的性能受粉尘性质、设备构造和烟气流速等三个因素的影响，而分离效率取决于颗粒电阻率以及硫和碱含量。由于其体积大，制造成本高，主要适合在大型气化工厂中使用。过滤式除尘器是让燃气通过各种多孔介质，收集 $0.5\sim100\mu m$ 的颗粒。由于孔径较小，过滤器上的压差会比较大。常见的过滤式除尘器类型有金属或陶瓷制多孔烛式过滤器（多用陶瓷）、布袋式过滤器和填充床过滤器。烛式过滤器可以在高温下工作适合高温燃气清洁。袋式过滤器一般用聚酰亚胺、膨体玻璃纤维、超细玻璃纤维等耐高温材料经过纺织或无纺工艺制成，可以在大约 $350℃$ 温度下使用，可收集亚微米尺寸的微粒。填充床过滤器使用陶瓷球和锯末等床材料，在气体流过时捕获颗粒。

4.4.2.2　除碱

与化石燃料相比，生物质燃料富含碱性化合物，包括各种碱性氧化物和碱性盐，如氧化钙、氧化钾、氧化镁、氧化钠、二氧化硅、硅酸盐等。在气化过程中，这些化合物可以在高于 $700℃$ 温度下蒸发，并当温度降至低于约 $650℃$ 时凝固析出，在下游设备（燃气轮机，热交换器）中形成粒径小于 $5\mu m$ 的颗粒，黏附在金属表面，对设备材料起到腐蚀作用。碱性盐还能使焦油裂解、重整时所用催化剂失活。将气体冷却，然后使其通过旋风分离器以及布袋过滤器，可除去燃气中的碱。热燃气除碱前景广阔，但现在技术尚不够成熟。

4.4.2.3　除氮化合物

生物质中的氮元素主要以蛋白质和氨基酸形态存在，含量在 $0.5\%\sim3\%$ 之间。气化时，生物质的氮主要转化为氨（转化率60%~65%）和分子态氮。燃气中氨的含量一般在500~30000mg/kg之间。燃气中氨的浓度不仅取决于所用生物质原料的性质，还取决于气化炉的设计参数和操作条件。与煤气化不同，生物质气化时，氮元素较少转化为氰化氢。如果不将氨去除，当温度高于1000℃（典型的燃烧温度）时，氨燃烧会生成氮氧化物NO_x，转化率可达50%。目前环保法规对氮氧化物排放作了严格限制，因此必须优先考虑除氨。生产低温燃气时可以用湿法洗涤除氨，而热燃气除氨则是用白云石、镍基催化剂和铁基催化剂在高温下破坏氨。湿法洗涤除氨技术目前采用较多，但氨气的分离效率较低，只能达到50%左右。相比之下，热燃气净化技术在能源效率方面更具优势，因为不需要将热燃气冷却，因而在合成气应用时也不需要再次将燃气加热。热燃气净化法是在催化剂的作用下，将燃气中的氨转化为氮气、氢气和水。表4-5比较了几种常见催化剂除氨的效果。由表中数据可知，镍系催化剂在除氨方面具有较高的活性，其他催化剂效果则不理想。镍系催化剂在除焦油方面也很有效，已经商业化。

表4-5 　　　　　　　　　　　几种催化剂在650℃的除氨效率

催化剂类型	主要成分	除氨百分率
Cu-Mn 系	CuO	7.68
	Cu：Mn=9：1	2.68
	Cu：Mn=4：1	0.00
Zn-Ti 系	Zn-Ti-Ni	7.00
	Zn-Ti-Cu	2.51
	Zn-Ti-Mo	8.70
Fe 系	Fe-Cr	35.00
Ni 系	$NiO+3CaO \cdot Al_2O_3$	88.20
	$NiO+Al_2O_3$	90.60
	NiO, MoO_3, Al_2O_3	92.29

4.4.2.4 除焦油

生物质气化产物中都含有焦油。焦油对生物质燃气燃烧的负面影响较小，因为焦油也可以燃烧，而且发热量较高，但焦油燃烧较困难，需在较高温度下进行。在其他应用场合，如果不将其去除，焦油会凝结在下游设备（如热交换器、内燃机、反应堆或燃料电池）的壁上。焦油也对用于合成气和燃料电池的催化剂有害。去除焦油是气化技术商业化面临的最大技术挑战之一。

焦油去除技术分为一次去除技术和二次去除技术。一次去除技术是指在气化过程中采取措施，例如升高温度、增加氧化剂的流量或催化剂的量来提高反应强度，降低合成气中焦油含量，主要包括气化操作条件的设计和优化，以及在气化炉中添加床内催化剂，无需二级反应器。二次焦油去除技术需使用单独的二级反应器，将焦油破坏并重整到产品气体中，使其含量降至可接受的水平。二次焦油清洗技术又分为湿法清洗和热燃气清洗。

气化反应的操作参数，主要是温度控制曲线、当量比、气化剂类型、水蒸气/生物质比（S/B值）、总气化剂与生物质质量比和进料速率，对合成气中的焦油含量都有显著影响。一般来说，升高温度、提高当量比和S/B值有利于破坏焦油，并降低燃气中的焦油含量。实验发现，在下吸式气化炉中，提高空气流速会使气化产物中的焦油含量提高，这是因为提高空气流速会使物料和气化产物的停留时间缩短，使生物质降解反应程度降低，导致生成较多相对分子质量较高的产物（即焦油）以及未充分反应的灰渣。修改气化炉设计，例如将空气或氧气分批注入气化炉，或采用两级气化系统，也可以降低焦油含量。

4.4.2.5　除硫

在气化过程中，硫转化为硫化氢和二氧化硫。大多数生物质含硫量很低（<0.5%），因此生成的生物质燃气的含硫量也很低，能满足大多数应用需求。但对于少数应用，硫的存在可能使催化剂失活，或使设备受腐蚀。例如在甲醇合成中，一般要求合成气中硫的总含量低于 $0.2mg/m^3$；在生物质整体气化联合循环中，要求燃气含硫量低于 $30mg/m^3$。燃料电池和一些焦油催化剂也对硫敏感。此时需采取措施脱硫。

燃气脱硫技术有很多种。按脱硫过程是否加水和脱硫产物的干湿形态，可将其分为湿法、半干法、干法三大类。

湿法脱硫技术是用脱硫剂的浆液吸收燃气中的含硫化合物如二氧化硫或硫化氢。主要有石灰石-石膏法、氨水法、双碱法、醇胺法、甲醇法等。该技术较为成熟，效率高，操作简单。

石灰石-石膏法使用吸收塔，使石灰石浆液与二氧化硫充分接触并且反应，最后生成硫酸钙（石膏），利用二氧化硫在石灰溶液中溶解度较高的原理对其进行吸收，生成的石膏可再生，继续放出二氧化硫，继而应用于后续的硫回收工艺中。该技术因为原料成本低且来源广，副产品较少，目前应用最广。但该反应生成的石膏易结垢，对吸收塔腐蚀较严重，设备维修费用较高。

氨水脱硫工艺与石灰石-石膏法相似，但吸收剂为氨水，在吸收塔中吸收硫氧化物和氮氧化物等。氨水价格比石灰石高，生产成本高，但氨水对二氧化硫的吸收率高，反应速率快，生成的产物为硫酸铵，回收后可用来生产化肥。

双碱法脱硫使用碳酸钠吸收燃气中的二氧化硫，自身转变为亚硫酸钠，亚硫酸钠继续与二氧化硫和水反应生成亚硫酸氢钠；再用氢氧化钙与亚硫酸钠和亚硫酸氢钠反应，生成氢氧化钠和亚硫酸钙。最后再将亚硫酸钙与氧气反应，生成硫酸钙。中间反应生成的氢氧化钠也可用于吸收二氧化硫。

干法脱硫是用锌、铁、铜、镓、钴、镉、钼、铅、钨、钒、钡、锰等金属元素的化合物制成脱硫剂，在 350~1200℃ 温度范围脱硫。干法脱硫的脱硫剂按其工作方式分为三类：通过加氢转化的脱硫剂（以铁钼、镍钼、钴钼、镍钴钼等为活性组分）、吸收型或转化吸收型脱硫剂（以氧化锌、氧化铁、氧化锰等为活性组分）和吸附型脱硫剂（以活性炭和分子筛为脱硫材料）。

半干法脱硫是干法脱硫与湿法脱硫的结合，目前常用的半干法脱硫的工艺有喷雾干燥脱硫工艺和烟气循环流化床工艺。

4.5 生物质气化产物的工业应用

生物质气化所得合成气可应用于供热和发电。其中，热电联产增长最快，是目前最主要的利用方式。生物质气化热电联产已在本书第 2 章中介绍过，在此不再赘述。合成气也可用作生产第二代生物燃料的原料。这些燃料包括液体（如甲醇、乙醇、二甲醚和费托柴油）和气体（如氢气和合成天然气）。如图 4-15 所示。

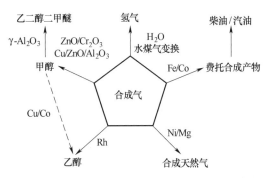

图 4-15 生物质合成气生产液体燃料的技术路线

甲醇主要用于生产烯烃，或在沸石催化剂的作用下生产汽油等燃料。甲醇还可用于生产甲醛、乙酸、甲基叔丁基醚（MTBE）等产品。MTBE 可以提高汽油的辛烷值，改善汽油的防爆性能，降低有害未燃烧物质的排放。

以生物质气化所得合成气生产甲醇，主要使用负载于氧化铝上的铜基催化剂，将合成气转化为甲醇。反应式如下：

$$CO+2H_2 \longleftrightarrow CH_3OH \qquad \Delta H_R^0 = -94.1 kJ/mol$$

$$CO_2+3H_2 \longleftrightarrow CH_3OH+H_2O \qquad \Delta H_R^0 = -52.8 kJ/mol$$

$$CO+H_2O \longleftrightarrow CO_2+H_2 \qquad \Delta H_R^0 = -41.5 kJ/mol$$

反应工艺有高压和低压两种。在高压工艺中，首先要对合成气进行压缩。然后将加压合成气送入固定床或流化床反应器，在催化剂存在下在 30~35MPa 和 300~400℃条件下合成。流化床具有催化剂可连续再生和散热高效的优点。所用催化剂是锌和铬的氧化物。反应产物需冷却以冷凝甲醇。由于上述反应转化率较低，未转化的合成气可回收再用。

低压工艺是在 5~10MPa 和 220~290℃下以 Cu/Zn/Al 催化剂催化反应。

乙醇除了可以用作燃料外，也是重要的溶剂和化工原料。乙醇的生产方法大致有：以糖或谷物为原料发酵生产；以石油气和煤炭为原料用乙烯水合法和合成气合成法生产；用乙醛加氢法生产；以木质纤维素为原料通过发酵途径生产等。上述各种方法各有其优缺点。

生产生物乙醇也可以生物质气化所得合成气为原料，在钼、钌、钴、铜、锌和铁等催化剂作用下，加氢得到乙醇。该反应在压力 0.1~10MPa、温度 230~300℃条件下比较容易进行。主要反应包括一氧化碳加氢和二氧化碳加氢。这两个反应都是放热反应。

$$2CO+4H_2 \longrightarrow C_2H_5OH+H_2O \qquad \Delta H_R^0 = -256 kJ/mol$$

$$6H_2+2CO_2 \longrightarrow C_2H_5OH+3H_2O \qquad \Delta H_R^0 = -173.5 kJ/mol$$

从合成气开始生产乙醇也可以先合成甲醇，然后按照钌/钴催化剂催化的以下放热反应进行甲醇同系化（又名甲醇还原羰基化，是甲醇与合成气在一定条件下反应，生成乙醇、正丙醇、正丁醇等一系列正醇的过程）反应。

$$CO+2H_2 \rightarrow CH_3OH \quad \Delta H_R^0 = -90.4 \text{kJ/mol}$$

$$CH_3OH+CO+2H_2 \rightarrow C_2H_5OH+H_2O \quad \Delta H_R^0 = -164.9 \text{kJ/mol}$$

使用钌催化剂或铁催化剂时，还会发生以下反应：

$$CH_3OH+2CO+H_2 \rightarrow C_2H_5OH+CO_2 \quad \Delta H_R^0 = -206.6 \text{kJ/mol}$$

由上述反应式可知，生产 1mol 乙醇需要 2mol 一氧化碳和 4mol 氢气。如果合成气中还含有二氧化碳，则氢气和二氧化碳之间的化学计量比为 3。合成气中的二氧化碳对 MoS_2 和 Rh 两种催化剂的活性有抑制作用。

合成气转化条件（压力、温度和催化剂）及其不同生物燃料中的组成（以 H_2/CO 和 CO_2 计）如表 4-6 所述。为了加强生物燃料生产过程，合成气的生产必须在最适合其最终用途的操作条件下实施。

表 4-6　　　　　　　　生物质合成气生产各类燃料工艺参数和产品组成

目标产物	压力/MPa	温度/℃	催化剂	H_2/CO	CO_2
甲醇	25~30	35~45	ZnO/Cr_2O_3	3	4%~8%（体积分数）
甲醇	5~10	20~30	$Cu/ZnO/Al_2O_3$	2	4%~8%（体积分数）
乙醇[+]	5.5~6.5	20~30	钌催化剂	2	1%~5%（摩尔分数）
乙醇[+]	7~10.5	20~30	MoS_2	1~2	<5%（摩尔分数）
二甲醚	3~7	20~30	CoO-ZnO-MnO 和沸石	约 2,3[++]	$CO_2/(CO+CO_2)<0.25$[#]
费托合成油	1~4	30~35	Fe	0.6~1.7	$H_2/CO_2=1$[#]
费托合成油	0.7~112	20~24	Co	2.0~2.15	$H_2/CO_2=3$[#]
氢气	0.1~3	20~110	Ni,Fe,Co	≥2[*]	——
合成气	0.1~2.5	20~45	Ni,Fe,Co,Ru	≥3	$H_2/CO_2=4$[#]

注：+ 直接转化为乙醇；++ $(H_2/(CO+CO_2))$；# mol/mol；* H_2O/CO。

二甲醚（DME）是一种重要的溶剂，可溶解多种有机物，应用非常广泛。还可以与汽油复配，制成醚基汽油，具有辛烷值高、蒸气压低、无苯、无硫、无烯烃、无芳烃、无铅、无铁、无锰等优点。

二甲醚的生产一般分两步。第一步是用合成气（H_2 和 CO）合成甲醇，第二步是在催化剂（如氧化铝、磷酸铝，或在 $Cu/ZnO/Al_2O_3$ 催化剂中添加铁氧体或钨等）作用下使甲醇脱水得到二甲醚。

$$CO+2H_2 \longrightarrow CH_3OH(g) \quad \Delta H_R^0 = -90.54 \text{kJ/mol}$$

$$2CH_3OH(g) \longrightarrow CH_3OCH_3(g)+H_2O \quad \Delta H_R^0 = -23.4 \text{kJ/mol}$$

一步法制二甲醚工艺近年来逐渐兴起。该技术用合成气为原料，使用双功能催化剂（CuO-ZnO-MnO 和沸石）在 3~7MPa 和 200~300℃ 下反应，只用一步就得到最终产物。缩短了生产工序，减少了设备，因而大大降低了二甲醚生产成本。

$$3CO+3H_2 \longrightarrow CH_3OCH_3+CO_2 \quad \Delta H_R^0 = -246 \text{kJ/mol}$$

$$2CO+4H_2 \longrightarrow CH_3OCH_3+H_2O \quad \Delta H_R^0 = -205 \text{kJ/mol}$$

思 考 题

1. 生物质气化在生物质利用中的必要性如何？限制生物质燃气推广的主要原因是什么？

2. 目前关于生物质气化的研究主要集中在哪些方面？

3. 上吸式固定床和下吸式固定床哪一种较容易做到较大规模？为什么？

4. 为什么在采用传统生物质气化工艺时，无论是固定床气化炉还是流化床气化炉都会生成一定量的焦油？焦油对生物质气化的负面影响表现在哪些方面？

5. 生物质气化过程中会生成并释放一定量的二氧化碳。这些二氧化碳对环境的影响程度怎样？

参 考 文 献

［1］ MOLINO A, CHIANESE S, MUSMARRA D. Biomass gasification technology：The state of the art overview ［J］. Journal of Energy Chemistry, 2016, 25 (1)：10-25.

［2］ 吴创之, 刘华财, 阴秀丽. 生物质气化技术发展分析 ［J］. 燃料化学学报, 2013, 41 (7)：798-804.

［3］ SIKARWAR V S, ZHAO M, CLOUGH P, et al. An overview of advances in biomass gasification ［J］. Energ Environ Sci, 2016, 9 (10)：2939-77.

［4］ PARTHASARATHY P, NARAYANAN K S. Hydrogen production from steam gasification of biomass：Influence of process parameters on hydrogen yield-A review ［J］. Renewable Energy, 2014, 66：570-9.

［5］ PROBSTEIN R F, HICKS R E. Synthetic Fuels ［M］. New York：Dover Publications, 2006.

［6］ BASU P. Biomass Gasification, Pyrolysis and Torrefaction ［M］. Amsterdam：Elsevier Inc, 2018.

［7］ GUO Y, WANG S Z, XU D H, et al. Review of catalytic supercritical water gasification for hydrogen production from biomass ［J］. Renewable and Sustainable Energy Reviews, 2010, 14 (1)：334-43.

［8］ KRUSE A. Supercritical water gasification ［J］. Biofuels, Bioproducts and Biorefining, 2008, 2 (5)：415-37.

［9］ MATSUMURA Y, MINOWA T, POTIC B, et al. Biomass gasification in near-and super-critical water：Status and prospects ［J］. Biomass and Bioenergy, 2005, 29 (4)：269-92.

［10］ SAVAGE P E. A perspective on catalysis in sub-and supercritical water ［J］. The Journal of Supercritical Fluids, 2009, 47 (3)：407-14.

［11］ LU Y, GUO L, ZHANG X, et al. Hydrogen production by supercritical water gasification of biomass：explore the way tomaximum hydrogen yield and high carbon gasification efficiency ［J］. International Journal of Hydrogen Energy, 2012, 37 (4)：3177-85.

［12］ SANSANIWAL S K, PAL K, ROSEN M A, et al. Recent advances in the development of biomass gasification technology：A comprehensive review ［J］. Renewable and Sustainable Energy Reviews, 2017, 72：363-84.

［13］ HANCHATE N, RAMANI S, MATHPATI C S, et al. Biomass gasification using dual fluidized bed gasification systems: a review ［J］. Journal of Cleaner Production, 2021, 280：123148.

［14］ LUO S, XIAO B, HU Z, et al. Hydrogen-rich gas from catalytic steam gasification of biomass in a fixed bed reactor：Influence of temperature and steam on gasification performance ［J］. International Journal of Hydrogen Energy, 2009, 34 (5)：2191-4.

［15］ KUMAR A, JONES D D, HANNA M A. Thermochemical Biomass Gasification：A Review of the Current Status of the Technology ［J］. Energies, 2009, 2 (3)：556-81.

［16］ ALJBOUR S H, KAWAMOTO K. Bench-scale gasification of cedar wood-Part II：Effect of Operational conditions on contaminant release ［J］. Chemosphere, 2013, 90：1501-7.

［17］ MILNE T A, EVANS R J, ABATZOGLOU N. Biomass gasifier "tars"：their nature, formation, and conversion ［R］, 1998.

［18］ 常圣强, 李望良, 张晓宇, 等. 生物质气化发电技术研究进展 ［J］. 化工学报, 2018, 69 (8)：3318-30.

［19］ MOLINO A, LAROCCA V, CHIANESE S, et al. Biofuels production by biomass gasification: a review ［J］. Energies, 2018, 11 (4)：31.

5　生物质的热解与液化

生物质的热化学处理技术可分为直接燃烧、气化、热解和液化。生物质可以通过气化转化为合成气，然后通过费托转化为液态碳氢化合物，或通过热解、水热转化和液化溶剂分解转化为生物油（或生物原油）。

在生物质的转化技术中，热解和液化因其产品可用于储存、运输和内燃机、锅炉、涡轮机等场合而引起人们的兴趣。然而，它仍处于发展的早期阶段，需要克服许多技术和经济障碍。

5.1　热解和液化反应的基本概念

5.1.1　生物质热解

生物质热解（pyrolysis，又称热裂解或裂解），通常是指在无氧或低氧环境下，将生物质加热升温到一定程度，使大分子分解，生成生物炭、可凝液体和小分子不可凝气体产物如一氧化碳、氢气、甲烷的过程。

热解是生物质能的一种重要利用形式，也是生物质气化的初始步骤之一。热解的初始产物包括可凝气体和固体焦炭。可凝性气体可能进一步分解成不凝性气体（CO、CO_2、H_2 和 CH_4）、液体和焦炭。这种反应，部分以气相均相反应形式发生，部分以气固相非均相反应形式发生。在气相反应中，可冷凝蒸气被裂解成更小分子的不凝性气体，例如 CO 和 CO_2。

生物质热解反应可以用以下通式来表示：

$$C_nH_mO_p \xrightarrow{\triangle} \sum\nolimits_{\text{液相}} C_xH_yO_z + \sum\nolimits_{\text{气相}} C_aH_bO_c + H_2O + C(\text{焦炭})$$

在植物生物质的三种主要成分中，纤维素是可凝性蒸气的主要来源，而半纤维素主要产生不凝性气体，且焦油产量很少。木质素是芳香族化合物，降解缓慢，容易生成焦油和焦炭。

5.1.2　生物质液化

生物质的液化是通过热、化学或生物化学方法将生物质全部或部分转化为液体。液化技术区别于燃烧、热解和气化等热化学转化过程的主要特征在于，液化必须使用合适的溶剂作为反应介质。

在能源领域，生物质液化主要用于生产液体燃料，即生物油。液化得到的粗生物油的性能指标通常达不到常规燃料的标准，还需要进行提质升级处理。

木质纤维素类生物质可根据其元素组成大致用示性式 $CH_{1.4}O_{0.7}$ 表示，而烃类液体燃料的组成大致为 CH_2。因此，木质纤维素类生物质液化生产烃类生物油的过程可以粗略地表示为：

$$CH_{1.4}O_{0.7} \longrightarrow CH_2$$

要实现这个转化，需要增加氢元素的含量，也就是加氢，但不一定是与氢反应，只要是能增加氢元素含量的手段均可使用。氢具有双重功能：使生物质的 C/H 比与液体燃料的 C/H 比适应，同时从原料中去除氧。如果目标产物不是烃类燃料，则不一定按上述方法进行转化。

根据生物质液化过程中生成的中间产物和最终产物，可将液化分为间接液化（热化学气化+费托合成）和直接液化（包括快速热解、水热和溶剂解）。

间接液化分为两个阶段。在第一阶段，生物质在热和气化剂（空气或水蒸气）的作用下分解，生成合成气，其成分主要有氢气、一氧化碳、二氧化碳、甲烷和水；在第二阶段，合成气在催化剂的作用下生成烃类、甲醇、乙醇、二甲醚等物质，称为费托合成（Fischer-Tropsch synthesis）。本书第 4 章已经介绍了生物质的热化学气化，故本章只介绍间接液化的第二阶段，即费托合成。

直接液化是生物质在催化剂作用下，在溶剂（水或者有机溶剂）中直接将生物质转化为液体物质，无须经过合成气制备环节。直接液化可分为热化学液化和水解-发酵液化。本章只讨论热化学液化，包括水热液化以及有机溶剂中的催化液化；水解-发酵液化将在后续关于沼气及生物乙醇章节中介绍。

5.1.3　生物质热解和液化比较

热解、气化和直接液化都是热化学过程。生物质中的有机组分通过热解或液化可转化为液体产物（多为油性液体），有时还伴有气态或固态副产物。产物可以用作燃料、燃料添加剂，以及高价值的化学品。但是，气化需在气化剂存在下进行，液化反应必须在液化溶剂（又称液化介质或液化剂）中进行，而热解反应不需要液化介质。

生物质热解的温度范围通常为 300~650℃，而气化温度范围为 800~1000℃，烘焙温度范围为 200~300℃，液化温度范围为 150~420℃。

热解过程通常不需催化剂，受热分解生成的碎片通过气相中的均相反应转化为油性化合物；液化过程通常要用催化剂。原料大分子化合物先分解成不稳定且具有反应性的小分子碎片。这些碎片重新聚合成相对分子质量适中的油性化合物。液化反应温度通常低于热解和气化反应。

生物质经快速热解生成的生物油含氧量很高，而且氧是以酸、醛和醚的形式存在的，因此腐蚀性较强，且热稳定性差；液化产生的生物油含氧量很低，这主要是因为液化过程不仅是对生物质的简单分解，而且涉及生物质部分 C—O 键的断裂和脱氧过程，可以去除生物质原料中 80% 的氧元素。

气化、热解以及直接液化的特点和操作条件见表 5-1。它们在生物质原料粒径、反应温度、加热速率、固体停留时间等方面都有不同。产物的组成和性质取决于反应类型和操作工艺条件。

表 5-1　　　　　　　　　　　　　　　　气化、热解和直接液化的比较

工艺名称	溶剂	粒径/mm	温度/℃	升温速率/(℃/s)	停留时间/s	主要产物
气化	无		800~1000	5~30	10~100	气体、固体
慢速热裂解	无	5~50	300~700	0.1~1	450~2000	气体、固体
快速热裂解	无	<1	400~700	10~200	0.5~5	气体、液体、固体
闪速热裂解	无	<0.2	700~1000	>1000	<1	气体、液体
直接液化	有		150~420	5~20	10~60min	液体、固体

5.1.4　生物质热解和液化产物

　　用于热解和液化的生物质原料主要有木质纤维素类、藻类（含微藻）以及脂质等类型。其热解产物主要包括生物油（bio-oil）、生物炭（biochar）、水性冷凝物（aqueous condensate）以及热解合成气（syngas）。木质纤维素热解产物中，生物油含量为 20%~30%（质量分数，下同），生物炭含量为 10%~30%，水性冷凝物含量为 20%~30%，热解合成气含量为 15%~20%。

　　生物油又称热解油，是生物质热解或液化产物中最重要的一类。它是一种棕褐色的酸性液体，密度大，发热量高。生物油的成分很复杂，含有数百种有机化合物，主要有烷烃、芳香烃、酚、酮、酯、醚、糖、胺和醇等，其组成与多种因素相关。各类物质的质量分数大致为：酚类 6%~65%、酯类 2%~44%、芳香族化合物 6%~35%、醛类 0%~18%、羧酸 2%~40%、酮类 0%~38%、烷烃 9%~13% 和含氮化合物 12%~23%。生物油可以直接在锅炉中燃烧，也可用萃取、乳化、酯化/醇解、超临界流体技术、加氢处理、催化裂化和蒸汽重整等方法提质升级，生产高价值的燃料和化学品，还可用来制氢。

　　生物油经过提质升级后，可在炼油厂用于生产生物燃料。此外，由生物质-聚合物混合物制得的提质生物油可以与轻质燃料油或减压柴油（vacuum gas oil）按不同比例混合。通过催化热解得到的生物油可以与柴油混合使用，以减少柴油用量和柴油燃烧时 NO_x 的排放。

　　表 5-2 对比了水热液化法和快速热解法制得的生物油的基本特性。

表 5-2　　　　　　　　　两种生物油与重质石油燃料的基本特性对比

指标	水热液化生物油		快速热解生物油		重质石油燃料
水分/%	3~5		15~25		0.1
不溶物含量/%	1		0.5~0.8		0.01
高位发热量/(MJ/kg)	30		17		40
密度/(g/mL)	1.10		1.23		0.94
黏度/mPa·s	3000~17000		10~150		180
	湿	干	湿	干	
碳含量/%	73.0	77.0	39.5	55.8	85.2
氢含量/%	8.0	7.8	7.5	6.1	11.1
氧含量/%	16.0	13.0	52.6	37.9	1.0
氮含量/%	<0.1	<0.1	<0.1	<0.1	0.3
硫含量/%	<0.05	<0.5	<0.05	<0.5	2.3
灰分/%	0.3~0.5	0.3~0.5	0.3~0.5	0.2~0.3	<0.1

　　生物炭（又称生物质炭或生物焦炭）是生物质通过热解得到的一种黑色、质轻、多孔的富碳物质。生物炭主要含碳、氢、氧元素，碳元素含量在60%以上，主要以稳定的芳香环不规则叠层堆积而成，相当稳定，不易发生化学反应。另外还含少量氮、硫、磷、硅、钾、钠、镁的化合物。碳的化合物主要包括脂肪酸、醇类、酚类、酯类，以及类似腐植酸的组分等。氮元素主要以C—N杂环结构存在于生物炭表面。生物炭结构与原材料性质及炭化工艺等密切相关。不同生物质的组织结构和化学组成差异较大，因此制得的生物炭结构差异显著。

　　当反应温度升高时，生物炭的产率降低，但其中碳含量、芳香碳结构含量以及表面积增加，孔径变大。当温度超过700℃时，生物炭表面的一些微孔结构会受到破坏；超过800℃时，生物炭的碳架结构出现不稳定现象。因此，炭化温度是影响生物炭结构发育的重要因素。

　　当生物质快速加热时，生物质主要转化为生物油，而较少生成生物炭；当原料缓慢加热时，热解反应主要停留在生成焦炭阶段，生物质炭产率增加。

　　生物炭在生产和储存过程中可以锁定生物质中的碳元素，防止通过微生物降解的方式排放到大气中，从而起到碳汇减排和减少二氧化碳等温室气体排放的作用。因此，生产生物炭可以创造负碳环境，促进"炭-碳"转化。生物炭还可用于制备活性炭，吸附和固定水和土壤中的重金属等有害物质，修复被污染的土壤；还可以用作电池电极，以及用于制氢或储氢。

　　生物质水性冷凝物是生物质热裂解产物中除生物油外的另一液态产物。它主要由热裂解产生的混合物骤冷而产生，约占热解产物的10%~15%，因多种因素如生物质组成、温度、热解类型、蒸气或物料停留时间、颗粒大小和反应时间而异。这类产物密度较大，含量高，呈酸性，为有机相，有毒且利用价值较低。如果处置不当，会污染环境。因此，可用适当方法将它转化为其他有用的产品，如用作化工原料，或用于制备杀虫剂和杀菌剂。也可通过厌氧消化生产沼气，但其毒性限制了产甲烷的能力。

5.2　生物质热解

　　生物质在非反应性气氛中加热时，发生复杂的热解反应，包括同时反应和连贯反应。发生何种反应，取决于气体、生物油和焦炭的温度和停留时间。反应涉及生物质原料的裂解、脱羰基和脱羧基等反应。在空气气氛中，生物质有机组分从200℃开始分解；而在缺氧条件下，开始热分解的温度要高得多。不同的有机组分，开始分解温度、最快分解温度、分解速率以及残炭率都不同。生物质热解最终生成的小分子产物包括气体、可凝结蒸气（焦油和生物油）以及和固体炭等形式。这些组分的分解速率和程度取决于原料种类、反应器构型、反应温度、升温速率、压力等。图5-1列出了木质生物质热解的初级和次级反应产物类型。表5-3列出反应时间对生物质热解反应和热解产物的影响。

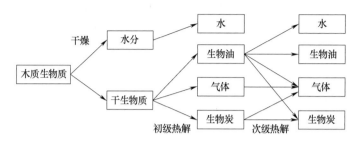

图 5-1　木质生物质的初级热解和次级热解

表 5-3　　　　　　　　　　　　　　　时间对热解产物的影响

时间	<1s	>1s	几天
反应类型	初级热解	次级热解	再聚合
产物种类	气态产物、生物炭以及未反应原料	生物油、气态产物(甲烷、一氧化碳和二氧化碳等)以及未反应原料	焦炭、二氧化碳和生物油

注：反应在 400~500℃温度下进行。

　　生物质的组成，特别是其氢碳比，对热解产率有重要影响。植物生物质由纤维素、木质素和半纤维素三种主要成分以及一些可以溶解于极性或弱极性溶剂的低分子化合物组成。每种有机物按照不同的降解机制和途径，以不同的速率热解或降解，生成不同的产物。研究生物质的热裂解时，常假定三种主要成分独立地发生反应。三种组分的分解温度都有一定的范围。木质素的分解温度范围较宽，通常在 200~500℃ 之间；半纤维素在 225~350℃ 之间，而纤维素的在 300~375℃ 之间。不过，由于三种组分相互之间存在连接和相互作用，三种组分并不一定独立发生反应。在不同反应条件（温度、交换热流密度、升温速率和压力）下，可以生成不同形态和不同组成的热解产物，而且反应程度和分解速率也不同。一般情况下，纤维素和半纤维素主要生成挥发性物质，而木质素主要生成炭。生物炭可以使碳在土壤中以稳定的固体形式保留数百年，而不一定释放到大气中，所以生物质热裂解为碳封存提供了一个新途径。

　　根据加热的速率，可将热解分为慢速热解（又称常规热解）、快速热解和闪速热解三大类。三种反应工艺对生物质原料粒径、反应温度、升温速率、停留时间等都有不同的要求。最终产物的组成和性质取决于原料特性和工艺条件。在这里，反应的"快"和"慢"是相对的，并无明确的界限。

5.2.1　慢速热解

　　慢速热解是最常用的热解工艺之一，以前常用于煤炭和木材的干馏。它是在缺氧条件下缓慢加热原料使其分解。反应温度较低，一般在 300~650℃ 之间，升温较慢，通常为 10~30℃/min，有时仅 5℃/min。反应时间从几分钟到几小时不等。在热解过程中，挥发性有机物并未燃烧，而是部分挥发，并保留了高达 80%碳的产物，即生物炭。生物炭产率可达 35%。在热裂解过程中，气相中的组分继续反应，生成炭和其他产物。最终产物的组成相当复杂。此外，长时间的反应需要额外的能量输入。上述技术局限性使得慢速热解一般不用于高质量的生物油生产，而是用于生产生物炭。

生物质的慢速热解按生产工艺，主要分为炭化和烘焙两大类。

5.2.1.1 炭化

当温度升至100℃以上，被束缚在生物质孔隙中的水以蒸汽的形式排出。温度升至260~350℃范围时，生物质中的半纤维素、纤维素和木质素依次热解。木质素热解是植物生物质热解过程中最重要的环节。木质素分子中和分子间醚键、羟基、醛基和羧基等官能团化学键断裂，释放出一氧化碳、二氧化碳、甲烷、氢气和焦油等小分子物质，并发生交联、环化和芳构化等缩聚反应，形成多环芳香化结构。此时继续升高温度，生物炭内首先形成小的碳网平面，结构不断重排，之后形成大分子的稠环芳香族碳网平面，生物炭石墨化程度增加。最后，当热分解完成后，生成的生物炭需要在无氧环境中冷却，否则会燃烧。在大多数工业过程中，如果不使用强制冷却（例如用水骤冷），则冷却阶段耗时是炭化阶段的两倍。

影响生物炭产量的因素包括加热速率、峰值温度、原料、气体环境和压力。温度升高，秸秆生物质炭的产率下降，制得的生物质炭具有大量的孔隙结构，且孔隙数量增加。但当炭化温度达到一定值时，生物质炭孔隙减小，产物表面出现局部塌陷。为了进一步提高生物炭的比表面积和调整孔隙结构，可以对生物炭材料进行活化处理，例如用空气、二氧化碳或水蒸气等对生物炭材料进行改性，或者用酸、碱或盐作为活化剂浸渍生物炭材料，或用杂原子掺杂法对生物炭进行改性。

微波辅助炭化可以有效缩短热解反应时间、提高产品质量。其原理是在给原材料施加高频电场时，具有永久偶极矩的分子排列的方向与外加电场的方向相反，从而通过偶极-偶极旋转产生热量。微波可以更均匀地加热生物质。在微波辅助炭化中，生物炭材料的性能和产率主要受加热速率和辐射功率的影响。在微波辅助炭化中加入酸、碱或其他的化学试剂，可以提高产物的性能。

5.2.1.2 烘焙

烘焙可看作是不完全的炭化。它是在200~300℃温度和惰性气体中以较低的升温速率对原料进行热处理，脱除生物质中的挥发分并使大部分半纤维素分解。与干燥不同，烘焙过程中发生了化学反应，因而理化性质与原料相比有较大差异。生物质烘焙要求尽量提高固体产物的产率以及其中的能量。生物质烘焙过程中主要发生分解、脱挥发分和解聚三个主要反应，释放出水、一氧化碳、二氧化碳以及富含氢、氧元素的轻质挥发分。生物质经过烘焙处理后，形成固体半焦、酸性含水液体和不可冷凝的气态产物。生物质的微观结构发生改变，燃料品质得到明显提升，主要表现在固定碳含量升高，水分和氧元素含量降低，O/C比和H/C比都降低，发热量和能量密度提高，疏水性增强，吸湿性减弱，可研磨性和均质性改善。

温度、烘焙时间和原料粒径是影响生物质烘焙的主要因素。温度对生物质烘焙产物的质量有着显著影响，烘焙产物的收率主要由温度决定。一般来说，烘焙温度升高，固体产物得率下降，但产品能量密度提高，能量收率下降。烘焙温度不宜高于300℃，因为植物生物质中的纤维素在320℃就开始分解并生成焦油。烘焙时间，亦即生物质在烘焙目标温度下的停留时间，是影响设计反应器的重要因素。生物质烘焙所需的时间比燃烧、气化、热解等途径长。如果烘焙时间短，则易于生成液体产物。总体来看，烘焙程度越剧烈，固体产率和能量产率越低，发热量和能量密度越高。大部分植物生物质烘焙后得到的固体产物的高位发热量都在 16~30MJ/kg 之间，与煤的高位发热量（25~35MJ/kg）比较接近。因此，烘焙后的生物质可以作为与煤混烧的原料。

5.2.2　快速热解

在快速热解过程中，生物质在缺氧或使用惰性气氛的情况下被快速加热并分解，生成生物炭（固态）、生物油（液态）和热解气体（气态）。该法的最主要目的是生产生物油。

原料种类、反应器类型、添加剂、催化剂、停留时间、温度和压力，都会极大地影响热解产物的产率、化学组成和性质。

在快速热解过程中，生物质在缺氧的情况下被迅速加热到 300~700℃（温度为 500℃左右时生物油的得率最高），此时生物质的纤维素、半纤维素和木质素的快速解聚和碎片化生成气体。纤维素被迅速加热，然后快速热解，快速挥发，生成左旋葡聚糖。左旋葡聚糖还经历脱水过程生成羟甲基糠醛，再进一步分解生成液体和气体产品，如生物油和合成气。停留时间应当控制在 0.5~5s（常取其下限）之间，然后迅速冷却，以尽量减少热解中间产物发生二次反应；但如果将裂解生成的气体温度保持在 400℃以下，则即使停留时间长达 5s，产率也可接受。为了满足快速升温的要求，原料需充分粉碎，以提高传热速率。通常，快速热解产物迅速冷却后，生成 60%~75%（质量分数）的粗生物油（或称生物原油）、15%~25%的固体（主要是生物炭）和 10%~20%的气体。生物油发热量约为普通燃料油的一半。

快速热解技术是一种碳中性的技术，不会增加碳排放。用该法制得的液体燃料具有较高的能量密度，便于运输和储存。与其他生物质热化学转化技术（例如气化）相比，快速热解技术的能源效率较高，投资成本较低，尤其是在小规模的情况下更是如此。热裂解法生产的生物质液体产物可用于以下场合：a. 用作锅炉、内燃机、汽轮机的燃料，或在热电联产（combined heat and power，简称 CHP）工厂用于发电和供热；b. 用于生产第二代生物油；c. 用作燃料添加剂以及特种化学品；d. 用于生产食品级香精。

生物质快速热解过程会生成水。若生物质热解的生物油得率为 60%，则至少生成11%的水分。由生物质快速热解生产的生物油中至少含有 15%（质量分数）的水。水的存在会影响生物油的稳定性、黏度、pH、腐蚀性和其他液体特性，对燃烧不利。水分无法用蒸馏等常规方法除去，只能用选择性冷凝法降低含水量，但容易造成低相对分子质量组分的损失。因此，除非原料本身水分含量很低，通常在热解之前，需要对生物质原料进行干燥处理，将水分降至 10%以下。

生物油的 pH 在 2~3 之间，对设备有腐蚀性；另外生物油的含氧量也较高。因此，需要对生物油进行脱氧提质升级，以使其与普通石化燃料兼容。

生物质快速热解过程的核心设备是反应器。常用的有携带流反应器、流化床反应器、固定床反应器、高压反应釜、旋转锥反应器和等离子体反应器。在各类反应器中，流化床反应器因其操作方便且容易放大而应用较广。其流程图见图 5-2。该方法利用热解的气体副产物和生物质炭提供热量，对原料进行干燥，使水分降至 10%以下以防止原料中的水分大量进入生物油产品，同时将进料研磨至粒径约2mm，以确保热解反应能够快速进行。生物质快速热解的一般工艺流程还包括热解反应、生物炭和灰的分离、生物油的冷却和收集。生物油的产量取决于所使用的反应器和操作条件。

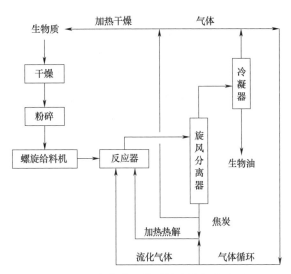

图 5-2　流化床生物质快速热解流程图

快速热解要求将原料充分粉碎，以保证传热迅速和提高生物油产率。一般来说，原料粒径对热解产物的组成影响很小，颗粒粉碎至毫米级已足以实现充分热解。但是物料粒径越小，加工处理的费用就越高。不同类型反应器对生物质粒径的要求不同。在实际应用中，物料的粒径需在满足反应器要求的同时与加工成本综合考虑。要使生物油具有商业实用性，必须降低其生产成本，提高产品质量，以及获得丰富和可持续的生物质原料来源。

5.2.3　闪速热解

生物质闪速热解液化是在中等温度（500～650℃）、高加热速率（$10^4 \sim 10^5$℃/s）和极短气体停留时间（常低于1s）条件下，将生物质直接热解。产物快速冷却，可使中间液态产物分子在进一步断裂生成气体之前冷凝，从而减少二次裂解和缩合反应，得到高得率的液态生物油。该方法经过优化，所得生物油的产率高达60%～75%，但其中含水率也高，常高于15%（质量分数）。同时，热解得到的生物油有许多性质都不同于传统的石油基油品。例如，发热量仅约为传统化石燃料的一半，氧元素含量高，导致产品高酸度、高黏度、与烃类不混溶、不挥发、对热不稳定、能量密度低、在空气中易聚合，影响其性能。与其他热解产物一样，生物质闪速热解产品也必须在使用前进行提质升级。在酸性催化剂的作用下，生物油可以转化为烯烃和芳香烃，也可以用于区域供热。

闪速热解生成的生物炭可以加工成固态成型燃料，也可以用蒸汽或二氧化碳活化，加工成活性炭。热解生成的气体内含丰富能量，可满足热解装置自身的能量需求。

表5-4列出几种生物质闪速热解产物的组成。生物质的种类和成分对热解产物的组成有显著影响。已发现，纤维素和半纤维素比木质素容易热解，而脂质的分解温度比碳水化合物和蛋白质的分解温度高。小球藻脂肪含量较高（5%～68%，干基质量），因此升高温度有利于其完全转化，且生物油得率高；金雀花中纤维素和半纤维素含量高，有利于生物油的生成，故生物油产率最高；而银荆树中木质素含量最高，这有利于生物炭的形成，所以生物炭产率最高。木质素的主要热解产物是酚类，包括酚、羟基酚、间氧基酚、二甲氧基酚等。

反应器类型、原料粒径、温度、气体流速、原料停留时间和氧气浓度等因素都会影响热解产物得率。当原料颗粒尺寸小幅增加时，生物油产量显著增加，气体和焦炭含量减少。原料粒径大于1.0mm会降低生物油产量。当粒径较小时，原料受热比较均匀。而在管式输送反应器中进行的闪速热解中，反应取决于向反应器的供热速率，而不是热解中的生物质的吸热速率，因此物料的粒径可以大一些。气体流速快，使反应器中生物质颗粒的运动变得剧烈。当物料在反应器中以高传热传质速率、低停留时间方式进行反应时，焦油不易发生二次裂解。此时生物油的产率很高。在锥形喷口床反应器中进行了几种林业残余物的闪速热解，获得了很高产率的生物油。这证明该反应器很适合生物质闪速热解。

表5-4 几种生物质闪速热解产物得率

生物质原料	温度/℃	生物炭得率/%	生物油得率/%	气体产物得率/%
亚麻籽	500	11.5	68.8	4.5
松木废料	500	15	75.33	7.5
木质生物质	500	18.4	9.4	30.2
H-ZSM5催化生物质	500	16.3	14.9	46.7
棉花壳	450	—	52.5	—
黑杨锯末	455	—	69	16
小球藻	800	21.36	60.22	18.42
棕榈壳	600	20.89	73.74	5.37
活性污泥	500	35.6	43.1	21.3
干燥活性污泥	500	42.6	28.5	28.9
农作物茎秆	500	23	52	25
山毛榉	—	23.01	60.23	16.72
金雀花	500	16.6	79.5	4.0
银荆树	500	23	72.1	—

表5-4数据还表明，温度对产物的得率和组成影响很大。为了实现生物质的快速热解，必须提供能使生物质的化学键断裂所需的足够能量，温度是反应体系能量的量度。通常，温度较低时有利于生成生物炭，而温度很高时有利于生成气态产物。这是因为在高温下，能够产生不凝性气体成分的分子大量离位，从而生成更多气体；高温也会增加对生物炭的能量供给，并将它们分解成气态产物。在适宜的温度下，生物质中纤维素、半纤维素和木质素的初级分解导致形成初级产物和反应中间产物。温度过高会引起一系列副反应，例如生物油中间产物的二次裂解，导致油产率显著下降。许多研究表明，能够使生物油达到最高得率的适宜温度为450℃。热解过程中生物质的加热速率对于确定反应机制至关重要，同时也对反应效率有极为重要的影响。

温度对热解气成分也有影响。有研究发现，当温度升高时，热解气中CO和H_2的含量增加。CO产率增加是通过氧杂环的断裂、羰基的断裂和羟基的脱氢实现的，而H_2产量的增加可归因于芳香环的重排和缩合，以及生物炭随着温度升高而发生的脱氢。温度升高导致甲烷和乙烯产量增加，但温度很高时甲烷和乙烯产量会降低，原因是甲氧基的热降解、芳香族和脂肪族基团的挥发以及生物质炭化。热解产物的发热量与不同组分的存在有关，因此也会受温度的影响。中等温度下由于CO、CO_2、H_2、CH_4和C_2H_4的存在，热解气的低位发热量较高；而在温度很高时，由于上述组分分解，热解气的低位发热量会降低。

停留时间对产物的得率和组成都有显著的影响。停留时间一般定义为反应器空隙体积除以反应过程中载气在反应器中的流速。这可以理解为：热解反应在生物质注入反应器的瞬间即开始。据报道，生物质在反应器内停留时间达到 0.8s 时质量损失已达最大。从失重率~停留时间曲线看，热解可以分为两个阶段。第一阶段在高温高热流条件进行，速率非常快，导致物料质量迅速下降。经过一段较短的时间后，失重率基本稳定，说明第一阶段已完成。第一阶段完成所需的时间与生物质种类以及反应温度有关。当温度较高时，完成第一阶段反应所需时间较短，反之则较长。另外，生物质原料中挥发性分和灰分的含量也会影响该反应时间。例如，稻壳比锯末屑在相同温度下更容易达到最大的失重率，因为稻壳的挥发分含量较高，且灰分含量较低。

停留时间对液态产物即生物油的产率影响很大。随着停留时间的延长，生物油产率降低，而不可凝气体组分产率增加，并且对生物炭生成影响较小。这种趋势是因为延长反应时间和/或提高反应器床层温度可以促进生物油分解成气态组分，而生物炭产率主要依赖反应器的床温而不是蒸汽停留时间。在恒温下，蒸汽停留时间的缩短导致气态产物的产率降低，因为生物油裂解成气态成分的反应还来不及进行。随着蒸汽停留时间的增加，达到最大生物油产率的最佳温度降低。因此，要提高生物油的产量，必须缩短停留时间，提高床温。

从生物油产率、反应时间等角度看，闪速热解技术优于其他热解技术。但是从反应的实施难度、反应设备的复杂程度以及反应的成本看，闪速热解目前还不够成熟。目前，国内外研究者从生物质原料、热裂解机理研究、热解反应条件优化、新型热解反应器开发等方面开展闪速热解技术的研究，取得了不少进展，使这项技术逐渐从实验室走向商业化。

5.3　生物质间接液化

如前所述，间接液化分为热化学气化和费托合成两个阶段。费托合成是由德国科学家 Franz Fischer 和 Hans Tropsch 于 20 世纪 20 年代在 Kaiser Wilhelm 煤炭研究所（现为 Max Planck 研究所）开发的由气到液的催化转化技术。最初目的是从煤炭生产液体燃料。在第二次世界大战期间，德国以煤炭气化所得合成气为原料生产汽油、柴油等产品。后来这项技术被用于生物质转化与利用，即从农业剩余物气化产生合成气，以便获得碳排放接近零的生物燃料，但成本较高。费托合成是在金属催化剂的作用下，催化合成气中的一氧化碳加氢，将碳源转化为烃链，产物有烃类、含氧化合物和水，其中以烷烃、烯烃和醇类含量最高。烃类化合物主要是 $C_5 \sim C_{10}$ 烃，可用作汽油、柴油等燃料和化工原料。另外还生成一些高价值化合物如长链烯烃、石蜡和醇，以及甲烷、醛、酸、酮和碳等价值不高的产物。目前，每吨生物质（干基）大约可以生产 120L 费托柴油，今后有望达到 210L。

费托合成主要有以下反应：

（1）生成烷烃

$$nCO+(2n+1)H_2 \longrightarrow C_nH_{2n+2}+nH_2O$$
$$2nCO+(n+1)H_2 \longrightarrow C_nH_{2n+2}+nCO_2$$

（2）生成烯烃

$$nCO+2nH_2 \longrightarrow C_nH_{2n}+nH_2O$$
$$2nCO+nH_2 \longrightarrow C_nH_{2n}+nCO_2$$

（3）生成醇

$$nCO+2nH_2 \longrightarrow C_nH_{2n+1}OH+(n-1)H_2O$$
$$(2n-1)CO+(n+1)H_2 \longrightarrow C_nH_{2n+1}OH+(n-1)CO_2$$

（4）生成醛

$$(n+1)CO+(2n+1)H_2 \longrightarrow C_nH_{2n+1}CHO+nH_2O$$
$$(2n+1)CO+(n+1)H_2 \longrightarrow C_nH_{2n+1}CHO+nCO_2$$

（5）生成积炭

$$2CO \longrightarrow C+CO_2$$

由费托合成制得的生物油的性质取决于热解合成气的组成，而合成气是只含有碳、氢、氧元素的简单化合物，与生物质原料种类无直接关系。费托合成阶段的重点是根据合成气组成设计催化反应器和选择合适的催化剂。

费托合成分为低温费托合成和高温费托合成。

低温费托反应通常在温度低于 280℃（常在 180~250℃ 范围内）、压力 2~4MPa 条件下进行，主要产物为石蜡、高温冷凝物（重质油）、低温冷凝物（轻质油）、含氧化合物、反应水及气相产物，产物化学成分主要为正构烷烃，碳数分布较宽，一般为 3~54，最高 95。常需要加氢裂化，以降低碳数和减少烃类化合物的双键含量。大于 C_5 的烃类化合物可用作液体燃料。

高温费托合成在工艺流程、催化剂、反应条件等方面与低温费托合成工艺存在较大差别，通常在温度高于 300℃ 条件下进行。产物包括气相产物、低温冷凝物、高温冷凝物和反应水，碳数分布主要集中在 1~15。C_1~C_{21} 的烃选择性为 99.5%，C_{22} 以上高碳烃选择性小于 1%。费托产品中不含硫。

5.3.1　费托反应机理

费托反应可以视为重复的链增长过程：

$$CO+2H_2 \longrightarrow CH_2+H_2O$$

加氢反应使 C—O 键断裂，并产生新的 C—C 键。

将 CH_2 基团插到碳链中，反应过程中化学键的变化为

$$2[C—H]+2[O—H]+[C—C]-[C—O]-2[H—H]$$

根据键能，可以计算出反应的能量变化是 −152kJ/mol。因此，费托合成是大量放热的聚合反应。受动力学控制。

CO 在催化剂表面的吸附可以是解离方式（C 和 O 原子单独附着在表面上）或非解离方式（CO 附着在表面上）。该反应的微观问题是：到底是 H 首先添加到吸附的 CO 中，从而生成中间的含氧产物，还是 CO 键首先分裂，导致解离吸附和中间烃链？

费托合成的反应机理很复杂。能够得到较多认可的经典费托反应机理有 4 种，即碳化

物机理、含氧中间物缩聚机理、一氧化碳插入机理和双中间体缩聚机理。

碳化物机理由 Fischer 和 Tropsch 首次提出，Brady 和 Pettit 进一步完善。该机理认为，一氧化碳在催化剂表面先解离。碳和氧分别与氢气反应，生成亚甲基和水，亚甲基继续聚合过程，生成烷烃和烯烃，而水被解吸。该过程的实验特征是形成碳化物。在用铁催化时发现了碳化物，但在用其他催化剂时没有发现。该机理能解释各种烃类的合成，但无法解释含氧化合物和支链产物的生成。

含氧中间体缩聚机理是由 Stroch 和 Anderson 提出的。该机理认为，一氧化碳先以非解离方式吸附在金属催化剂表面，生成羟基碳烯，链增长通过一氧化碳氢化后的羟基碳烯缩合，碳和氧分别加氢，链终止烷基化的羟基碳烯开裂生成醛或脱去羟基碳烯生成烃，然后再分别加氢生成醇或烷烃。在无氧条件下释放水分子，形成碳链。如图 5-3 所示。这个机理通过在钌催化剂上高真空下 CO 加氢的光谱分析得到了实验支持。该机理能解释直链产物和 2-甲基支链产物的形成，但未考虑表面碳化物在链增长中的作用。

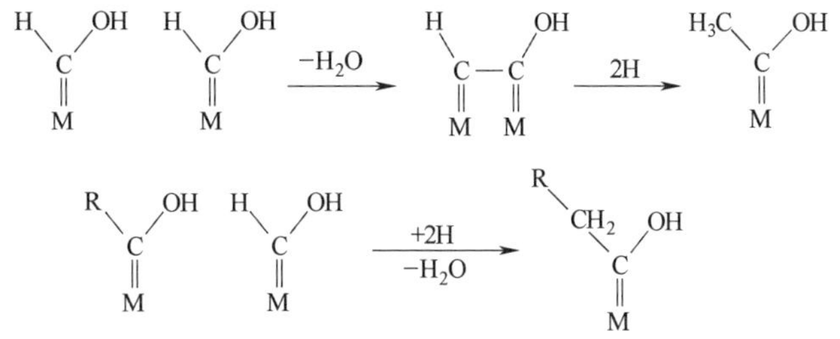

图 5-3 费托合成的含氧中间体机理

一氧化碳插入机理是由 Pichler 和 Schulz 提出的。该机理认为，一氧化碳和氢气先生成甲酰基，然后进一步加氢生成桥式亚甲基物种，后者进一步加氢生成碳烯和甲基，经一氧化碳在中间体中反复插入和加氢，形成各类碳氢化合物。该机理除可以解释直链烃形成过程外，还可以解释含氧化合物的形成过程，但不能解释支链产物的形成。

双中间体缩聚机理由 Nijs 和 Jacobs 提出。其核心内容是在费托合成催化剂表面具有 2 类活性物种，即氢化的氧原子和活化的碳原子。该机理同时考虑了碳化物机理和含氧中间体缩聚机理。认为，依据碳化物机理活化碳原子发生烃化反应形成甲烷；根据烯醇缩聚机理通过 CO 插入实现链增长。该机理能解释甲烷不符合 Schulz-Flory 分布的原因，但不能解释产物中支链的形成原因。

上述经典的费托合成机理大致分为两类。一类是一氧化碳解离吸附，如碳化物机理，另一类是非解离吸附，如缩聚机理和一氧化碳插入机理等。两类机理都有一些不足之处。随着现代表面科学研究方法的应用日益广泛，有关费托合成反应过程中催化剂表面组成变化、不同碳数增长、吸附物种的行为和产物分布等的研究均取得了重要进展。科学家们据此提出了 C_2 活性物种理论、碳烯重吸附的碳化物理论、网络反应机理等。较为理想地解释了费托合成反应中出现的特殊产物分布现象，是对早期经典费托合成机理的修正和发展。

费托合成的产物分布可以通过反应动力学进行分析预测。而动力学则可根据活性物种与一氧化碳和氢气反应进行链增长的机理计算。

链增长是费托反应活性种向烃类产物转化的关键阶段。假设碳链增长概率与链长无关，则聚合反应产物分布可以用 Anderson-Schulz-Flory 分布表示，见式 (5-1)：

$$P_n = \alpha^{n-1}(1-\alpha) \tag{5-1}$$

式中　P_n——生成链长为 n 的烃类化合物 C_n 的概率（摩尔分数）。链长分布取决于 α，即
　　　　碳增长的概率

　　　α^{n-1}——向碳链中增加 $n-1$ 个碳原子的概率

　　　$1-\alpha$——不再增加碳原子并终止碳链增长的概率

假设生成 C_1 的摩尔分数是 x，则生成 C_n 的概率是 $x\alpha^{n-1}$，生成 $C_1 \sim C_n$ 的概率之和为：
$x + x\alpha + x\alpha^2 + x\alpha^3 + \cdots\cdots + x\alpha^{n-1} = x(1-\alpha^n)/(1-\alpha) \approx x(1-\alpha) = 1$。

所以 $x = 1-\alpha$。由此，$P_n = \alpha^{n-1}(1-\alpha)$

在已知 α 和 n 的情况下，就能计算出产物的分布。

预期碳链长度 <n> 由 <n> $= \sum nP_n = \dfrac{1}{1-\alpha}$ 计算。因此链长为 n 的碳链的质量分数 w_n（定

义为 $w_n = P_n \dfrac{n}{<n>}$）可以用式（5-2）表示：

$$w_n = n\alpha^{n-1}(1-\alpha)^2 \tag{5-2}$$

当 $\alpha = (n-1)/(n+1)$ 时，与 $\alpha(dP_n/d\alpha = 0)$ 相关的概率 P_o 获得最大值，此时 $P_n = 2/(n+1) \times (n-1/n+1)^{n-1}$。对不同链长组分的质量分数求和 $\sum_n w_n$，发现汽油（$n = 5 \sim 11$）在 $\alpha = 0.75$ 时产率最高，约为 45%，柴油（$n = 12 \sim 18$）在 $\alpha = 0.87$ 时产率最高，约为 25%。将费托合成中产生的短链烃（丙烷 $n = 3$，丁烷 $n = 4$）结合起来，可以提高总产率；用沸石（一种由铝、硅和氧组成的微孔矿物）作为催化剂可以促进这种齐聚反应。

碳链增长率（α）可以由温度、合成气组成、压力、催化剂和促进剂等调变。增加一氧化碳分压可增加催化剂表面覆盖率和链增长概率；增加氢气分压可导致链终止，从而使链增长概率降低。反应温度越高，加氢速率越快，可生成较多甲烷，而在催化剂表面生成的亚甲基物种较少，因此平均链长越短。这一点与原料和催化剂种类无关。高温还通过能够使催化剂失活的 Boudouard 反应（$2CO \rightarrow CO_2 + C$）导致单质碳沉积。键能的变化为 $2[C=O] + 2[C—C] - 2[C\equiv O]$，其中包含了单质碳键。则反应能 $E_B = -137kJ/mol$，小于 Fischer-Tropsch 反应。费托合成需要除去多余热量以避免催化剂失活和大量生成甲烷。高效的冷却系统是生产液体燃料和维持催化剂活性所必需的。

Anderson-Schulz-Flory 分布并非普适性的分布。如果以金属为催化剂，产物选择性基本服从该分布。但是工业上需要提高长链烃含量。为了突破 Anderson-Schulz-Flory 理论预测的选择性限制，有两大类手段可供选择：一是改变反应机理，二是调节产物的扩散。

羧酸和醛也是费托合成的初级产物。在高温下进行费托合成时，还生成少量芳烃和酮。合成油的沸点分布取决于费托合成过程中生成产物的碳数分布。碳数分布可以用链增长概率 α 表示。表示为式（5-3）：

$$\alpha = c_{n+1}/c_n \tag{5-3}$$

即碳数为 $n+1$ 的产物的摩尔浓度 c_{n+1} 与碳数为 n 的产物的摩尔浓度 c_n 的比值。

工业上应用的费托技术主要有三类：铁催化的低温费托合成（Fe-LTFT）、钴催化的低温费托合成（Co-LTFT）和铁催化的高温费托合成（Fe-HTFT）。不同技术获得的产物组成和碳数分布都不同。

5.3.2　费托反应催化剂

费托合成涉及反应物的吸附和解离，通常用金属作为催化剂。使用最多的是Ⅷ族过渡金属，特别是钴系和铁系催化剂。镍的催化活性也很高，经常用于加氢反应，但它会产生大量的甲烷，因此不适合生产汽油和柴油。其他Ⅷ族金属在合成长链烃时活性不够高，所以应用较少。常用费托合成催化剂的活性，按从高到低的顺序，应当为：钌>铁>镍>钴>铑>钯>铂。这些过渡金属都有部分填充的 d 轨道，并且是铁磁性的。催化剂对合成气中的硫和积炭污染很敏感，其中铁对碳较敏感，而钴对硫较敏感。

钌是非常高效的费托合成催化剂。它的工作温度比其他金属低，并且在不添加任何促进剂的情况下，可以制得长链烃类产物且产率很高。但它比铁贵 300000 倍。由于钌是作为单质使用，因此是研究费托合成机理的理想催化剂。

钴是高效的费托合成催化剂。其适用温度范围是 200~240℃，原料配比为 H_2：CO = 2.15：1。钴催化剂对于加氢反应有较强的催化活性和链增长能力，反应过程中性能稳定，且不易中毒，生成的产物中含氧化合物极少，对水煤气变换不太敏感。但是钴催化剂价格较昂贵，且操作温度较低，因而反应速率较低。钴催化剂在反应过程中易发生氧化、烧结，导致失活。钴催化剂还容易生成甲烷等低级烃，从产物中分离甲烷会消耗大量能量。设计低甲烷选择性和高稳定性的钴催化剂是该研究领域的关键挑战。由于钴价格昂贵（比铁贵 1000 倍），因此有必要使催化剂表面积最大化，从而将成本降至最低。为了增加暴露在表面的钴原子数量，可以将钴制成纳米颗粒并分散在载体上，常用的载体有金属氧化物、沸石、碳材料、碳化硅、可部分还原氧化物如氧化锰、氧化铈等。金属负载于沸石表面，引入了酸催化机理，同时不同的烃在沸石中扩散速度也不同，这样可以改变产物选择性。但微孔沸石存在扩散限制，又降低了反应活性，采用介孔（孔径 2~50nm）沸石效果较好。

钴与载体的比例为 10%~30%。有些载体过去曾被认为是惰性的，但后来发现可用于改善特定的选择性。与铁不同，促进剂对钴催化剂的活性影响不大。低浓度的钌、铑和铂可以增加催化剂的活性，但尚不清楚链增长概率以及碳氢化合物选择性是否受到影响。

铁系催化剂对水煤气变换反应有较强的催化活性，因此它适用于富一氧化碳合成气，但不适用于富氢合成气。铁系催化剂链增长能力较差，因此主要生成低碳烯烃。铁催化剂的适用温度为 300~350℃，原料配比为 H_2：CO = 1.7：1。铁的其他铁磁相，包括氮化铁、碳化铁和碳氮化铁在费托合成中也表现出很高活性。虽然氮化铁倾向于以较慢的速度氧化，但它们会产生含氧分子和较短碳链（即低碳烯烃）。添加碱性促进剂（如氧化钾）可以促进一氧化碳解离，并进而增加碳链增长率。该催化剂的主要缺点是在高温下易中毒和生成积炭。

考虑到两类催化剂各自的优缺点，目前使用的催化剂多为多金属复合催化剂，有时也用贵金属如钌、铑、铼、铂等作为助剂，以提高催化性能。有研究报道，贵金属可以稳定钴催化剂，促进钴前驱体还原，钌助剂可降低甲烷选择性、提高 C_5+烃选择性，但也有文献报道称其对促进甲烷生成、降低 C_5+选择性或对费托合成产物选择性的影响不大。迄今，人们对贵金属助剂调变催化剂活性和稳定性的作用机制仍不够了解。探究贵金属的作用机制对于发展高性能费托合成催化剂非常重要。

促进剂可以大大提高催化剂的性能。钾和铜都是铁的良好促进剂碱金属促进剂可以增加催化剂活性、保持稳定性和提高对长链烃选择性。铜促进剂可以促进铁氧化物的还原。与铁催化剂的促进剂不同，钴催化剂受促进剂的影响较小。促进剂不会显著增加钴催化剂的周转频率，但有助于提高氧化钴还原为金属的钴比例。

二氧化硅等黏合剂可用于提高铁催化剂的结构刚性。

生物质合成气中含有一些可能导致费托反应催化剂中毒的杂质，其中硫很容易使铁系和钴系催化剂失活。在费托合成中需要去除这些杂质。根据反应的选择性，费托合成中，氢气与一氧化碳的比例宜约为 2.1∶1，即氢气过量。生物质气化合成气中，氢气与一氧化碳比值比较低，因此需要通过反应增加氢气含量。提高一氧化碳和氢气的分压可以提高获得长链烃的选择性。其他气体组分的存在会降低一氧化碳和氢气的分压，从而降低获得长链烃的选择性。

5.3.3　费托合成反应器

费托合成中使用的反应器主要有四种主要类型。它们是：固定床反应器、浆态床反应器、鼓泡流化床反应器和循环流化床反应器。

如前所述，费托合成是大量放热的反应，对反应温度敏感。局部过热可能导致积炭和甲烷的产生，从而降低更有价值的液体产物的得率。因此，有效去除产生的大量热量至关重要。固定床反应器在散热方面比流化床反应器或浆态床反应器逊色许多。

低温费托合成首选浆态床反应器，而高温费托合成首选流化床反应器。南非 SASOL公司早期的费托合成反应器是循环流化床反应器，但目前的设计已改为鼓泡流化床反应器。后者比前者便宜 40%，反应器中的热交换空间更大，且反应器中的碳沉积可降低催化剂的体积密度。此外，鼓泡流化床反应器还可避免循环流化床反应器中碳化铁催化剂烧蚀反应器狭窄部分的问题。

多管固定床和浆态床反应器都很适用于低温费托合成。在低温费托合成中，液相中产生大量蜡质。在多管固定床反应器中，合成气从顶部进入充满催化剂的管中。蜡沿着竖直的反应管滴落。在浆态床反应器中，催化剂悬浮在熔融蜡质产品中。合成气从底部鼓泡通过浆态床。因此，浆态床反应器是一种三相反应器。与多管固定床反应器相比，浆态床反应器的成本降低约 25%，催化剂负载量减少 75%，且温度更稳定。此外，生物质气化产物含有二氧化碳，有利于液体产物的生产。

对于所有费托合成催化剂，升高操作温度都会导致产物转向低碳数产物和氢化产物。

5.4　生物质的直接液化

生物质直接液化是实现生物质热转化以及热化学转化的有效手段。尽管它在应用规模上不及热解和气化，但它既可以用于生产生物质液体燃料（生物油），也可以用于制备高分子化合物的原料，在生产高价值产品时十分重要。生物质直接液化产物的相对分子质量比热解产物高，且往往保留了生物质组分的某些结构特征。

早在 20 世纪 70 年代第一次石油危机期间，人类就已关注生物质的直接液化，希望通过该方法减少对原油的依赖。但这些努力并没有获得成功，这不仅因为液化成本比原油价格高许多，还因为人们对这一过程的理论认识不足，导致在此期间建造的大型示范工厂几乎都失败了。

目前工业上所用生物质直接液化工艺源自煤炭直接液化工艺，因而工艺条件也与煤炭液化比较接近，需要在高温高压下操作。为了防止中间产物缩合和除氧，需要将生物质与氢反应。在许多情况下需要从外部加入氢气，或在供氢溶剂中进行反应。

5.4.1　生物质直接液化分类和机理

直接液化可以根据反应条件或者反应路径进行分类。例如，按反应介质，可以分为水溶液中的液化和有机溶剂中的液化；按反应器压力，可以分为常压下液化和高压下液化；按催化剂，可以分为酸催化液化和碱催化液化等。

液化溶剂主要有水和有机溶剂（甲醇、乙醇、丙酮、苯酚等）两大类。生物质在不同溶剂中的液化通常会导致不同的液化行为。具体原因可能是生物质与不同溶剂之间的相互作用呈现出不同的形式和强度。

水是应用最广的液化溶剂。它对生物质反应后生成的许多有机或无机化合物都有很好溶解性，价廉环保。更重要的是，水本身就用作反应物和反应介质，可省去高含水原料的干燥过程，从而大大降低成本。生物质在水中的液化可以在酸性、碱性和中性条件下进行，通常还需要使用催化剂。典型的水热液化条件为：温度 550~650K，压力 7~20MPa，反应持续时间 10~60min。既可使用间歇式反应器，也可使用连续式反应器。

与水相比，许多有机溶剂的临界温度较低，生物质在这些有机溶剂中直接液化，所需反应条件比较温和，生成的水不溶性生物油的得率比较高，还可以增加生物油的发热量，但该法不适用于含水率高的生物质原料。另外，它还有水相产物与有机相分离的问题。

需要说明的是，用高沸点醇或酯充当液化溶剂时，液化反应在 140~200℃ 和常压下进行，主要的反应是溶剂解反应。该法所得液化产物能够保存生物质主要组分的基本化学结构，相对分子质量从几百到几千不等。这类产物不适合用作燃料，而是用于合成聚酯、聚氨酯、酚醛树脂、环氧树脂等高分子材料。

生物质液化反应大致需要经过以下几个反应阶段：a. 生物质的溶剂解；b. 主要成分纤维素、半纤维素、木质素的解聚；c. 生物质单体和较小分子的化学分解和热分解导致新的分子重排，通过键断裂、脱水和脱羧；d. 含氧官能团在氢的作用下降解；e. 反应性片段的重组。

将固体生物质转化为液态油需要在分子水平上完成两种转化。第一种转化是降低原料的平均相对分子质量，使产品在自然环境条件下呈液态；第二种转化是改变化学成分，降低杂原子含量和多核芳烃水平。直接液化实际上是通过热解实现第一个转化目标。只要温度足够高，就有足够的热能导致化学键的断裂。这个反应是自由基反应。自由基一旦形成，只能通过歧化反应或者氢化反应来实现稳定。如图 5-4 所示。

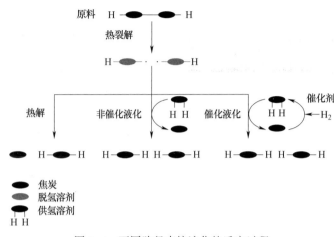

图 5-4　不同路径直接液化的反应过程

5.4.1.1　水热液化

水是一种非常廉价的溶剂，同时也可以参与多种化学反应，还可以充当催化剂。水热液化（hydrothermal liquefaction，简称 HTL）是在温度 200～370℃、压力 10～25MPa（不同文献报道的数据差异较大）的水相介质中，将高相对分子质量的生物质转化为低相对分子质量的液体燃料或者化学品，以及生物炭和生物气等副产物的过程。在水热液化中，生物质可以直接转化为液态产物，而无须像热解那样需要经过高耗能的干燥环节。所以，水热液化的能量利用率高于热解。生物质亲水，并且含水率往往较高，因此可以当作水相浆料处理。生物质在水相中的液化，可以使用亚临界水，也可以使用超临界水。一般来说，含有 80% 水分的原料在亚临界温度下与氢气或一氧化碳气体反应，生成疏水的生物油，其含氧量约为 10%～18%，远低于原料的含量（约 40%）。

在水热液化中，水的行为很像是一个酸/碱体系，同时，有机物料在水中也有较高的溶解度。这主要发生在液/气线上。

不同类型的生物质在液化反应中反应不同。纤维素、半纤维素和淀粉都是碳水化合物（戊糖和己糖）。它们在高压热水中会发生分解。在这些条件下形成的典型产物是单糖。葡萄糖可以发酵生产乙醇或在水中进一步降解生产乙醇醛、甘油醛和二羟基丙酮，产物种类取决于反应条件。当温度为 180℃ 左右时，产物为糖单体，而当温度为 360～420℃ 时，产物为醛或酮。

生物质直接水热液化不是简单的水解反应，而是通常会同时发生多种反应，包括水解、解聚、脱羧、氢化、缩合和氢解等。

解聚可以根据生物质各组分的大分子物理和化学特性，将其依一定顺序溶解，也可以平行溶解所有类型的大分子。

碳水化合物在加酸的水性介质中解聚后，发生环键破裂或形成的单糖重排，反应取决于底物种类和温度（半纤维素分解温度 120～180℃，纤维素>240℃）。纤维素和半纤维素解聚后，生成多种含有多种含氧官能团的降解产物。这些官能团中，只有少数能够通过二氧化碳裂解进一步直接还原氧。因此，加氢反应对于官能团的降解和避免中间产物再聚合至关重要。

Appell 等人提出了碳水化合物在碳酸钠和一氧化碳作用下液化的机理。该反应可概括为以下四个步骤：a. 碳酸钠、水和一氧化碳反应，生成甲酸钠；b. 碳水化合物中的邻近羟基脱水为烯醇，然后异构化为酮；c. 用甲酸根离子和水将新形成的羰基还原成相应的醇；d. 氢氧根离子与多余的一氧化碳反应，再次生成甲酸根离子。根据该机制，生物质的脱氧是通过羟基形成的酯和由碳酸盐生成的甲酸根离子的脱羧而发生的。

生物质在亚临界水中的液化通过一系列结构和化学转变实现，包括：

① 生物质溶剂解，生成胶束状结构；

② 纤维素、半纤维素和木质素解聚；

③ 单体通过化学分解和热分解形成更小的分子。

碱金属盐成本低、活性高，是水热液化中最常用的催化剂。来源于碱金属碳酸盐的甲酸根离子与生物质的羟基反应，脱羧并形成酯。因此，碱金属碳酸盐催化生物质大分子水解成较小的片段。然后，产生的胶束状片段经过脱水、脱氢、脱氧和脱羧降解为较小的化合物。这些化合物再通过缩合、环化和聚合进一步重排，形成新的化合物。不同的碱金属盐，活性存在一些差异。Karagoz 等人研究了几种碱金属盐或碱催化松木水热液化中生成的生物油的产率。根据液体产物的转化率和产率，排列出它们的催化活性顺序为：$K_2CO_3 >$ $KOH > Na_2CO_3 > NaOH$。不使用催化剂时，液化反应所得固体残渣含量约为 42%，而使用 0.94mol/L K_2CO_3 催化剂时，固体残渣含量仅为 4.0%。在非催化液化实验中，观察到呋喃衍生物，而催化液化则主要生成酚类化合物。其他催化剂，包括各种有机和无机酸（如硫酸、盐酸、乙酸）、金属离子（如 Zn^{2+}、Ni^{2+}、Co^{2+} 和 Cr^{3+}）、碱和盐［如 $CaCO_3$、$Ca(OH)_2$、HCOONa 和 HCOOK］以及 CO_2，也可以用于水热液化，并且有不同的催化功能。例如，在 475~625K 温度范围内，碳酸钠可以抑制生物油中炭的生成，使生物油稳定化，从而产生更多的生原油。而镍催化剂则可以催化作为中间体的水性产物的蒸气重整反应和甲烷化反应。

木质素在高压热水中分解，降解产物与木质素的结构单元类似，生成对香豆醇、松柏醇和芥子醇等，但官能团根据水热条件而变化。Bembenic 和 Clifford 在 365℃、13MPa 的热水中将木质纤维素转化成甲氧基苯酚，并使用氢气、一氧化碳、二氧化碳和氮气等气体来改变产物结构。

脂质或甘油三酯（脂肪和油的主要成分）在 330~340℃ 和 13.1MPa 的热水中水解，主要产物是游离脂肪酸和甘油。然后，脂肪酸可以继续反应生成直链烃，用作柴油或航空煤油，但该反应要在 400℃ 左右才能发生。藻类也可以在水热装置中发生反应，然后进行催化氢化以制造直链烃液体燃料。

水热液化一般需要使用催化剂，其中酸和碱金属催化剂最为常用。甲酸钠是一种典型的催化剂。它是由碳酸钠与水和一氧化碳反应生成的。制备甲酸钠的反应式为：

$$Na_2CO_3 + H_2O + CO \longrightarrow 2HCOONa + CO_2$$

这会使碳水化合物的羟基脱水变为羰基化合物，然后羰基化合物加氢，被还原成醇：

$$HCOONa + C_6H_{10}O_5 \longrightarrow C_6H_{10}O_4 + NaHCO_3$$
$$H_2 + C_6H_{10}O_5 \longrightarrow C_6H_{10}O_4 + H_2O$$

甲酸盐和氢气可以再生和循环利用。其他催化剂还有碳酸钾、氢氧化钾、氢氧化钠和其他碱。为了同时进行分解和氢化反应，可以使用镍催化剂。与热解类似，该过程的主要产品是液态生物油，它是一种黏稠的深色焦油。生物质原料中高达 70% 的碳转化为生物油。生物油的性质与催化剂和反应温度等参数有关。液化反应还会生成气体（二氧化碳、甲烷和轻质烃）以及水溶性物质等副产物。生物质液化生成的液体生物燃料具有与初始原料相似的碳氢比，是芳香族化合物、芳香族低聚物和其他烃类化合物的复杂混合物。因为发生了加氢反应，液化过程中生成的生物油含氧量比较低，比典型的热解油少 10%~20%；而发热量以干基计为 35~40MJ/kg，高于热解油。

水热液化可以兼顾废物处理和可再生能源生产的双重目标。它可以处理多种类型的废料，包括城市固体废物、食品加工废物和动物粪便，尤其是可以处理高含水量（高达90%）的原料，在生产过程中不使用有害溶剂，而且反应器通常是连续操作。另外，在加热和冷却过程中所使用及释放的能量可以循环利用，因此能效较高。但是该技术涉及高温高压液相反应，对反应器的耐压和耐腐蚀要求较高，同时向正在运行的高压反应器进料有一定难度。

5.4.1.2　酸催化的多元醇中液化

木质纤维素原料在多元醇和酚中的液化始于 20 世纪 90 年代。该反应一般在常压下进行，其原理是在酸催化剂下进行生物质的溶剂解，以形成较小的碎片。这些碎片可以进一步与自身或溶剂反应以形成相对分子质量较高的分子片段或溶剂衍生物。酸提供的氢离子很容易攻击木质素中的 β-O-4 键和纤维素中的糖苷键，并使其断裂；半纤维素和无定形纤维素在 150℃ 下很容易通过酸催化剂或酸性自催化的水化反应而降解和水解。

在多羟基醇如聚乙二醇中，从纤维素中降解的葡萄糖或纤维素的低分子衍生物与聚乙二醇反应形成醇糖苷，后者可以进一步形成乙酰丙酸或乙酰丙酸酯。木质素被酸催化，而木质素降解生成的含有 C—OH 基团的中间产物片段可以与醇类溶剂反应形成重油和残渣。半纤维素在酸中容易水解，首先生成低聚糖，然后会形成糠醛和酸。

当酚类作为溶剂时，它是一种供质子溶剂。由糖苷键裂解生成的碳正离子与酚类反应生成苯基吡喃葡萄糖苷和吡喃葡萄糖基酚。然后，苯基吡喃葡萄糖苷迅速重排成吡喃葡萄糖基酚，随后发生碳水化合物部分的酚化、脱水和断裂，并形成各种酚化物。如果延长液化时间，碎片可能会通过酚类缩合，产生相对分子质量很高的不溶性残渣。木质素在酚类中的液化，首先生成低相对分子质量的中间产物，然后中间产物发生缩聚，逐渐转变成聚合物。β-O-4 键的均裂，形成松柏醇自由基和愈创木自由基。支链上带有共轭双键的松柏醇自由基会继续发生反应，主要是与苯酚自由基反应，形成多种酚化物，而愈创木自由基主要分解成愈创木酚。这些反应中间产物之间会发生缩聚，生成相对分子质量在几百到几千的产物。有研究证明，苯酚可以防止或削弱缩聚反应的发生。在植物纤维原料的各种组分中，纤维素的液化是最慢的。在有苯酚存在的条件下，纤维素首先在高温湿热作用下降解成低聚糖，然后再进一步降解成葡萄糖，葡萄糖连续脱水形成 5-羟甲基糠醛，后者可能导致其与苯酚之间形成具有呋喃环结构的化合物。

木质素在溶剂中的解聚可以生成多种不同的取代酚。与前述纤维素和半纤维素的情况一样，如果没有氢，会迅速导致产物的再聚合。

使用水或有机溶剂作为液化溶剂有其自身的优点和缺点。有鉴于此，有时在有机溶剂-水混合溶剂中进行生物质的液化，以结合两类液化溶剂的优点。一般来说，等体积的有机溶剂-水混合液化溶剂效率最高。其中，醇-水混合溶剂应用较普遍。将醇用作生物质液化溶剂的最重要优点之一是它的可再生性。醇可以从生物质中生产。此外，在液化完成之后，还可以回收再利用。

5.4.2 生物质直接液化工艺

木质纤维素类生物质的液化一般包括原料预处理、原料分散、升温、反应、产物分离和溶剂回收等环节。生物质在液化前一般应粉碎至粒径 0.5mm 或更细，然后与催化剂等物料一起分散于液化溶剂中，制成反应浆料，再将浆料加热至反应温度，必要时可加入保护气或还原性气体（例如氢气或氢气/一氧化碳）并升压，反应至预定时间，分离产物并回收溶剂。

图 5-5 为木质纤维素生物质经水热液化制备生物油的流程。水热液化反应器既可以是间歇式的，也可以是连续式的。连续式反应器需要能够带压运行的进料系统，例如用于浆料的泵以及用于大颗粒的料斗系统。

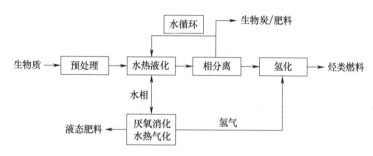

图 5-5　木质纤维素生物质经水热液化制备生物油的流程

生物质原料，尤其是木质纤维素类生物质，需要进行预处理，以减小粒径，去除污染物，并进行碱性处理，以获得稳定的可供泵送的浆料。然后在水热反应器中进行反应。在上述条件下，自发发生相分离，生成 CO_2 气流、固体残渣、生物油和微量水相产物。水相产物或水可以再循环到水热液化装置中，从而减少对水的需求，并提高生物油产量。通过水热液化工艺产生的水流可以进行厌氧处理或运用催化水热气化技术生产富甲烷或富氢合成气。由于存在抑制厌氧消化过程的酚类和糠醛，因此水热液化过程中生成的水无法彻底厌氧消化。

相分离过程中获得的固体残渣可直接用作生物炭或肥料。生产得到的生物原油不能直接用来替代普通燃油，还需进经过进一步的加氢处理才可用于商用。不过，由于通过水热液化获得的生物油水分含量和氧含量都较低，水热生物油的升级并无复杂的反应，采用精细加氢就可提高生物油的质量。最后，整个水热液化过程产生的热量也可用来运行水热气化炉，从而提高工艺经济性。

生物质的直接液化可以采用间歇操作，也可以采用连续操作。间歇式反应器有一定的搬迁能力，即从一个生物质燃料生产点搬迁到另一个生产点，并将生物油输送到中央工厂。但是，对于工厂规模的液化操作，应使用连续装置，以降低成本并实现热集成。

间歇操作的优点是设备简单，但是系统不够稳定；连续操作设备比较复杂，但是体系的各项参数易于控制。大规模的生物质液化一般采用连续操作。

5.4.2.1　间歇操作

将生物质与液化溶剂混合，泵送至高压反应器中（压力一般为 7~20MPa）催化剂可以与液化溶剂一起添加。必要时，可以泵入气体（例如，氮气、氩气或二氧化碳）以增加压力。然后加热至预定的反应温度。压力随温度升高而增加。可用搅拌器搅拌反应混合物以改善物料混合。反应结束后，将冷却水通入反应器的冷却管，将反应器冷却到预定温度。

液化产物由固体、液体和气体三部分组成。分别从顶部和底部端口收集气体和液体产物，打开反应器收集固体产物。然后，重新加料生产生物油。

5.4.2.2　连续操作

早在 20 世纪 80 年代壳牌公司就发明了生物质水热液化的连续装置。该装置的工艺流程如图 5-6 所示。生物质首先通过锁斗机构输送到软化器中。在软化器中，于 180℃的水中消化 10~15min，转化为糊状。用浆体泵将生物质糊料泵入压力 18MPa、温度 330℃的管式反应器中，并在其中停留约 7min。反应产物被输送到闪蒸器以除去气体，然后进入油水分离器，将水和生物原油分开。一部分水被循环到生物质软化器。生物原油进行温和真空蒸馏，去除其中的焦油。然后将去除焦油的生物原油送至加氢脱氧反应器，在那里将剩余的氧转化为水，再用油水分离器去除。烃类产品进分馏塔，分馏得到石脑油、航空煤油和柴油。焦油用于提供工艺加热，也可以用于供氢。在这个工艺方案中，每吨干基生物质可以生产 300kg 液体燃料。

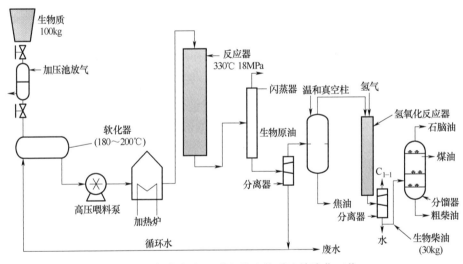

图 5-6　壳牌公司 20 世纪的生物质连续液化工艺

原料浆料可以用高压泵输送。这类泵主要有柱塞泵、螺杆泵等类型，为了便于原料和产品的泵送，建议采用较高的液固比，即增加水的用量，以降低物料的黏度。但这样会使得单位时间流经反应器的生物质数量减少，从而降低设备效率。增加水的用量还会导致水溶性有机物含量的增加以及生物原油产量的相应降低。一般来讲，为了提高设备的效率，液固比最好控制在 3 以内。为了降低液固比而又不影响物料的泵送性能，可以考虑用生物原油产品中的焦油部分与生物质原料混合制备生物质浆料，以提高生物质浆料中的生物质含量。

藻类和污泥类生物质的水热液化流程与木质纤维素类生物质相似。

5.4.3 影响生物质直接液化行为的因素

影响生物质液化的因素包括生物质种类、固形物含量、液化溶剂组成、温度、压力、停留时间和催化剂等。工艺条件的制订通常也是依据上述影响因素进行的。通过选择合适的溶剂和液化工艺条件，生物质液化可以获得高收率（最高可达65%）和高品质（含氧量较低）的生物原油。

5.4.3.1 生物质种类和成分

挥发分含量高的燃料容易燃烧，同时也容易产生更多的焦油。若生物质原料主要用于生产生物油或生物质燃气，则原料中高挥发分含量是有利的。原料中的水分对热解不利，故在热解前需将其蒸发掉。蒸发水分需要靠外部提供能量，或消耗生物质原料燃烧时所放出的热量，这样会降低生物质原料的热效率。当水分含量超过30%时，原料难以点燃。

木质纤维素液化得到的液化产物的分布主要取决于生物质原料中木质素的含量。一般来说，原料中的木质素含量越高，转化率和生物油产量越低，而残渣得率越高。一般认为木质素在高温下可以形成苯氧自由基，然后这些自由基结合并重新聚合成固体物质。当木质素含量较高时，就容易通过缩合和再聚合生成更多的残渣。

木质纤维原料中综纤维素的含量对液化产物分布有影响。综纤维素的分解有利于形成水溶性产物而不是水不溶性化合物，从而降低了生物油的产率。

木质纤维素生物质中各组分的含量在一定程度上决定了生物油的组成。木质素降解主要形成酚类化合物，而纤维素分解主要生成呋喃衍生物。

近年来，以藻类（特别是微藻）为原料生产生物柴油受到业内重视，因为藻类的光合作用效率高，生长速率快，脂质含量高，比木材或秸秆等原料的单位面积产量更高。藻类的碳水化合物含量约占原料总质量的5%~50%，其中主要是淀粉和纤维素，而半纤维素含量很低。另外藻类原料还含较多蛋白质。藻类生物质中脂质含量低，通常采用热解、水热液化和溶剂热液化等热化学转化方法而不是酯交换法生产生物油。由于藻类水分含量高，特别适用用水热液化法生产生物油。低脂藻类用水热液化，可以比溶剂萃取和酯交换反应生成更多的生物原油，因为原料中的部分蛋白质和碳水化合物液化后也可生成生物油。藻类水热液化所得的生物油比热解生物油更稳定。由于藻类蛋白质含量高，故水热液化制成的生物原油含氮量通常在5%~8%之间，远高于石油的含氮量（0~1.1%）。前者含氮量和含氧量都较高，同时还具有较高的黏度和一定的酸性，不适合直接用作运输燃料，需要去除这些有害成分，才能得到汽油、航空煤油和柴油等高质量燃料。

脂质也是近年来常用于直接液化的原料。脂质极性弱，本质上与水不混溶或疏水。在常温下，脂质通常不溶于溶剂，随着温度的升高，极性逐渐增强。温度对脂质溶解度影响的规律也适用于纤维素。溶剂特别是亚临界条件下的水的介电常数较低，因而与脂质混溶性更好。脂质水热液化生成脂肪酸和甘油。在水热液化期间，甘油不会转化为任何油相产物，而是变成水溶性化合物。甘油进一步降解可以生成乙醛、丙醛、丙烯醛、烯丙醇、乙醇、甲醛、一氧化碳、二氧化碳和氢气。

脂质的脂肪酸部分在碳链长度、饱和度和支化度方面与传统燃料相似。因此，由脂质制备的多种生物燃料，包括生物柴油和可与传统汽油、柴油和航空煤油对标的可再生燃料，具有与传统化石燃料相似的物理化学性质。不过水热液化得到的生物原油需要在催化剂作用下进行加氢、脱氧和异构化等处理，才能得到所需的燃料。与其他生物燃料相比，由脂质制备的生物燃料能量密度更高，与现有基础设施兼容性更好，并且可以通过调整脂类原料的化学组成来改善其性能。采用非食用脂质为原料，可以降低生物燃料的生产成本，提高产品的市场价值。

5.4.3.2 溶剂

在生物质液化过程中，溶剂的存在促进了生物质的溶剂解、水合和热解等反应，有助于实现生物质的破碎，增强反应中间体的溶解。因此，溶剂的类型是决定生物油产量和组成的关键参数之一。

溶剂按其极性可分为三类：极性质子溶剂、偶极非质子溶剂和非极性溶剂。极性质子溶剂如水和醇类是指含有与氧等带负电原子相连的氢原子的化合物。偶极非质子溶剂是指有较大的永久偶极矩、不含 O—H 键、不能提供合适的活泼氢原子形成强氢键的分子。丙酮、1,4-二氧六环都属于这一类。这类溶剂的分子具有极性，所以对溶质分子会有影响，产生溶剂化效应。非极性溶剂是介电常数低且不与水混溶的化合物（例如苯和乙醚）。溶剂的介电常数对生物质液化反应影响较大。介电常数较高的液化溶剂可能会降低过渡态极性高于初始态的反应的活化能。通过改变温度和压力，可以改变溶剂的相对介电常数，从而调节反应的速率。在水热液化中，当温度从室温升高到临界温度时，介电常数急剧下降，因此溶解性能也显著变化。

室温下的水只能溶解极性化合物，而近临界状态（200~300℃）的水可以溶解非极性有机分子和无机盐，与有机溶剂丙酮相似。这主要是因为介电常数随着温度升高而下降，且密度仍然足够高的缘故。但是，无机盐在介电常数很低的超临界水中的溶解度较低。此外，由于解离常数的急剧下降，溶解的盐表现得像弱电解质。

溶剂也可以简单地分为两类，即水和有机溶剂。

表 5-5 对比了生物质在有机溶剂和水中直接液化的优缺点。水是使用最广泛的液化溶剂。水不仅是环境友好溶剂，价格便宜，不污染环境，而且有助于以离子形式回收和循环生物质中所含的无机物，最终用作肥料。更重要的是，在生物质转化过程中使用水作为反应物和反应介质，就不需要考虑将湿原料进行干燥，从而降低了生产成本。但是，在水中进行生物质的液化也有许多缺点，例如操作条件比较剧烈，水不溶性生物油的产率和发热量都较低。

表 5-5   生物质在有机溶剂和水中直接液化的优缺点

水		有机溶剂	
优点	缺点	优点	缺点
在自然界中大量存在，易获得，成本低，无污染	临界点高，反应条件剧烈	临界点低，反应条件温和	属于人工合成物质，成本高
生物质原料不需干燥	水不溶性生物油得率低	水不溶性生物油得率高	生物质原料需干燥
生物质中无机物易回收	生物油含氧量高，发热量低	生物油含氧量低，发热量高	溶剂可能污染环境

用甲醇、乙醇、丙酮等有机溶剂代替水作为反应介质，可以提高低氧含量水不溶性生物油的产量。有机溶剂的临界点远低于水。使用有机溶剂，可以在较温和的反应条件下成功地将生物质转化为生物油。使用有机溶剂也有一些缺点，例如，有些有机溶剂价格较高，有些溶剂有毒且不易回收。另外，有些有机溶剂用作液化溶剂时需要对生物质原料进行干燥处理，这可能会额外消耗一些能量。

一般来说，选择液化溶剂时，应选易与生物质反应的溶剂，特别是那些由生物质液化而生成的溶剂，例如苯酚及其衍生物、简单醇和多元醇。

使用水或有机溶剂作为液化溶剂有其自身的优点和缺点。鉴于此，提出将生物质在有机溶剂/水混合溶剂中进行液化，以结合水和有机溶剂的优点。所用的有机溶剂主要包括低相对分子质量有机酸、醇类和酚类。

有机溶剂的存在具有一些明显的优势。首先是提高了生物质及其分解产物的溶解度。其次，一些有机醇和酸性溶剂，如甲醇/乙醇，具有超临界条件的低临界点。反应温度和/或生物质分解压力可能会因醇或有机酸的存在而降低。第三，甲醇/乙醇可作为生物质液化的供氢体，有利于低含氧量的生物油生产。

不同类型的溶剂对不同种类生物质液化行为的影响也不同。对于木质纤维素生物质来说，在高极性或氢化能力较强的溶剂中的液化效率更高，使用丙酮、苯酚和1，4-二氧六环等溶剂比较有效；对于藻类生物质来说，强极性溶剂如乙醇等通常可以提高液化转化率以及生物油的收率；而对于污水污泥来说，乙醇通常表现较好。

有机溶剂/水混合溶剂已被应用于锯末、玉米秸秆、稻草/稻壳、小麦秸秆、树皮和巨芒等多种木质纤维原料的液化。研究表明，用有机溶剂/水混合溶剂可以进一步增强木质纤维素的降解，从而提高转化率和生物油产量。

例如，甲醇-水、乙醇-水和苯酚-水均对玉米秸秆液化产生协同作用，生成生物油/酚类物质。发现甲醇-水等体积混合溶剂在300℃下反应30min效果最好。在此条件下，主要液化产物的转化率和收率分别达到88.1%和52.4%。液体产物（主要由酚类物质组成）的收率最高，在250℃下以65%（体积分数）乙醇水为液化溶剂90min。1∶4（质量比）苯酚-水混合物被认为是玉米秸秆液化过程中比纯苯酚更优选的液化介质，用于生产酚类原料。

Küçük等人研究了芦苇在甲醇和乙醇中的液化，以及毛蕊花属茎秆在甲醇、乙醇和丙酮中的液化。实验结果表明，芦苇在乙醇液化过程中的生物油收率高于在甲醇中液化的生物油收率。毛蕊花属茎秆液化生成生物油的得率按丙酮>甲醇>乙醇的顺序排列。Aysu等人研究了宽叶香蒲、大茴香等植物在甲醇、乙醇、2-丙醇、丙酮和2-丁醇等有机溶剂中的液化行为，也发现最有效的液化溶剂是丙酮。这可以用木质素和丙酮都含有相似的官能团（羰基）来解释，这证实了"相似者相溶"的规则。

苯酚被认为是竹子液化的最佳溶剂。转化率高达99%。木质纤维素液化的中间产物含有一定量的酚类衍生物，它们来自原料中的木质素。这些中间体具有与苯酚相似的极性，可以有效地溶解，从而达到更高的转化率。Mazaheri等人分别在甲醇、乙醇、丙酮和1,4-二氧六环中对油棕果实压榨纤维（FPF）进行了液化。在这些溶剂中，亚临界1,4-二氧六环在降解FPF生产生物油方面效果最好，这是由于1,4-二氧六环分子比其他溶剂多一个氧原子。

5.4.3.3　加热条件

反应温度对液化产物的生成量具有重要影响。开始时，随着反应温度的升高，生物油的产率会迅速增加，并且达到一个最大值。但随着反应温度的进一步升高，生物油产率会降低。关于此结果，研究者给出了这样的解释：首先，当反应温度较高时，由于二次分解和 Bourdouard 气体反应（碳和二氧化碳的反应）较活跃，易生成气态产物，从而提高气体产物产率。其次，在较高的反应温度下，自由基浓度较高，自由基反应的重组变得活跃，促进了生物炭的形成。综上所述，当反应温度较高时，上述两种机理主导液化反应，分别使得气体产物和生物炭产率提高，而生物油产率降低。因此，从操作成本和液体生物油产率的角度考虑，应当选择一个适中的反应温度。研究发现，当温度低于某一水平时，单个生物质组分的降解不完全，生物油的得率较低。250~350℃的反应温度比较适合生物质液化。当温度继续升高时，生物油的得率反而降低。Durak 等在 250~380℃ 液化曼陀罗，结果显示，温度对液化效率的影响不是线性的。首先，温度升至可以克服键断裂的活化能时，生物质开始碎片化并解聚为小分子化合物。随温度持续升高，小分子产物开始发生二次分解反应并形成气态产物，高浓度的自由基使再聚合反应变得活跃，导致中间体再聚合、缩合为炭。高温下分解和缩合反应占据主导地位，生物油产量降低。较高的温度通常不适合生物油的生产，合适的温度不仅能降低成本、提高反应经济性，而且有利于提高生物油的产量。

升温越快，生物质越容易发生整体破碎。较高的升温速率还可以抑制生物炭的形成。升温速率较慢时，二次反应通常会导致生物炭的形成。但是，当升温速率非常高时，二次反应也会成为主导，从而生成大量气体产物。此外，高升温速率的较大变化对液体生物油产率的影响较小。选择合适的升温速率，以尽量增加裂解量，减少二次反应，具有重要的意义。总的来说，要克服热传导的局限性，中等升温速率就足够了。同时，在中等升温速率下，可以获得较高的液体生物油产率。

反应时间有时也称为停留时间，是反应在一定的反应温度下持续的时间，或物料在反应器中停留的时间，或反应性气体（或载气）在反应器中的停留时间。反应时间的长短可能决定液化产物的组成和生物质的整体转化率。停留时间与生物油产率的关系曲线呈火山形，即：生物油产率在临界停留时间处达到最大值。停留时间过长通常意味着液态产物会进一步分解和再聚合，分别导致气态产物和固态残渣的生成。在液化过程中，始终存在着二次和三次反应的可能性。重质中间体通过上述反应转化为液体、气体或残渣物种。一旦达到生物质转化的饱和点，生物油产率就可能下降。

5.4.3.4　原料液固比

在液化过程中，液化溶剂促进生物质碎片的溶解。原料的液固比（溶剂与生物质的质量比）越高，溶剂分子与生物质分子之间的相对相互作用影响就越大，生物质就越容易溶解和液化。反之，当液固比很低时，由于溶剂量不足，液化过程倾向于表现得像热解过程，这时会产生较多的气态产物。因此，提高液固比有利于增加生物质的转化率和生物油的得率。但液固比过高也会降低生物油的产量，这可能是这种情况下轻组分的生成量增加。这些轻组分难以回收，因而在液化产物的分离过程中流失。

5.4.4 生物质液化产物的性质

通过液化得到的生物原油的含氧量为 10%~20%（质量分数），发热量约为 35MJ/kg。水热处理可用于生物质液化并生产生物油，以增加能量密度。由水热液化制得的生物油中含有较多水分。水分的存在可降低生物油的黏度并改善油的稳定性，但油的发热量较低。可通过加氢脱氧提高生物油的发热量，所得产物为第二代生物柴油和生物航空煤油。与其他生物燃料生产方法相比，水热处理具有许多潜在优势，包括产量高、能量高、分离效率高、可以使用木质纤维素等混合原料生产现有燃料的直接替代品，以及无需使用昂贵且需要培育的微生物或酶。与石油相比，生物原油具有含氧量高、成分复杂、相对分子质量分布范围宽等特点，对应用不利。需采取相应措施进行提质升级。

5.5 生物质热解反应器

反应器是热解和液化过程的核心设备。热解反应是气固相反应。目前已开发出多种专用的生物质热解反应器，如美国可再生能源实验室（NREL）开发的烧蚀式热解反应器、德国卡尔斯鲁厄科研中心开发的螺旋热解反应器、荷兰 Twente 大学开发的旋转锥反应器、加拿大等国联合开发的鼓泡流化床反应器等。其中，流化床反应器、螺旋反应器、旋涡反应器、循环流化床反应器和输送床反应器等技术比较先进且市场竞争力较强；烧蚀反应器和旋转锥反应器能够很快地使生物质发生热解反应，但是设备不易放大至工业规模；携带流反应器在技术先进性和市场吸引力方面都较差。生物质液化是固液相反应，主要使用釜式或管式反应器。本节主要介绍生物质热解反应器。

生物质热解工艺和装置种类繁多，按照热源提供方式可分为外热式、内热式和自燃式，按照操作方式的连续性可以分为间歇式和连续式，按照传热速率可分为慢速热解、常速热解和快速热解，按生物质原料及载热体受热方式可分为机械接触式、间接式和复合加热式，按原料和载体的运动方式可分为固定床、移动床和液化床等。主要的热解反应器种类见表 5-6。

表 5-6 　　　　　　　　　　　　　　**热解反应器的种类**

区分方式	反应器种类	反应器实例
按原料和热载体受热方式	机械接触式	旋转锥反应器 烧蚀反应器
	间接式	热辐射式反应器
	复合加热式	循环流化床反应器 喷射床反应器
按原料和热载体运动方式	固定床	真空管式炉
	移动床	旋转床反应器
	流化床	鼓泡/循环流化床反应器

5.5.1 固定床反应器

以间歇模式运行的固定床热解反应器是最古老的热解反应器。该反应器可以从顶部或底部加入原料，然后堆叠在反应器的底部或床层，生成的生物炭从底部出料。目标产物包括热解气和焦炭。用于生物质热分解的热量可以由外部提供，即通过反应器壁传递到反应物，并使其发生热分解；也可以像蜂窝炉那样允许有限燃烧，然后靠自身放出的热量实现热解。固定床反应器不需要用气流去扰动生物质原料，但在某些反应装置中，可以用惰性且不含氧的吹扫气体将产品气从反应器中吹出来。这种类型反应器工作时，因为加热速度较慢，产品在热解区停留时间长，所以主要产品是焦炭。固定床热解反应器工作时可以使用催化剂，也可以不用。固定床热解反应器的主要缺点是它是间歇操作的，因而经济性较差。

5.5.2 鼓泡流化床反应器

鼓泡流化床反应器的工作性能和产品质量稳定。如果以木材为原料，则液体产率在70%~75%之间。此类设备容易放大规模，但设计需根据实际情况进行修改，以适应随反应器高径比的增加而出现的温度梯度和浓度梯度。

鼓泡液化床反应器需要用粉碎的生物质（粒径2~6mm）作为原料，用热砂或其他惰性固体作为床料。床料一般用回收烟气流化，以实现反应器内均匀的温度分布，同时改善传热。固体在反应器中的停留时间比气体的停留时间长得多。热解所需的热量可以通过在反应器中燃烧部分产品气来提供，也可以在单独的腔室中燃烧固体炭，并将该热量传递到热解反应器中。床层固体中的焦炭充当气相裂解催化剂，因此如果要避免二次裂解以便增加液体产物得率，则及时将液体产物分离出来非常重要。热解生成的炭颗粒可以用单级或多级旋风分离器从产品气体中分离出来。

目前，鼓泡流化床技术用于发电已经接近商业化。我国国内已经建造了多个鼓泡流化床液化装置。

5.5.3 循环流化床反应器

循环流化床热解反应器的原理图见图5-7。该反应器的工作原理与循环流化床锅炉相似。第一流化床单元用于实现热解反应，然后将无机床料与产生的焦炭送入第二个流化床单元。第二个流化床单元用于燃烧无机床料中夹带的焦炭以产生热量，该热量将提供被加热的无机床料返回第一个单元以实现热解所需热量的大部分。在循环流化床反应器中，由于床料被输送到第二流化床单元，然后又被送回第一热解流化床单元，因此它也被称为输运床反应器。循环流化床的热解室是一个特殊的流体力学区。它在整个单元高度都可以实现良好的温度控制和和均匀混合。循环流化床内的表观气速明显高于鼓泡流化床。高流速和良好的混合使得循环流化床能够达到较高的原料吞吐量。在循环流化床热解反应器中，床料高度膨胀，固体在由旋风器和回路密封燃烧器组成的外回路中持续循环。因为气体和固体随着一定程度的内回流向上移动，生物质颗粒的平均停留时间比气体的停留时间长，但这种差异并不像在鼓泡流化床中那样高。该系统的一个主要优点是，反应器中夹带的炭

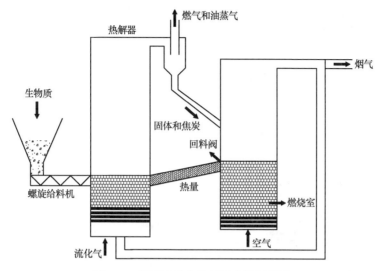

图 5-7　循环流化床热解反应器原理图

很容易在外部流化床中分离和燃烧。燃烧热传递给惰性床料，惰性床料通过回路密封回到反应器中。

加拿大 Ensyn 公司开发了一种商业化的流化床快速热解工艺。在这里，生物质被引入反应器，并被向上流动的热砂旋风迅速加热至 500℃，然后在几秒钟内冷却。加热速率约为 1000℃/s，反应器停留时间从百分之几毫秒到最长 5s。用这种方法可以使木材热解后生成的液体产率达到最高 83%。

由美卓、Fortum、UPM 和 VTT 组成的芬兰财团正在开发一体化的热电联产/生物油生产设备。将循环流化床快速热解反应器与流化床生物质锅炉配合使用。该热解装置用流化床锅炉中的热砂作为热源，生成的生物油经急冷后收集，而固体和焦炭送至锅炉，与新鲜生物质混合燃烧。生物油主要用于热电联产的燃料。这种生物油生产模式的优势是：a. 在小型工厂仍然有比单独设备更好的经济性；b. 比单独的热解装置效率高；c. 不需要专门的焦炭燃烧炉，投资成本低，操作方便；d. 副产品可充分利用，操作灵活。

5.5.4　旋转锥反应器

旋转锥（rotating cone）热解技术由荷兰 Twente 大学发明，此后荷兰生物质技术集团（BTG）应用。

该设备的原理图如图 5-8 所示。此装置中并无生物质颗粒高速喷射系统，也不需要气体热载体。生物质颗粒与过量的热载体固体颗粒一起被送入以 360~960r/min 转速旋转的锥体底部。离心力将颗粒推到热器壁上；颗粒沿着器壁呈螺旋轨迹向上输送。由于混合均匀，生物质被快速加热（升温速率可达 5000K/s）并在很小的环形体积内热解。含有生物油蒸气的气态产物通过另一管道离开，而生成的生物炭和砂一起从旋转锥的上边缘溢出到环绕它的流化床中。焦炭在流化床中燃烧，所放出的热量可以用于加热锥体以及回收的固体颗粒。该反应器的优点是固体停留时间和气相停留时间都短（分别为约 0.5s 和 0.3s）。这样做可能使液体产物产量达到 60%~70%（以干基原料为基准）。

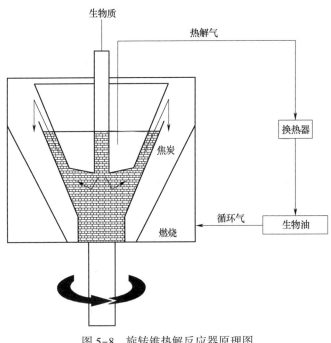

图 5-8　旋转锥热解反应器原理图

早期的旋转锥热解反应器，热解蒸气的停留时间大约有 80s，很容易再次裂解，从而使热解油产率降低。而且反应器运行 10min 左右，就堆满了砂和炭粉，阻碍继续运行。后来对反应器进行了改进，能够让热解砂和炭粉在反应器中循环，然后将其中的炭粉烧掉，放出的热用来加热砂和反应器外壁面，高温热解砂再进入反应器和生物质混合进行传热和热解。这样就充分地利用了原料。

旋转锥反应器设备结构紧凑，但几何形状比较复杂，在放大时可能会引发一些问题。

2006 年投产的马来西亚某工厂用这种设备曾经达到 50t/d 的生产能力，但该工厂已不再运行。BTG 还计划在欧洲建设处理能力 120t/d 的装置，目标是年产 20000~25000t 的热解油，同时联产电力、蒸汽等。

5.5.5　烧蚀热解反应器

烧蚀热解（ablative pyrolysis）与其他热解在原理上区别很大。在其他热解方法中，生物质颗粒的传热速率限制了反应速率，因此生物质颗粒应当充分粉碎，以改善其传热性能。烧蚀热解工艺装置原理如图 5-9 所示。运动中的生物质颗粒和热反应器壁之间靠离心力或机械力产生高压。热量可以充分地从器壁传递到生物质，使液体产物从生物质中融化出来，就像冷冻黄油压在热锅上移动就可迅速融化一样。所以在烧蚀反应器中，可以使用较粗的生物质颗粒。在反应器中，热解反应前沿随生物质颗粒单向地向

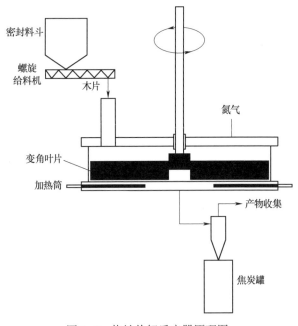

图 5-9　烧蚀热解反应器原理图

前移动。生物质被机械装置移走后，残留的油膜可以给后续生物质提供润滑作用，蒸发后即成为可凝结的生物质热解蒸汽。生物质在壁上滑动时留下一层液膜，该液膜迅速蒸发并离开热解区，即生物质和反应器壁之间的接触面。由于传热及时充分，气体停留时间短，二次反应受到抑制，故液体产物产率可高达 80%。生物质和壁之间的压力是通过机械方式或离心力产生的。

在烧蚀热解过程中，木材被压在旋转的炽热表面上，木材被熔化并留下油膜，油膜随后蒸发。反应过程中不使用热载体。加热过程受到向反应器供热速率而不是从热源到生物质的供热速率的限制。

在烧蚀反应器中，影响反应速率的因素有压力、反应器表面温度和生物质在换热表面的相对速率等。

5.5.6　真空热解反应器

真空热解属于慢速热解过程。由于传热速率低，蒸汽停留时间短，热解的主要产物是生物油，但产率仅为流化床技术的一半。图 5-10 为真空热解的原理图。在该过程中，原料依靠重力和旋转刮刀的作用通过多炉热解炉，温度从 200℃升至 400℃。此外，反应要求物料粒径较大，而载气含量较少。生物质原料用移动的金属传送带输送到高温真空室。传送带上的原料用机械搅拌器周期性搅拌。这些机械输送都在 500℃高温下进行，因此需要特殊的送料和出料装置才能持续地实现良好的密封。然而，高昂的投资和维护成本限制了它的发展。

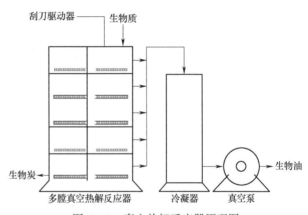

图 5-10　真空热解反应器原理图

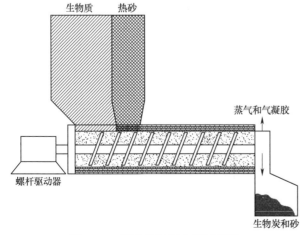

图 5-11　螺旋热解反应器原理图

5.5.7　螺旋反应器

图 5-11 为螺旋热解反应器（Auger pyrolyzer）的原理图。

在反应器中，螺旋系统起到混合热砂和原材料的作用。反应器包含加热和循环系统。原料进入反应器后，会与块状固体传热介质直接接触。传热介质通常是砂或钢丸，在送入反应器之前独立加热。传热介质的进料质量应当是原料的 20 倍。在热解反应期间，生物质和传热介质与两个相互啮合、共向旋转的螺旋钻在浅床中快速结合。最后，反应生成的气体和气溶胶分别从不同的端口引出，而生物质焦炭将输送并储存在装有传热介质的罐中。

实践表明，螺旋反应器具有降低运营成本的潜力，但是这类反应器不适合大规模热解。

此类反应器的主要问题包括磨损问题、炭粉和砂的分离系统设计问题。如果加入的是耐高温的金属珠，磨损的问题就可得到解决。炭粉和砂的分离问题可以借鉴 Twente 的旋转锥反应器的炭粉和沙子的处理方式。

生物质的快速热解目前处于商业化的早期阶段。流化床反应器、旋转锥反应器、烧蚀式反应器发展较为成熟，输送反应器、螺旋热解反应器有较强的技术基础和较高的市场吸引力。其中流化床反应器（包括鼓泡流化床和循环流化床）已用于生物燃料的商业规模生产。新型大规模热解反应器近期研究进展较少，文献报道多为实验室阶段或中试阶段，并没有哪一种反应器具有明显优势。

快速热解技术从实验室规模扩大到工业规模，面临一些困难。鼓泡流化床反应器已经制造出从小到大不同规模的应用装置，但对于大规模应用，仍需进一步改进，解决一些设计和操作问题。原料质量对快速热解行为和产品质量影响很大。虽然木材一直被认为适合快速热解，但原料供应有限。还需增加原料品种和扩大原料来源。

5.6　生物质热解和液化产物提质升级

生物质原料组成不同，它们经过热解和液化可以生成的产物也不同。这些产物可以通过预处理或后处理来提质升级。此外，升级技术的组合可以适用于不同的原料和反应器配置，以获得所需的最终产品。

5.6.1　生物炭的提质升级

生物炭的提质升级主要是为了提高孔直径、孔隙率、碳含量、表面积和反应活性。生物炭的提质升级方法很多，最常用的方法是物理和化学方法。水蒸气和气体吹扫是最常见的生物炭提质物理方法。其主要优点是可以获得具有高度多孔结构和高比表面积的生物炭。化学活化或湿法氧化是将前驱体或生物质焦炭用化学活化剂浸渍，然后在惰性介质和特定温度下在炉内加热。化学法的优点是所得生物炭具有发达的微孔结构和较大的比表面积，因此吸附能力和催化性能都比较强，主要用于污染物吸附清理和杂质的去除。微波热解工艺在提升生物炭孔隙率的同时，也降低了所得生物炭的含氧量。目前应用最广的工艺包括催化提质以及近年来发展起来的水热碳化。催化提质以前多用一些昂贵的金属催化剂，现在已经开发出一些较为安全廉价的催化剂。此外，在提质过程中，生物炭本身也可以作为生物催化剂的一种选择。根据最终用途，选择上述提质方法及其组合，可以获得所需的产品。当然也可以努力将各类原料集合在一个单元中，以便最大限度地利用可用的资源。

今后要继续推进生物质炭化技术与装备现代化，提高炭化效率、改善生物炭产品质量和副产物综合利用水平，降低生产成本；加强生物炭在农业与环境领域中的基础与应用研究；建立健全生物炭研究方法、技术与工艺、产品等标准化体系，实现全产业链的标准化。

5.6.2　生物油的提质升级

生物油提质升级是指改善生物质热解得以及液化所得的液体产物的品质。生物油的提质升级方法可分为物理法和化学法两大类，包括萃取、溶剂添加、乳化、酯化/醇解、超临界流体（SCF）、加氢处理、催化裂化和蒸汽重整。

如前所述，生物油的化学组成很复杂，其中一些成分如苯酚、有机酸和烷烃在工业上有重要应用价值。从生物油中分离这些成分，可有效提高生物油的价值。生物油组分分离技术与石油化工厂类似，主要有吸收、蒸馏和分馏等。生物油经过处理后，氧元素的含量降低，发热量增加。为了商业化，必须开发低成本的分离和精炼技术。

用极性溶剂降低生物油黏度已经实施了很久。常用的极性溶剂有乙酸乙酯、丙酮、甲醇和乙醇。由于溶剂的发热量高于生物油，添加极性溶剂后，发热量增加。另一方面，因为存在溶剂和生物油组分之间的物理稀释和化学反应，生物油的黏度会降低。乙醇、甲醇和水等溶剂都可用于生物油的提质升级。该法类似于超临界条件下以醇为溶剂和酸为催化剂的酯化反应。有报道表明，以 Ru/C 催化剂，超临界 1-丁醇为溶剂进行反应，可以改善生物油的性能。处理后生物油的发热量增加，酸值、黏度、氧和氮元素含量都降低。

普遍认为，燃料中氢元素含量越高，质量越好。生物油的加氢反应可以降低氧、硫和氮元素含量，降低有机酸和醛等反应性化合物的含量，提高氢元素含量，以改善生物油的稳定性，提高发热量。传统的生物油加氢反应，一般要在高氢压（10~20MPa）、高温（250~450℃）和合适催化剂条件下进行。所用催化剂通常是 Al_2O_3 基催化剂和 Ru/SBA-15 催化剂。生物油经过处理后，氧、氮、硫元素分别转化为水、氨和硫化氢，便于除去；pH 值、含水量和 H 元素含量均增加，黏度有所下降。现在广泛使用的新型加氢方法称为一步加氢酯化法。该法所用催化剂多为双功能催化剂，如 Pd-Al-SBA-15 催化剂。经过反应，酸和醛可以转化为稳定和可燃的物质。

催化裂化法也是提高生物油质量的重要途径。主要有两种方法：一种是传统催化裂化，另一种是催化热解和催化裂化相结合。传统催化裂化是将生物油置于管式固定床反应器中，在较高的温度下将高压氢气通过反应器，在适当的催化剂（常用 HZSM-5）作用下进行热转化。催化裂化生成固体（焦炭）、液体和可燃气体产物。液体产品可分为有机相和水相。在反应中催化剂可能会结焦，从而影响使用寿命。将催化热解和催化裂化相结合，需要两个反应器。一个是热解反应器，另一个是分解中间产物气体的装置。这种技术可以提高生物油产量和燃料质量。加氢裂化是使用较少的使用外部氢源的催化裂化工艺。反应温度通常高于 350℃，反应压力超过 10MPa。在反应过程中，C—C 键被氢破坏，复杂的有机物质被裂解成较简单的分子。此外，把加氢处理和加氢裂化两种技术结合起来进行生物油的提质升级也很有效。使用这种方法，首先进行生物油的加氢处理，然后通过加氢裂化将生物油中的重组分分解成轻组分。虽然加氢裂化可以有效地分解生物油中重组分，但该法需要较高的反应温度和氢气压力，使得成本升高。

思 考 题

1. 热重分析仪可否用于研究植物生物质的快速热解？可以用什么方法完成这项工作？

2. 生物质的快速热解与常规热解在反应原理、反应装置等方面有哪些主要区别？

3. 生物质形态与热解时生成的热解炭数量有怎样的关系？

4. 热解生成的生物油有哪些特性？生物油为什么需要精制后才能使用？可以采取哪些方法进行精制？

参 考 文 献

[1] 袁振宏，吴创之，马隆龙. 生物质能利用原理与技术 [M]. 北京：化学工业出版社，2016.

[2] BEHRENDT F, NEUBAUER Y, OEVERMANN M, et al. Direct liquefaction of biomass [J]. Chemical Engineering & Technology, 2008, 31 (5)：667-77.

[3] ZHANG S, YANG X, ZHANG H, et al. Liquefaction of biomass and upgrading of bio-oil：a review [J]. Molecules, 2019, 24：2250.

[4] HUANG H, YUAN X. Recent progress in the direct liquefaction of typical biomass [J]. Progress in Energy and Combustion Science, 2015, 49：59-80.

[5] ROBAZZA A, WELTER C, KUBISCH C, et al. Co-Fermenting Pyrolysis Aqueous Condensate and Pyrolysis Syngas with Anaerobic Microbial Communities Enables L-Malate Production in a Secondary Fermentative Stage [J]. Fermentation, 2022, 8 (10)：512.

[6] DAS A K, SAHU S K, PANDA A K. Current status and prospects of alternate liquid transportation fuels in compression ignition engines：A critical review [J]. Renewable and Sustainable Energy Reviews, 2022, 161.

[7] TORAMAN H E. Alternative fuels from biomass sources [R]：Pennsylvania State University, 2023.

[8] 陈温福，张伟明，孟军，等. 生物炭应用技术研究 [J]. 中国工程科学，2011, 13 (2)：83-9.

[9] SINGH L K, VIPIN CHANDRA. Waste Biomass Management-A Holistic Approach [M]. Berlin：Springer Nature, 2017.

[10] JAHIRUL M I, RASUL M G, CHOWDHURY A A, et al. Biofuels Production through Biomass Pyrolysis —A Technological Review [J]. Energies, 2012, 5 (12)：4952-5001.

[11] MALIUTINA K, TAHMASEBI A, YU J, et al. Comparative study on flash pyrolysis characteristics of microalgal and lignocellulosic biomass in entrained-flow reactor [J]. Energy Conversion and Management, 2017, 151.

[12] DJANDJA O O S, WANG Z, CHEN L, et al. Progress in hydrothermal liquefaction of algal biomass and hydrothermal upgrading of the subsequent crude bio-oil：A mini review [J]. Energy and Fuels, 2020, 34：11723-51.

[13] AMUTIO M, LOPEZ G, ALVAREZ J, et al. Flash pyrolysis of forestry residues from the Portuguese Central Inland Region within the framework of the BioREFINA-Ter project [J]. Bioresource Technology, 2013, 129：512-8.

[14] IGHALO J O, IWUCHUKWU F U, EYANKWARE O E, et al. Flash pyrolysis of biomass：a review of recent advances [J]. Clean Technologies and Environmental Policy, 2022, 24：2349-63.

[15] XIU S, LI Z, LI B, et al. Devolatilization characteristics of biomass at flash heating rate [J]. Fuel, 2006, 85：664-70.

[16] DE KLERK A. Transport Fuel：Biomass-, Coal-, Gas- and Waste-to-Liquids Processes [M]//LETCHER T M. Future Energy Improved, Sustainable and Clean Options for our Planet. Amsterdam, London, New York：Elsevier. 2014：245-70.

[17] KIRTANIA K. Thermochemical Conversion Processes for Waste Biorefinery [M]//BHASKAR T, PANDEY A, MOHAN S V, et al. Waste Biorefinery-Potential and Perspectives. Amsterdam, London, New York：Elsevier. 2018：129-56.

[18] HUANG H, YUAN X, WU G. Liquefaction of Biomass for Bio-oil Products [A]//SINGH L, KALIA V C. Waste

Biomass Management—A Holistic Approach. Berlin: Springer. 2017: 231-50.

[19] XIE T, CHEN F. Liquefaction of bagasse in ethylene carbonate and preparation of epoxy resin from the liquefied product [J]. Journal of Applied Polymer Science, 2005, 98 (5): 1961-8.

[20] GOLLAKOTAA R K, KISHORE N, GU S. A review on hydrothermal liquefaction of biomass [J]. Renewable and Sustainable Energy Reviews, 2018, 81: 1378-92.

[21] JIANG W, KUMARA A, ADAMOPOULOS S. Liquefaction of lignocellulosic materials and its applications in wood adhesives—A review [J]. Industrial Crops and Products, 2018, 124: 325-42.

[22] MINOWA T, KONDO T, SUDIRJO S T. Thermochemical liquefaction of indonesian biomass residues [J]. Biomass and Bioenergy, 1998, 14 (5-6): 517-24.

[23] ZHONG C, WEI X. A comparative experimental study on the liquefaction of wood [J]. Energy, 2004, 29 (11): 1731-41.

[24] XU C C, SHAO Y, YUAN X, et al. Hydrothermal Liquefaction of Biomass in Hot-Compressed Water, Alcohols, and Alcohol-Water Co-solvents for Biocrude Production [M]//JIN F. Application of hydrothermal reactions to biomass conversion. Berlin, Heideberg: Springer Verlag. 2014: 171-87.

[25] 姬文心, 曾鸣, 丛宏斌, 等. 生物质热解反应装置研究现状及展望 [J]. 生物质化学工程, 2019, 53 (3): 46-58.

[26] ROY C, CHAALA A, DARMSTADT H. The vacuum pyrolysis of used tires: End-uses for oil and carbon black products [J]. Journal of Analytical and Applied Pyrolysis, 1999, 51: 201-21.

[27] MOHAN I, PANDA A K, VOLLI V, et al. An insight on upgrading of biomass pyrolysis products and utilization: current status and future prospect of biomass in India [J]. Biomass Conversion and Biorefinery, 2022, early accessed.

6 生物柴油

生物柴油以来源广泛、且可再生的动植物油（包括餐饮废油）为原料生产而成，是一种环境友好的绿色燃料。它具有十六烷值高、低硫、无芳烃等特点，故燃烧过程中产生的污染物含量低于石油柴油，对环境污染小。它可作为车用柴油调和组分，是国际公认的可再生清洁燃料。

2022 年主要生产国生物柴油产量（已折算成能量，单位 PJ）如表 6-1 所示。美国是世界上最大的生物柴油生产国，其次是巴西。2022 年全球生物柴油消费量约为 4175 万 t，同比增长 3.7%。其中欧盟消费占比高达 34.7%，为全球第一大生物柴油消费市场；其次是美国，占比达到 21%；印度尼西亚占比约为 17%；中国占比仅达到 1%。

表 6-1　　　　　　　2022 年主要生产国生物柴油产量（折算成能量）　　　　　　单位：PJ

美国	巴西	印尼	中国	德国	阿根廷	印度	荷兰	泰国	法国
1626.6	914.5	389.6	148.4	137.7	99.4	96.9	86.8	80.6	78.1

我国生物柴油产业起步于 21 世纪初。中国石油大学开发了加酸、减酸与平衡酸生物柴油合成工艺。2002 年，首个年产 0.2Mt 生物柴油产业化项目被列入国家技术创新计划。以地沟油、酸化油等废弃油脂为原料，使用催化酯化、三塔连续减压蒸馏工艺，在河北武安成功地生产出第一代生物柴油，即脂肪酸甲酯（fatty acidmethyl ester，简称 FAME），产品质量达到美国和德国生物柴油标准以及我国轻柴油标准。同年 10 月，该技术通过了原国家经济贸易委员会组织的技术鉴定。此后该技术在国内得到广泛推广。一批民营企业加入生物柴油的生产当中。2002 年 7 月，生物柴油产业纳入国民经济"十五"计划的滚动创新计划。2004~2010 年，我国生物柴油生产迎来高速发展期。此后，中石油、中石化、中海油、中粮集团以及中国航天科工集团等国企相继进军生物柴油领域。FAME 生物柴油（B5 柴油）技术不断完善，以烃类为主要成分的烃基生物柴油即第二代生物柴油产业化技术开发成功。2011 年 10 月，中石油生产的航空生物燃料（生物航煤）在中国国际航空公司波音 747 飞机上成功地进行了飞行试验。2013 年 4 月，加注中国石化生物航煤的飞机在上海虹桥机场成功试飞，2015 年进行了从上海至北京的国内商业飞行，2017 年进行了从北京至芝加哥的跨洋飞行。我国也成为亚洲第一个、世界第四个拥有自主研发生物航煤技术的国家。

烃基生物柴油的生产主要有两条技术路线：一条是通过催化加氢将动植物油脂转化成直链烃类；另一条是将农林废弃物经粉碎、水解、气化、费托合成转化为烃类燃料。

目前，我国生物柴油产业无论是产品、技术还是装备均已达到国际先进水平，在利用餐饮废油和酸化油生产生物柴油以及低凝点生物柴油方面均处于国际领先水平。但是，我国生物柴油生产规模和产量还较小。据估算，我国 2022 年生物柴油的名义产能为 4Mt 左右，当年实际产量 2.14Mt，产品大部分出口欧洲，尤其是荷兰和西班牙两国。当年，我国生物柴油的国内销售价格约为 8000 元/t，出口价格约 1200 美元/t。由于国内尚未强制要求在燃料柴油中添加生物柴油，故国内市场需求主要是用在生物质材料领域，用作生产增塑剂或表面活性剂等的原料。

在能源以及其他相关领域推广使用生物柴油，不仅有助于减少大气污染物和温室气体排放，为"碳达峰、碳中和"作贡献，还可带动相关产业的健康发展。《"十四五"可再生能源发展规划》要求持续推进生物柴油等燃料的商业化应用，在科学研究动力和安全性能的基础上，扩大在重型道路交通、航空和航运中对汽油柴油的规模化替代。2023 年11 月，国家能源局发布通知，组织开展生物柴油推广应用试点示范，拓展国内生物柴油的应用场景，探索建立可复制、可推广的政策体系、发展路径，逐步形成示范效应和规模效应，为继续扩大生物柴油等绿色液体燃料推广应用积累经验。此次示范的主要应用包括车用生物柴油、船用生物柴油和其他生物柴油。2024 年 3 月 29 日，国家能源局综合司公示了北京市海淀区、石家庄市等 22 个生物柴油推广应用试点项目。所对应的牵头组织实施单位主要为地方政府与产业链相关企业。

6.1 生物柴油的概念与性质

生物柴油的制备大致可以分为物理法和化学法两大类。

物理法是将动植物油脂与化石油品以及指定的添加剂按一定比例进行混合，主要有直接混合法和微乳化法。经过混合或微乳化的组分并无结构变化，产品只适用于特定的柴油机。

化学法是通过化学反应，对动植物油脂进行化学转化，改变其分子结构，使其适合用作柴油机燃料或特定的化工原料。化学法主要有酯交换法、热解或催化裂化法、加氢脱氧法等。目前绝大部分生产柴油产品都是用化学法生产的。

酯交换法生产生物柴油是以动植物油脂或废弃油脂与醇（例如甲醇或乙醇）反应，制得脂肪酸单烷基酯，主要是脂肪酸甲酯，即 BD100 生物柴油。这种柴油也称为第一代生物柴油。脂肪酸碳链约含有 12~24 个碳原子，多为 14~18 个，内含 0~3 个不饱和键，相对分子质量在 300 左右，与柴油接近；理化指标与石油柴油相近或更优，可单独使用或与石油柴油以一定的比例混合使用。我国规定可向石油柴油中加入 5% BD100 生物柴油，称为 B5 柴油。B5 柴油又分为 B5 普通 柴油和 B5 车用柴油两类。

十六烷值是评价燃料在压燃式发动机中燃烧性能好坏的重要指标。柴油的十六烷值高，则其自燃点低，在气缸中容易自燃，有利于发动机平稳运行，但十六烷值过高易导致燃烧不完全，发动机功率降低；十六烷值过低，则使燃料发火困难，发动机容易爆震。我国国家标准《GB 19147—2016 车用柴油》规定车用柴油十六烷值不应低于 45，而国家标准《GB 25199—2017 B5 柴油》规定 B5 普通柴油和 B5 车用柴油的十六烷值分别为 45 和49，而用于配制 B5 柴油的 BD100 生物柴油依含硫量不同可分为 S50 和 S10 两个级别，两者的硫元素含量分别不得高于 50mg/kg 和 10mg/kg，十六烷值分别为 49 和 51。

运动黏度是衡量燃料流动性能及雾化性能的重要指标。黏度过高会使流动性变差，还会引起混合气组成不均匀，燃烧不完全，燃料消耗量大；黏度过低时流动性过高，致使喷入气缸的燃料减少，发动机效率下降。石油柴油在40℃下的运动黏度为 $1.9 \sim 6.0 \text{mm}^2/\text{s}$。生物柴油的碳链一般含有 $14 \sim 18$ 个碳原子，而石油柴油只有 $8 \sim 10$ 个碳原子，因此生物柴油的运动黏度略高于石油柴油，40℃下通常为 $3.5 \sim 4.5 \text{mm}^2/\text{s}$，低温流动性比石油柴油略差。较高的运动黏度还使生物柴油在气缸内壁形成一层油膜，改善润滑性能，降低发动机缸套和供油系统磨损，延长发动机使用寿命。

油品密度对燃料从喷嘴喷出的射程和油品的雾化质量影响很大。生物柴油的密度比柴油高 $2\% \sim 7\%$，一般在 $0.86 \sim 0.90 \text{g/cm}^3$ 之间。

闪点是指在规定条件下，加热油品所逸出的蒸气与空气组成的混合物与火焰接触发生瞬间闪火的最低温度。它可以用来评价油品发生火灾的危险性。国家标准要求石油柴油的闪点高于55℃，生物柴油的闪点高于130℃。生物柴油实际产品闪点通常都高于170℃，所以用户不必关注这项指标。

酸度是反映生物柴油产品质量等级的关键数据。它是指中和每单位质量（或体积）油中的酸性物质所需 KOH 的质量。柴油的酸度对发动机的工作状况影响很大。酸度高的柴油易增加发动机内积炭，影响雾化和燃烧性能，造成活塞磨损。我国国家标准 GB 19147—2016 规定石油柴油酸度不得超过 $7 \text{mg}/100 \text{mL}$，而 GB 25199—2017 规定 B5 生物柴油的酸度不能高于 0.5mg/g，两者大体相当。由于我国主要用废弃油脂生产生物柴油，原料中游离酸的含量很高，要达到如此严格的酸度指标，其生产难度可想而知。

生物柴油的冷凝点较低，可达-20℃，因此在低温下具有良好启动性能。

硫含量是评价燃料油环保性能的重要指标。"生物柴油不含硫"曾经是宣传生物柴油时强调的一大优势，这是因为此前石油柴油的硫含量往往高达 300mg/kg，生物柴油含硫量远低于该水平。后来国家标准 GB 19147—2016 要求柴油硫含量不得高于 50mg/kg，这给生物柴油的生产企业带来巨大压力。后来企业通过技术革新，使生物柴油硫含量降至 10mg/kg 以下，仍然优于石油柴油。

碘值用于评价油脂的不饱和程度。不饱和程度高的油品碘值较高，但十六烷值较低，燃烧性能差，但低温流动性能好；碘值高的油品则反之。碘值、十六烷值和低温流动性能这三项指标无法兼顾。石油柴油没有碘值指标。

氧化稳定性也是油品的重要性质之一。油品在储运和使用过程中不可避免地会与氧气接触并发生氧化反应。所以氧化稳定性非常重要。有时需要使用抗氧化剂以提高油品氧化稳定性。国家标准 GB/T 21121—2007 规定氧化稳定性用加速氧化法测定，即用洁净的空气通入指定温度的样品中，使其氧化并释放出气体，测定释放出的羧酸类气体浓度随时间变化规律。将酸性气体浓度明显增加时的时间（单位：小时）作为评价稳定性的指标。

脂肪酸甲酯含量是区别于石油柴油和生物柴油的重要指标。国家标准要求石油柴油中的脂肪酸甲酯含量不得高于1%（体积分数），而 B5 生物柴油调和油中的脂肪酸甲酯含量不得低于1%（体积分数）。这样一来，普通石油柴油与 B5 生物柴油调和燃料的脂肪酸甲酯含量有了清晰的界限，即：低于1%为石油柴油，高于1%则为生物柴油调和燃料。

第二代生物柴油通常指烃基生物柴油，主要以餐饮废油为原料，经过加氢-异构化-

分馏等工序加工后制成，所以称为"Hydrotreated vegetable oil"，简称HVO。HVO是真正的烃类化合物，其分子结构和化学成分都与石油柴油相同，用户体验也与石油柴油相似，但它来自可再生的生物质，因此是绿色环保的燃料。HVO十六烷值高，说明其发火性能好，滞燃期短，燃烧均匀。HVO燃烧比石油柴油高效清洁，可减少温室气体排放量70%~95%，平均减排80%。我国也已制订了行业标准《NB/T 10897—2021 烃基生物柴油》。

航空煤油由炼厂馏分中碳数在C_7~C_{17}之间的烃类化合物的混合物组成，其沸点介于汽油和柴油之间。动植物油脂可通过催化加氢裂解、催化水热降解、直接裂解和催化热裂解等方法转化为生物质基航空煤油，又称为"可持续航空燃料"（Sustainable aviation fuel，简称SAF）或"生物航煤"，其化学组成与第二代生物柴油接近。上述制SAF的4种主要方法中，前两者是将原料中的脂肪酸和脂肪酸酯转化成烃类，而后两者是将原料先转化为热解油，然后再将热解油升级成航空煤油。可见SAF的性质和制备工艺与HVO有相似之处。

中石化宁波镇海炼化公司于2022年正式实现生物航煤的规模化生产，年设计生产能力0.1Mt，每年可减排CO_2 80kt。该产品已通过可持续生物材料圆桌会议（Roundtable on Sustainable Biomaterials，简称RSB）认证。这是我国生物航煤产品获得的第一张全球可持续性认证证书。

另外还可用生物质热解、催化裂解以及费托合成等方式生产生物油，但这种生物油与前述两种生物柴油有一定差异。在一些非正式场合，将其称为"第三代生物柴油"。但这种说法尚未得到普遍认可。

目前，酯交换法是生物柴油的主流生产工艺，但加氢工艺是今后的发展趋势。

生物柴油具有以下优点：

① 原料主要为动植物油，原料数量大，可再生；

② 硫含量和芳香烃含量都较低，燃烧产生的废气毒性较小；脂肪酸酯氧含量较高，有利于充分燃烧，减少颗粒物排放；燃烧释放的二氧化碳可以在生物圈循环，减轻温室效应和对环境的污染；

③ 生产生物柴油时可以获得有利用价值的副产物如甘油等；

④ 可直接用在现有柴油机上，不需对设备进行升级改造，且能够与石油柴油调和使用。降低油耗；

⑤ 生物柴油燃烧均匀，热功率高，残留物呈微酸性，不影响发动机使用寿命。

生物柴油的缺点是：

① 发热量低于石油柴油；

② 呈弱酸性，对柴油机及其附件有一定腐蚀性；

③ 闪点高，不易引燃；

④ 黏度偏高，不易流动，低温下的启动性能差。

6.2　生物柴油原料

生产生物柴油的原料主要有植物油（草本植物油、木本植物油、水生植物油）、动物油（猪油、牛油、羊油、鱼油）和工业、餐饮废弃动植物油等（表6-2）。随着科学技术的进步，藻类也正在成为生产生物柴油的重要原料。

表6-2 生物柴油原料

分类		名称	优点	缺点
植物油	可食用	大豆、菜籽、红花、稻糠、大麦、芝麻、花生、高粱、小麦、玉米、椰子、棕榈、向日葵	油脂含量高；种子的收获和贮藏、运输和加工程序简便；可绿化环境、改良生态	受耕地面积限制，国内种植量有限；木本油科植物收获和存储的成本高；采收难度大
	非食用	麻风树、水黄皮、亚麻荠、陆地棉、刺苞菜蓟、辣木、咖啡树、石栗、鸡蛋果、烟籽、橡胶树		
动物油脂		猪油、牛油、鱼油、禽类脂肪	不受耕地面积影响；原料来源广、产量大；价格低	来源分散，收集困难，油中杂质多
微生物油脂		细菌类、真菌类、藻类、微藻类	原料充足；不消耗耕地和淡水；可规模化生产	种类多；差异大；研究难度大；成本高
废弃油脂		餐饮废油、工厂油等	来源广；储量大；可解决废油利用问题	来源分散，组成复杂；杂质多；预处理工艺复杂

动植物油脂是一系列复杂的混合物，主要含脂肪酸的甘油三酯和甘油二酯，以及游离脂肪酸、磷脂和其他微量成分，其中以甘油三酯即由甘油的3个羟基与3分子脂肪酸生成的酯含量最高。动物油脂按来源可分为陆生温血动物（哺乳动物和禽类）的油脂以及水生哺乳动物和鱼类的油脂。前者多为固体，其成分中的脂肪酸部分包括棕榈酸、硬脂酸等；后者多为液体，其成分中的脂肪酸部分除肉豆蔻酸、棕榈酸、硬脂酸、油酸外，还有碳链长度以及双键数量不等的不饱和酸。植物油脂是从富含油脂的植物种仁中提取并精炼获得的油脂，其主要成分为直链高级脂肪酸甘油酯，尤其是不饱和脂肪酸的甘油酯。主要品种有花生油、豆油、亚麻油、芝麻油、菜籽油等。我国油料作物种植面积有限，动植物油脂首先要满足人畜食用需要，其次要满足化学工业用油需要，不能大规模用于生产生物柴油。因此，我国主要以餐饮废油为主要原料生产生物柴油。

餐饮废油的主要来源是餐饮企业加工食品或洗涤餐具时排入下水道和污水池中的浮油、煎炸食物后的剩油、从抽油烟机中回收的废油、烤制食品过程中废弃的动植物油脂、动物制品下脚料经处理得到的油脂、厨房凝析油、酸化油脚等。这些废弃油脂普遍发生了不同程度的水解、氧化、聚合等反应，其流动性差，颜色深，酸度、过氧化值等指标高，并因为生成醛、酮等化合物而带有一定的刺激性气味。餐饮废油品质差，不同来源的餐饮废油性状差异也比较大，需要经过处理才能用于生产生物柴油，但它是最具市场前景的生物柴油原料之一。我国每年至少产生 3~6Mt 废弃油脂，以前主要用于生产工业脂肪酸、无磷洗衣粉等，现在用于生产生物柴油，可以说是找到了一条新的利用途径。

动植物油脂的物理、化学指标以及燃烧特性都与石油柴油差异较大。其中，碳、氢、氧质量分数分别在 76%~78%、11.5%~12.5% 和 9%~11% 之间，密度在 0.912~0.924kg/L 之间，相对分子质量在 800~960 之间。相对分子质量大导致黏度大，且初馏点、50%、90%馏出温度均高于石油柴油，在柴油机上燃烧不完全，易造成燃烧室积炭，残余未燃油会使活塞环粘接、喷油器结焦，损害供油系统。动植物油脂酸值高于石油柴油，燃烧不完全和未燃烧的动植物油沿汽缸壁进入润滑油，使润滑油受污染而变质，引起零部件磨损加剧。多数动植物油的闪点比石油柴油高一百多摄氏度，易挥发物少，十六烷值低于柴油（一般在 32～51 之间），导致着火困难、滞燃期长，从而使发动机运行不稳定。动植物油的低位发热量范围约为 37～40MJ/kg，低于柴油的低位发热量（约 42.7MJ/kg）。由于上述原因，动植物油脂不能直接用作柴油机燃料，必须将其转化成生物柴油，才能用于柴油机。

当前，美国、巴西和阿根廷主要以大豆油为主要原料；德国等欧盟国家主要以为主要原料；东南亚国家则采用热带作物来生产生物柴油；印度、马来西亚和泰国以棕榈油和椰子油为主；我国主要以废弃油脂作为生产生物柴油的原料，另外也使用麻风树、黄连木种子和微藻生产生物柴油。

6.3　物理法制备生物柴油

6.3.1　直接混合法

直接混合法又称稀释法，是将动植物油与石油柴油按不同比例混合，调节黏度至适当区间，并改善雾化质量及燃烧状况。直接混合法可以改善挥发性，降低着火点，减少积炭量，但动植物油原有的各种缺点仍会不同程度地在混合油中表现出来，例如黏度偏高，十六烷值较低，闪点较高，混溶性较差，燃烧不完全，污染润滑油等。将葵花籽油与柴油、红花油与柴油、大豆油与干洗溶剂油（48%石蜡和52%环烷烃）分别混合，虽然油品黏度有所下降，但长期使用仍会使进气阀积炭，并附着在气缸盖和钢环上。混合油中动植物油含量越高，上述缺点就越严重。因此，这种方法应用较少。

6.3.2　微乳液法

微乳液是一种透明的、热力学稳定的胶体分散系，是由两种或两种以上互不相溶的液体与离子或非离子的两性分子混合而形成的直径在 1～150nm 的平衡体系。将动植物油与石油柴油、溶剂（甲醇、乙醇和1-丁醇）和表面活性剂等混合制成微乳液也可以充当燃料油。低碳醇往往与动植物油、柴油不互溶，但在微乳化剂的作用下，可将低碳醇与动植物油或柴油混合，制成较为稳定的微乳液，同时降低动植物油的黏度，改善油品闪蒸时的雾化性能，有助于充分燃烧。从尾气排放情况看，在相同的负荷下，使用微乳化燃料油，尾气中氮氧化合物的含量有所降低，但烃类化合物的含量有所增加，这是由于动植物油的碳链很长，燃烧不够充分，未燃烧的烃类化合物排放到大气中。在发动机高负荷条件下，尾气中 O_2 的含量增加，这是因为乙醇和动植物油都是含氧量高的燃料，所以燃烧过程中尾气中氧的含量增多。由于燃料中加进了发热量和十六烷值更低的醇类物质，微乳液的发热量和十六烷值进一步降低，同时也还存在微乳液储存稳定性较差的问题。发动机若长期使用微乳化的动植物油，也会不同程度存在积炭结焦及润滑油稀释等问题。

6.4 酯交换法制备生物柴油

酯交换法是目前生物柴油的主要生产方式。该法是用低级醇与动植物油脂反应，生成新的脂肪酸酯和甘油（图 6-1），所用低级醇是含 1~8 个碳原子的一元脂肪醇。甲醇因为其价格便宜、极性较强、沸点低，有利于反应而使用最多。用该方法生产的生物柴油，可以使天然油脂（甘油三酯）的相对分子质量降至原来的 1/3，黏度降至原来 1/8，低温流动性大大改善，与柴油接近，同时也提高了原料的挥发性，十六烷值达到 50 左右。从反应机理分类，酯交换法生产生物柴油包括酸碱催化、生物酶催化和超临界酯交换法，见表 6-3。

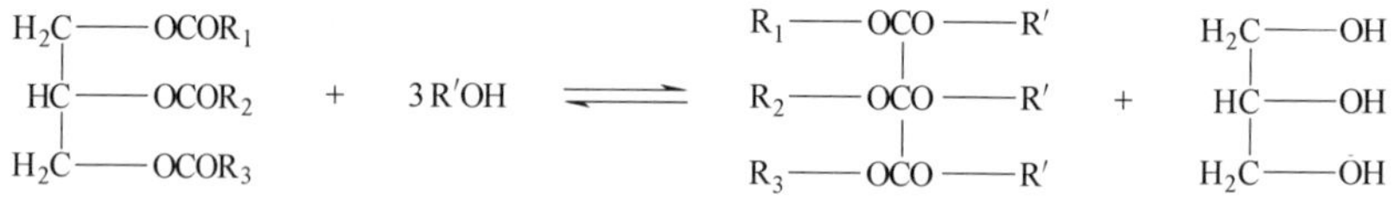

图 6-1 甘油三酯和醇的酯交换反应

表 6-3 酯交换法催化方式及特点

工艺		催化剂	特点
均相酸碱催化	液体酸	浓硫酸、浓盐酸	原料适用性广。但与产物分离困难，腐蚀设备
	液体碱	氢氧化钠、氢氧化钾等烷氧基化合物、钠、钾金属	工艺成熟、反应速率快、产率高。但催化剂难以回收，对原料要求高，易发生皂化反应
固体酸碱催化	固体酸	杂多酸、大孔树脂、固体超强酸、碳基固体酸	催化剂可重复使用，易于产物分离，对环境影响小。但固体酸催化条件较高，反应时间较长
	固体碱	碱金属氧化物及负载型催化剂、碱土金属氧化物、沸石或分子筛负载碱金属盐、阴离子交换树脂	固体碱催化反应条件温和。但对原料要求高
酶催化		脂肪酶	反应条件温和，不受游离脂肪酸和水含量影响，无污染物排放。但脂肪酶价格偏高，规模化应用受限
超临界法		无	对原料要求低，无需添加催化剂，产品分离提纯简单，反应快，转化率高。但对设备要求高，工业化放大生产存在一定困难

酯交换法生产的 FAME 生物柴油与石油柴油相比，仍具有较高的氧含量，黏度也较高。由于氧元素不能燃烧，所以 FAME 生物柴油的发热量低于石油柴油，稳定性也较差。

6.4.1 酸碱催化

酸碱催化法是目前应用最多的方法。它是在酸或碱性催化剂作用下，用动植物油脂与甲醇或乙醇等低碳醇进行酯交换反应，生成相应的脂肪酸甲酯或乙酯，再经分离、洗涤、干燥，得到生物柴油。甲醇或乙醇在生产过程中可循环使用。生产过程中可产生 6% ~ 10% 的副产品甘油。

6.4.1.1 均相酸碱催化

均相酸碱催化酯交换反应对反应器要求较低，产品性能较为稳定，是当前生物柴油生产中普遍采用的工艺。所用均相酸催化剂包括硫酸、磷酸、盐酸和有机磺酸，而均相碱催化剂主要是氢氧化钾和氢氧化钠。酸催化酯交换的反应机理如图 6-2 所示。质子先与甘油三酯的羰基结合，形成碳阳离子中间体。亲质子的甲醇与碳阳离子结合并形成四面体结构的中间体，然后这个中间体分解成甲酯和甘油二酯，并产生质子催化下一轮反应。酸催化剂可用于加工高酸值原料，因为在酸催化剂存在下，游离脂肪酸会与甲醇发生酯化反应生成甲酯。另外，长链或支链脂肪醇与油脂的酯交换，一般也选用酸催化剂。酸催化酯交换反应的速率低于碱催化酯交换反应，且酸催化剂对设备有一定腐蚀性。酯交换反应结束后，需要经过中和、水洗等步骤，以分离未反应的原料和产品，并除去催化剂，容易产生二次污染。

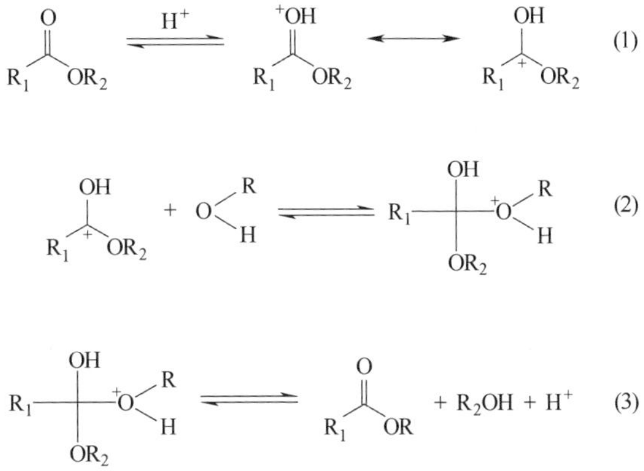

图 6-2　酸催化酯交换反应机理

用于酯交换反应的碱催化剂主要有氢氧化钠、氢氧化钾、碳酸盐和烷基氧化物（例如甲醇钠、乙醇钠、异丙醇钠和正丁醇钠）。还可以用超声波、光照等辅助措施来提升均相碱的催化能力。在碱催化的酯交换反应中，真正起活性作用的是甲氧阴离子。如图 6-3 所示，甲氧阴离子攻击甘油三酯的羰基碳原子，形成四面体结构的中间体。然后，中间体分解成一个脂肪酸甲酯和一个甘油二酯阴离子，这个阴离子与甲醇反应生成一个甲氧阴离子和一个甘油二酯分子，后者会进一步转化成甘油单酯，然后转化成甘油。生成的甲氧阴离子又循环进行下一催化反应。碱催化酯交换反应条件温和，反应速率较高，对反应设备腐蚀较轻微，但含游离脂肪酸较多的动植物油脂易发生皂化反应，且皂化产物起泡难以与脂肪酸酯分离。甘油回收和催化剂脱除也比较困难。废弃油脂很少使用碱催化酯交换生产生物柴油，这是由于原料中游离脂肪酸含量高，通过该法得到的产品收率很低。

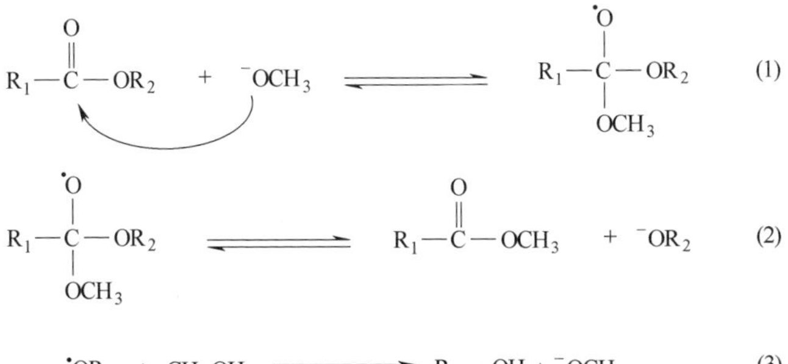

酸碱联合催化法又称为酸-碱两步催化酯化法，是脂肪酸和脂肪酸甘油酯混合物和甲醇在酸催化剂作用下，先将脂肪酸转变为脂肪酸甲酯，并分离出酸催化剂，再

图 6-3　碱催化酯交换反应机理

在碱催化剂的作用下，将脂肪酸甘油酯转化为脂肪酸甲酯。这样就避免了脂肪酸和水对碱催化剂造成的失活，又可将游离脂肪酸转化成生物柴油产品，避免了原料浪费。但是该方法工艺流程较长，较费时。该法主要适用于游离脂肪酸和水分含量都较高的原料。

均相酸碱催化法的缺点主要有：生产工艺复杂，反应原料醇必须过量，后续工艺必须有相应的醇回收装置，回收醇能耗高，酯化产物难回收或回收成本高；碱法生产过程有废碱液排放等。以强酸催化酯化反应虽然价格低、效率高，但酸对设备有强腐蚀性，反应结束后必须进行中和及分离处理，会产生大量废水，且难以回收。

Lurgi 公司开发的两级连续醇解工艺是典型的均相碱催化酯交换法生产生物柴油工艺。该工艺以精制油脂为原料，采用两段酯交换和两段甘油回炼。油脂、甲醇与液碱在第一级反应器中进行酯交换反应，分离出副产物甘油，再进入第二级反应器，与补充加入的甲醇和液碱进行反应。反应产物沉降分离出粗脂肪酸甲酯后，再经水洗和脱水得到精制生物柴油。第二级反应器中分离出的甲醇、甘油和碱可以回送到第一级反应器中继续参与反应，减少了原料和催化剂的浪费。该法要求原料中游离脂肪酸含量很低，所以不适合餐饮废油生产生物柴油。

6.4.1.2　非均相酸碱催化

非均相催化剂主要是指固体酸和固体碱，也包括金属氧化物。固体酸是指在常温常压下呈固态的酸性物质，也包括负载于固体上的酸；固体碱是指常温常压下呈固态的碱性物质，也包括负载于固体上的碱。固体酸和固体碱都可分为 Brønsted 酸碱以及 Lewis 酸碱。前者倾向于提供一个质子或接受一个电子对，后者倾向于接受一个质子或提供一个电子对。它们可用于多种催化反应。

非均相催化可以实现较高的生物柴油产率，避免液体酸和液体碱难以分离的问题，同时废水废渣的排放也较少。非均相催化剂能够重复使用，废液排放量更低，对环境比较友好。但是，在使用固体酸时，甲醇和油脂的互溶性较差；使用固体碱时，反应较容易，反应时间也较短，但同样要求原料中游离脂肪酸含量低。

常用固体酸催化剂包括酸性金属氧化物、沸石分子筛、介孔硅材料、阳离子交换树脂、杂多酸、固体超强酸、碳基固体酸等；固体碱催化剂包括碱性金属氧化物、负载型固体碱、阴离子交换树脂、水滑石等。

固体酸的催化功能来源于固体表面上存在的酸性部位，称为酸中心。它们多数为非过渡元素的氧化物或混合氧化物，其催化性能不同于含过渡元素的氧化物催化剂。

固体酸催化剂广泛应用于离子型机理的催化反应。它们稳定性好，能适用于酸度较高的原料油，而不会造成催化剂失活。与液体酸催化剂相比，固体酸催化酯交换反应生成的产物易分离，催化剂可重复使用。其主要缺点是反应需要在较高温度下进行，且反应时间较长（一般在 10h 以上）。有时需要加入共溶剂才能较好地反应。

（1）酸性金属氧化物

金属氧化物有酸性与碱性之分。酸性金属氧化物主要是一些过渡金属的高价氧化物，如七氧化二锰（Mn_2O_7）、三氧化钨（WO_3）、三氧化二锑（Sb_2O_3）等。酸性金属氧化物通常具有 Lewis 及 Brønsted 酸性位点，有些与水反应可生成相应的酸，与碱反应生成盐和水。金属氧化物催化酯交换反应的活性较高。还可以在其表面引入磺酸制备固体超强酸，以进一步提高金属氧化物的活性。酸性金属氧化物-固体酸催化剂热稳定性好，但存在催化活性低，反应条件苛刻及转化率低等问题。引入磺酸后提高了催化活性，但 Brønsted 酸活性位点流失严重。

（2）沸石分子筛

分子筛主要指沸石分子筛，原指一类具有均匀微孔，主要由硅、铝、氧及其他一些金属阳离子构成的吸附剂或薄膜类物质，属于无机晶体材料。分子筛中含有三维多孔结构，孔径与一般分子大小相当，根据其有效孔径来筛分各种流体分子。沸石分子筛因其高比表面积和独特的择形性，而被广泛用作负载型固体碱的载体。在分子筛中，以 Si 和 Al 为中心的 SiO_4 和 AlO_4 四面体通过共点、共边或共面构成具有一定孔结构的分子筛三维骨架。由于四配位的 Al 带有部分正电荷，使得与其相邻的骨架氧因具有负电荷而呈碱性。这种骨架氧的碱强度主要取决于其所处的微环境，将分子筛与碱金属阳离子进行离子交换，可以使碱金属阳离子进入分子筛的笼中，导致骨架氧的电负性增强并最终使分子筛呈不同强度的碱性。沸石分子筛中的硅铝比例越高，越有利于分子筛催化活性的体现。

（3）介孔硅材料

介孔是指孔径在 2~50nm 之间的孔。介孔硅材料是一种基于溶胶-凝胶过程的自组装法制备的中等孔径材料。它不仅具有孔道大小均一、排列有序、孔径可以在 2~50nm 内连续调节等重要特征，而且还具有比表面积大、孔容大、孔道表面可进行物理吸附或化学修饰及水热稳定性好等特点。

介孔二氧化硅实际上也是一种分子筛。它与沸石分子筛的主要区别是：沸石都是晶体材料，而介孔二氧化硅是长程有序而短程无序，且介孔硅材料的孔径比沸石类分子筛大。介孔硅材料富含可供修饰的羟基，经过掺杂金属、负载磺酸活性基团等方式改性后，可以得到磺酸功能化的介孔硅固体酸材料，非常适合催化油脂的酯交换反应。但是磺酸化介孔硅材料的活性位点负载量较低，且介孔硅材料固有亲水性，这是需要改进的。介孔二氧化硅主要通过—Si—O—Si—化学键负载酸性位点，而—Si—O—Si—化学键在酸性环境下稳定性不好，且二氧化硅固有的亲水性不利于提高催化剂活性。

（4）阳离子交换树脂

阳离子交换树脂是分子中含有酸性基团的离子交换树脂，根据交换能力可分为强酸型阳和弱酸型阳两大类。前者主要含有强酸性反应基如磺酸基，能交换所有阳离子；而后者则主要含有较弱的反应基如羧基，仅能交换部分弱碱中的阳离子。树脂的溶胀性能在很大程度上影响其催化活性，这是因为树脂在溶胀后会产生扩张孔道的效果，有利于长碳链大分子反应物向酸性位点的扩散接触。阳离子交换树脂独特的溶胀性会改变内部孔穴，作用于大分子反应物和活性位点的接触，对其催化活性的体现有较大影响。不同类型的阳离子交换树脂的催化活性差异与其结构和活性位点数量关系密切。如美国 Rohm-Haas 公司研制的 Amberlyst-15 是一种典型的强酸型大孔阳离子交换树脂，具有高磺酸密度、发达的孔结构和大的表面积，在多个领域得到广泛应用。

（5）杂多酸

杂多酸（Heteropolyacid，简称 HPA），是一类氧原子桥接金属原子形成的金属-氧簇化合物。其中杂原子有铁、磷、钴、硅等，多原子有钨、钼、铌、钒等，具有酸性和氧化还原性，因此既有酸催化功能，又有氧化还原催化功能。杂多酸的酸性比分子筛等固体酸催化剂强得多，且可以通过改变中心原子和配位原子的组成进行调节。强酸性对于催化酯交换反应十分有利。杂多酸按阴离子分类，可分为 5 种类型。其中具有 Keggin 结构和 Dawson 结构的杂多酸，包括磷钨酸（$H_3PW_{12}O_{40}$）、硅钨酸（$H_3PSi_{12}O_{40}$）和磷钼酸（$H_3PMo_{12}O_{40}$）等应用居多。杂多酸结构稳定，可以用在均相或者非均相催化环境，也可以和相转移催化剂共同使用。杂多酸对环境污染小，对设备腐蚀性小，是一类很有发展前途的绿色催化剂。杂多酸同时具备表面和假液相催化作用，这是因为它呈现出很强的 Brønsted 酸性，这一特性致使其溶于水和极性有机溶剂中，不溶于极性较弱的溶剂。这样不便于反应结束后回收催化剂重复利用。另一方面，杂多酸的比表面积较小，通常低于 $10m^2/g$，在大分子有机反应中不利于传质扩散，这些缺点限制了杂多酸的应用。将杂多酸负载到合适的多孔材料上合成固相催化剂，载体与活性组分之间的相互作用可能会形成新的化合物形态或晶体结构，提升催化剂的性能。

（6）固体超强酸

固体超强酸是指酸性强于 100%硫酸的一类酸。如果用 Hammett 酸度函数 H_0 来表征酸强度，100%硫酸的 H_0 为-11.9，那么固体超强酸需满足 $H_0 < -11.9$。这类催化剂的例子有负载于 M_xO_y 的 SO_4^{2-}、SO_4^{2-}/ZrO_2 以及负载于 Nb_2O_5 的 SO_4^{2-}/ZrO_2 等。SO_4^{2-}/M_xO_y 型固体超强酸对环境友好、对设备腐蚀性小、可回收利用，但在使用过程中容易失活，这是因为 SO_4^{2-} 在反应过程中脱落致使酸量降低。相对于单组分固体超强酸，多组分复合氧化物为载体合成的固体超强酸可以有效地改善上述缺陷。

（7）碳基固体酸

碳基固体酸是一种新型 Brønsted 酸。经常以可再生的碳水化合物如葡萄糖、蔗糖和淀粉等为原料，先通过高温煅烧将其转化为无定形组织，再通过磺化反应引入磺酸基，或通过其他反应引入—COOH 及—OH，从而得到碳基固体酸。—SO_3H 为碳基固体酸的主要活性位点，但—COOH 及—OH 数量影响其疏水性。碳基固体酸的实质是将液相酸负载于碳基固体材料上。该酸不溶于水、甲醇、油脂等，具有良好的热稳定性。同时，其结构可调、酸密度高，在催化酯化-酯交换反应中表现出较高的活性。不同碳材料键合磺酸基团的数量差异较大，这是因为初始碳材料的结构不同，无定形碳层所占的比例不尽相同，导致在相同磺化条件下键合酸性基团的能力有所差别。生物质中的有机碳高温下裂解，发生碳化，逸出挥发性小分子而形成芳香碳架随机堆积的无定型碳载体，基体结构富含较活泼的氢，有利于更多—SO_3H 的负载，使其更适宜作为载体制备固体酸催化剂。

（8）碱性金属氧化物

大部分金属氧化物为碱性，如碱土金属氧化物（碱金属氧化物不稳定，一般不用），如氧化钙（CaO）、氧化镁（MgO）等。

碱性金属氧化物具有低成本、低腐蚀性及高活性等优势。研究发现，催化活性高低顺序与碱强弱顺序一致。其中，氧化钙（CaO）基金属氧化物类固体催化剂催化性能较为优越。例如，当醇油摩尔比 10∶1，反应温度 60℃、反应时间 80min、催化剂用量 10%（质量）时，生物柴油产率高达 94.6%，第五次重复使用时，产率仍有 80%。碱土金属氧化物比表面积较低，且易吸收水和二氧化碳而与反应物、产物形成淤浆，应用受到一定限制。用碳酸铵浸渍法对 CaO 处理并经高温焙烧制得催化剂，将其应用于麻风树籽油与甲醇的酯交换反应中，取得了理想的实验效果。

碱性金属氧化物催化剂对于油料要求很高，要求原料油酸值较低（<2.00mg KOH/g）且含水量极微（<0.06%），不适用于低品质的非粮油料。酸碱双功能金属氧化物类催化材料不但表现出既含有碱位点的高活性，而且同时具有酸位点的耐酸耐水特性，在低品质非粮油制备生物柴油的工艺中值得关注。如氧化锌-氧化镧催化剂在催化废弃煎炸油制备生物柴油时，镧不仅促进了氧化锌的分散性，同时也提高了催化剂的酸性和碱性。秸秆等原料的气化残渣中富含硅酸盐和碱性金属氧化物，可以制成催化剂，用于将植物油转化为生物柴油，最高转化率可达95%。

（9）负载型固体碱

金属氧化物虽然催化活性较高，但不能单独使用，一般需负载在比表面积较高的多孔载体上，以增大催化剂与反应体系的接触面积，使产物易分离。目前，在常用固体碱催化剂中，负载型固体碱是最受欢迎的一类催化剂。该类型催化剂多将碱金属盐或其对应氧化物负载于微观孔隙发达、孔径分布均匀的载体材料上。碱金属盐或氧化物多以钠、钾等的氟盐、氯盐、碳酸盐及氧化物为主，而载体材料主要有二氧化硅、氧化铝、沸石分子筛等。负载碱性位点有利于减缓活性位点的流失，有利于提高活性位点与底物的接触，从而提高催化剂的活性。负载型固体碱催化剂与反应体系的接触面积增大，反应产物易分离，比表面积较高，不易造成二次污染。

（10）阴离子交换树脂

阴离子交换树脂是分子中含有碱性基团的离子交换树脂，能交换溶液中的阴离子。按交换能力，可分为强碱型和弱碱型两大类。前者含有强碱性基团，如季铵基-NR_3OH（R 为碳氢基团），能在水中离解出 OH^- 而呈强碱性，可以交换去除所有的阴离子；后者含有弱碱性基团，如伯胺基-NH_2、仲胺基-NHR 或叔胺基-NR_2 等，在水中能离解出 OH^- 而呈弱碱性。用于生物柴油制备的阴离子型交换树脂通常以聚苯乙烯高分子为骨架，键联季铵基，为多孔或颗粒状。阴离子交换树脂与产物易分离、反应条件温和、不会造成二次污染、失活后可再生等。缺点有催化效率较低、需要过量甲醇、反应温度高、热稳定性低、易吸水膨胀、易中毒失活等。

（11）水滑石

水滑石是一类新型无机功能材料，其成分是具有层柱状结构的双金属氢氧化物，由阳离子组成的主体层板和阴离子填充的层间构成。水滑石的通式为 $\left[M^{2+}_{1-x} M^{3+}_x (OH)_2 \right]^{x+}$ $(A^{n-})_{x/n} \cdot mH_2O$，其中 M^{2+} 代表二价金属阳离子（Ca^{2+}、Mg^{2+}、Zn^{2+} 等），M^{3+} 代表三价金属阳离子（Al^{3+}、Fe^{3+}、Cr^{3+} 等），A^{n-} 代表层间阴离子（NO_3^-、CO_3^{2-}）等。其典型代表是 $Mg_6Al_2(OH)_{16}CO_3 \cdot 4H_2O$。焙烧之后的产物为镁铝复合氧化物。水滑石及其焙烧产物可作为固体碱用于酯交换反应的催化剂。例如，将镁铝复合氧化物催化剂按 1.5% 的比例添加到菜籽油-甲醇反应系统中，反应温度 65℃，反应时间 4 h，醇油比 6∶1 时，甲酯收率达到90%。水滑石类复合氧化物具有相互连通的大孔隙、适度的酸碱位浓度和疏水表面、催化活性强、易于与产品分离、回收利用率高等优点，但有碱性位易中毒、催化剂用量较大、会产生副反应、不易回收等显著缺陷。未在工业上得到大规模应用。

6.4.1.3 **离子液体**

离子液体是由阳离子和阴离子组成的低温熔融盐（图 6-4），其熔化温度通常低于 100℃。离子液体不易挥发，溶解性良好，能形成多相体系，且可通过调整阴阳离子组成而调节其性质。与传统催化剂相比，使用离子液体可有效减少生物柴油生产工艺过程废水的产生量，减少产品分离和纯化步骤。根据离子液体的酸碱性，可以把离子液体分为 Brønsted 酸性、Lewis 酸性以及碱性离子液体。目前，对离子液体催化反应机理的研究尚不充分。大多数离子液体黏度较大，虽然可以重复使用，但在回收过程中仍有损失，催化活性也会下降。另外，离子液体价格高，催化活性不够强，循环使用次数达不到人们预期。

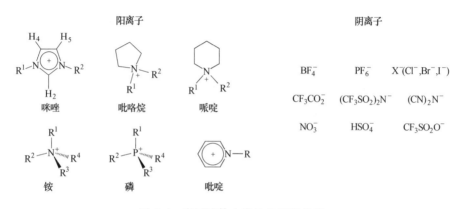

图 6-4 离子液体中常见的阴阳离子

6.4.2 生物酶催化

生物酶法是采用脂肪酶（尤其是固定化脂肪酶）催化动植物油脂和低碳醇间的转酯化反应以制备相应的脂肪酸甲酯和乙酯。酶作为一种生物催化剂，具有较高的催化效率。酶法合成生物柴油具有条件温和、醇用量小、无污染物排放、反应过程受原料中游离脂肪酸和水影响小等优点。然而，目前脂肪酶仅对长链脂肪醇的酯交换反应有较好催化效果，而对短链脂肪醇（如甲醇或乙醇等）催化效果差。另外，短链醇如甲醇对酶有一定毒性，易使酶失活或缩短使用寿命，同时酶催化酯交换反应时间长，副产物甘油难以回收，不利于大规模生产。为缩短酶促反应时间，可对脂肪酶进行适当预处理，如采用预浸泡的办法提高底物对载体的浸透能力。为降低甲醇的毒性，可在反应体系中加入有机溶剂，对甲醇进行稀释，从而减少对脂肪酶的毒性，也可采用乙酰基受体代替甲醇。酯交换生成的甘油吸附在酶载体的表面会堵塞载体的微孔，增大传质阻力，阻碍疏水性底物扩散，并使甲醇在其表面富集。为此，可用有机溶剂如丙酮定期冲洗固定化脂肪酶。为解决游离态酶易失活、难回收等问题，可采用物理吸附和化学交联等手段把酶固定在某一介质上，并创造温和平稳的反应环境，以增加酶的催化活性和循环使用性，从而降低反应的成本。但是廉价、易于活化制备的固定化材料较少，而且用物理吸附法固定化的酶容易流失，酶活性较低。

6.4.3 超临界酯交换

超临界流体既可以用作反应介质,又可以作为反应物参与反应。在超临界状态下,甲醇和油脂成为均相,反应速率快,反应时间短。脱离超临界状态后,产物和未反应的原料又变得不互溶,所以便于分离。该法对原料的要求较低,即使是游离脂肪酸含量和水分含量较高的原料也可转化为生物柴油,且不会发生皂化反应,从而在一定程度上提高了产物的得率。同时还省去了使用催化剂所必需的分离纯化过程,简化了工艺。但是,超临界法制备生物柴油需要在高温高压条件下进行,生产费用和能耗都比较高。目前,中海油海南年产6万t生物柴油项目已经应用了超(近)临界甲醇醇解工艺。该项目以动植物油脂或废弃油脂为原料,不用催化剂,在6.5~8.5MPa压力下进行反应,产品收率可达93%。该工艺可以加工酸值较高的油脂,同时减少了废水废渣的排放。

6.5 热解法和催化裂化法

热解是在热或热与催化剂的共同作用下通过化学键的断裂,将化合物转化为相对分子质量较小的物质。催化裂化也可以认为是热解的一种,但强调催化剂先与反应物反应,经由一系列中间产物,最终生成目的产物。用热解法从动植物油生产生物柴油,是在热作用下分解动植物油中的甘油三酯。植物油热解最终产物的收率、组成受原料种类、化学结构组成、热解温度、加热速率、反应器结构等许多因素影响,其中温度影响最大。植物油热解或催化裂化产品含有烷烃、烯烃、二烯烃、醛、酮、芳烃、羧酸等成分。裂化产物可以单独使用,也可与甲醇、乙醇和石油柴油混合使用。所生产的生物柴油与纯动植物油相比,具有黏度小、流动性好、十六烷值高、燃烧性能好、符合环保要求等特点。热解和催化裂化要在高温下进行,不但设备投资和操作费用较高,生产安全性要求高,而且反应生成的产物成分复杂。

催化裂化还可分为原位和非原位催化裂化。两者的主要区别在于催化剂在热解过程中的位置相对于热解反应器是在外部还是内部。前者是将催化剂和原料混合在一起置于热解反应器中;后者是指将催化剂置于反应器后的管道中,裂解蒸气通过催化剂,再进入冷凝系统。

有人认为动植物油脂转化时,首先发生热裂化反应,生成长链烃类及其含氧化合物或脱除 CO_2,该步不受催化剂酸性的影响;随后在分子筛催化剂的酸性位上发生脱氧、二次裂化、低聚、环化、芳构化、异构化(弱酸性)、脱烷基化(强酸性)、歧化(强酸性)、氢转移和结焦反应。降低催化剂酸性会使产物从芳烃转化为脂肪烃。在反应过程中,氧原子主要以 H_2O 和 CO 或 CO_2 的形式脱除。对于动植物油的催化裂化反应生成烃类的反应过程,催化剂的类型、孔分布、酸种类、酸性强弱、酸密度、BET 比表面积、结晶度、择形或无定形或非择形、酸碱性等因素对动植物油的催化转化及产物分布有较大的影响。酸性催化剂硅酸铝、硅酸铝-层柱状黏土、活性氧化铝、HZSM-5、β、USY(HY)、H-丝光沸石、磷铝分子筛催化剂,碱性催化剂氧化钙、氧化镁以及介孔硅材料 MCM-41、

SBA-15 催化剂等被用于动植物油的催化裂化脱氧过程。

6.6 加氢脱氧法

通过酯交换反应制得的生物柴油含氧量高，发热量低，一般只能少量添加到化石柴油中使用（如 B5 柴油只添加不超过 5% 的生物柴油），使用受限。加氢脱氧（Hydrodeoxygenation，简称 HDO）反应可以使脂肪酸酯中的 C—O 键断裂，生成 C—C 键，脱除含氧基团，形成烷烃，其组成和结构与石油柴油相似。同时，通过异构化降低凝点，改善产物流动性和雾化性能。所得产品又称为第二代生物柴油，即 HVO。

HVO 主要为高碳链的饱和直链烷烃，其收率较高，十六烷值为 90~100，其密度、黏度和铜片腐蚀等指标都能够达到柴油的质量标准，可以作为高十六烷值柴油添加组分使用。同时，整个工艺副产物少，是生物柴油今后的发展方向。

表 6-4 将第一代、第二代生物柴油和石油柴油的性质作了对比。由表中数据可知，第二代生物柴油的发热量、密度、黏度、馏分和浊点等指标都不劣于石油柴油，含硫量远低于石油柴油，辛烷值和十六烷值远高于石油柴油。由于第二代生物柴油油品性能优良，生产过程中工艺副产物少，近年来人们对它研究较多，产量也在不断提升，但目前工业化程度还不及第一代生物柴油。2020 年全球一代生物柴油和二代生物柴油的产量分别为 3394.3 万 t 和 621.5 万 t。

表 6-4   生物柴油与石油柴油性能对比

物理特性	第一代生物柴油	第二代生物柴油	石油柴油
氧含量/%	11	0	0
硫含量/10^{-6}	<1	<1	<10
密度/(g/mL)	0.88	0.78	0.84
辛烷值	50~65	70~90	40
浊点/℃	−5~15	−10~20	−5
馏分/℃	340~355	265~320	200~350
发热量/(MJ/kg)	38	44	43
黏度/Pa·s	3.9~7.9	2.5~4.2	2.7
稳定性	中等	优	优
十六烷值	56	80	49
掺混比例上限/%	20	无限制	无限制
燃料当量比	0.91	0.97	1

6.6.1 加氢脱氧反应机理

植物油的加氢脱氧是非常复杂的气-液-固三相反应。其基本反应见图 6-5。

关于加氢脱氧的机理，目前尚无一致的意见。普遍认为植物脱氧方式有三种。

① 脱羰反应：消耗 2mol 氢气，生成烷烃链上减少一个碳原子的烷烃、水和一氧化碳；

② 脱羧反应：消耗 1mol 氢气，生成烷烃链上减少一个碳原子的烷烃和二氧化碳；

③ 脱水反应（又称加氢直接脱氧反应）：消耗 4mol 氢气，生成烷烃链上碳原子数不

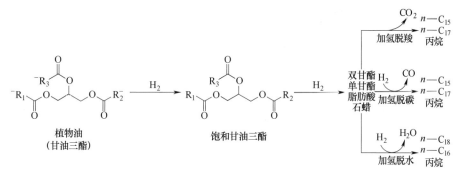

图 6-5 植物油的加氢脱氧反应

变的烷烃和水。

上述脱羰反应和脱羧反应生成的产物一氧化碳、二氧化碳和水可能会进一步发生水煤气变换及甲烷化等副反应。

水煤气变换：
$$CO_2+H_2 \longleftrightarrow CO+H_2O$$
$$CO_2+4H_2 \longleftrightarrow CH_4+2H_2O$$

甲烷化：
$$CO+3H_2 \longleftrightarrow CH_4+H_2O$$

对比几种加氢脱氧方式可知，加氢直接脱氧路线的液体产物质量收率最高（烷烃链上碳原子数不变）。虽然脱羰反应和脱羧反应路线的氢耗低于加氢直接脱氧路线，但是如果生成 CO 和 CO_2 进一步发生甲烷化副反应（CO 转化为 CH_4 消耗 3mol H_2，CO_2 转化为 CH_4 消耗 4mol H_2），脱羰反应和脱羧反应路线的氢耗都达到 5mol，反而比加氢直接脱氧路线的 4mol 更高。此时，加氢直接脱氧路线不论在氢耗还是液体产物收率上都比脱羰反应和脱羧反应路线更加经济。

油脂加氢后得到的产品具有很高的十六烷值，但同时凝点和冷滤点也较高，不能满足柴油凝点的要求。有学者提出油脂加氢脱氧得到的直链烷烃再进行临氢异构制备高十六烷值柴油组分的两步法工艺。第一步为加氢脱氧段，采用氧化铝或氧化硅负载的钴-钼或镍-钼类催化剂，反应温度 200~500℃，压力 2~15MPa，氢气与反应原料可并流也可逆流操作。第二步为是临氢异构段，所用催化剂包含有金属元素、分子筛和载体，金属元素为钯、铂，分子筛为 SPAO-11、SPAO-41、ZSM-22 及 ZSM-23，载体为氧化铝、二氧化硅，异构段中氢气和反应原料采用逆流操作方式，反应温度 200~500℃，压力 2~15MPa。经过加氢脱氧再临氢异构得到的柴油组分，不但具有较高的十六烷值，而且具有良好的低温流动性，使柴油性质得到明显改善。但是该方法的工艺较为复杂。由于植物中含有氧，在加氢脱氧过程中生成水，消耗大量的氢气。

临氢反应是在氢气环境下的反应。临氢异构化反应是指在具有多个氢原子的化合物分子中发生氢原子与其他原子之间化学键的重排，形成新的键合方式，使氢的位置重排，并得到不同异构体的反应。

在加氢脱氧过程中，不同程度上存在氢气过度消耗、生物质基原料不饱和键过度饱和以及催化剂与原料反应性不匹配等问题。常压加氢脱氧反应因其可以在氢耗较低的情况下实现高效脱氧而受到广泛关注。

6.6.2　加氢脱氧催化剂

当前，对动植物油加氢脱氧制备生物柴油的研究重点是开发高活性高选择性的催化剂。目前所用催化剂主要有贵金属催化剂、钼催化剂和镍催化剂。

6.6.2.1　贵金属催化剂

几乎所有的贵金属都可以用作加氢催化剂。用于动植物油脂加氢脱氧反应中的贵金属催化剂有铂、铑、钌、钯、铱等负载型或非负载型催化剂。负载型催化剂是指将金属催化剂负载在载体上制成的催化剂，其中载体可以使用二氧化硅、氧化铝以及分子筛等；非负载型催化剂为不使用载体的催化剂，主要有贵金属盐以及氧化物。贵金属的 d 轨道没有占满，可供反应物电子配位的数目较多，这样在催化剂表面易吸附反应物，有利于形成中间"活性化合物"，具有较高的催化活性。贵金属催化剂还具有耐高温、抗氧化、耐腐蚀、产品收率高以及无污染物产生等优点。以 Pd/沸石催化油酸加氢脱氧生成碳链长度为 13~19 的烷烃，油酸的转化率大于或等于 90%，且产品的十六烷值、密度和黏度均满足 ASTM D975 标准要求。但是贵金属催化剂价格高且回收较困难，目前较少使用。

通常，在油脂加氢中钯催化剂的活性高于铂催化剂，并且在同等反应条件下，贵金属催化剂负载于碳材料载体时，催化性能一般高于金属氧化物。此外，沸石分子筛（如 SA-PO-11 和 ZSM-22）负载的贵金属钯或铂催化剂广泛应用于低浊点、高品质的异构化生物柴油生产。负载型贵金属催化剂的高加氢活性与其氢解离能力和氢溢出效应相关：金属活性位点活化氢气，而载体和金属-载体界面则将将活化的 H 转移到反应底物。负载型贵金属催化剂上脂肪酸的加氢脱氧也有类似的金属和载体之间的协同效应（见图 6-6）。

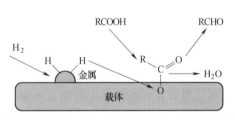

图 6-6　负载型贵金属催化剂上加氢脱氧机理

在脂肪酸的加氢脱氧过程中，氢气解离吸附在金属颗粒表面形成活化氢 H^*，而含氧底物则被吸附在金属位点或载体的氧空位上并活化（极性分子，例如含有羰基的分子，容易通过含氧官能团与载体之间发生相互作用）。随后，解离的氢从金属活性位点转移到被吸附且活化的含氧底物上，导致 C—O 键的断裂并伴随着水的形成。

6.6.2.2　钼催化剂

贵金属催化剂成本高，副反应较多，且活性易受原料中杂质影响。相比之下，钼系催化剂价格便宜，但催化活性稍差。钼系催化剂主要有氧化钼、硫化钼、碳化钼、氮化钼、磷化钼等。它们对酚类物质的直接加氢脱氧断裂 C—O 键具有选择性催化能力。在早期研究中，人们将硫化的镍-钼催化剂或钴-钼催化剂用于催化加氢脱硫。加氢脱硫工艺与加氢脱氧过程十分相似，因此这些硫化的镍-钼催化剂也用在加氢脱氧反应中。

硫化的 Co—Mo 或 Ni—Mo 负载于 γ—Al_2O_3 载体上，可用于脂肪酸酯的加氢脱氧。在这些硫化物催化剂中，Co—MoS 和 Ni—MoS 为活性相，且载体的性质对加氢脱氧反应过程同样起着重要作用。有研究表明，钼基硫化物催化剂中的硫空位是选择性脱氧的活性位点，而边位则会使芳香环发生氢化。适当消除硫，增加硫空位，对脱氧有利。

研究表明，硫化钼催化剂在油脂加氢反应中的催化性能与贵金属催化剂相当。钼催化剂经过硫化后，硫离子取代钼单层外覆盖的氧离子，临氢条件下，部分硫离子被移除，形成硫空位，促使相邻的六价钼离子还原为高活性的三价钼离子。为了提升硫化钼催化剂的活性，通常以钴和镍作为催化剂的助剂。

虽然硫化钼催化剂可以很好地进行动植物油脂加氢脱氧及一系列反应转化，但产品往往会受到硫的污染。在加氢反应过程中，催化剂会逐渐失活。硫流失是催化剂失活的重要原因。硫化态金属催化剂只有在具有一定 H_2S 浓度的环境中，才能维持其高活性的硫化态结构。由于硫的流失，催化剂中的金属由高加氢活性的硫化态转变为低加氢活性的氧化态，使催化剂加氢活性降低，在高温及酸催化条件下导致催化剂结焦，最终致使催化剂完全失活。催化剂失活后，补硫可以部分恢复其催化活性。在进料中添加适量的硫可以稳定催化剂活性。在加氢反应前对原料进行预处理，如在原料进入反应器之前可以采用阳离子交换树脂床层吸附或者稀硫酸、硝酸或盐酸洗涤的方法除掉原料中的金属离子，可以延长催化剂的寿命。

碳化钼（Mo_2C）是将 C 元素通过合成填入钼金属晶格中而得到的一类间充型化合物，得到的化合物的表面性质和催化性能等性质有变化，其性质类似于 VIII 贵金属催化剂。这也是过渡金属碳化物催化剂的共性。其原因是：金属碳化物碳原子插入金属原子间隙之间，增加了金属原子间距，金属 d 带收缩，导致金属碳化物表面化学键能较高，其表面性质和吸附性质类似于贵金属。此外，金属碳化物中的碳原子与过渡金属间存在电子转移，碳原子 s 电子会向金属原子的 d 轨道上偏移，导致金属外层电子结构与贵金属相似。碳化钼被广泛用作加氢脱氧催化剂。

6.6.2.3　镍催化剂

目前贵金属和钼催化剂在油脂加氢脱氧中应用较广，但其制备成本高，加上需要硫化，对应用不利。镍催化剂在使用前不需硫化，且成本较低，因此受到人们的关注。负载于氧化铝或二氧化硅的镍催化剂参与油脂加氢的反应路径主要是脱羧和脱碳路径。然而，当使用沸石分子筛，如 ZSM-5 或 H-β 为载体时，加氢直接脱氧反应路径显著增强。在镍催化剂中添加其他金属，可以减弱镍与载体的相互作用，从而有利于镍的还原，进而提升催化剂的催化活性。镍的磷化物在油脂加氢中同样表现出优异的催化性能。诸多研究表明，油脂加氢反应中，Ni_2P 相和 $Ni_{12}P_5$ 相在镍的磷化物中起主要作用。

思　考　题

1. 生物柴油相对于石油柴油在应用方面有哪些长处和短处？

2. 我国生物柴油生产技术已经达到国际先进水平，为什么目前生物柴油的产量和消费量还很低？

3. 生产生物柴油的原料有哪些？你认为哪些最有发展前途？

4. 用脂肪酶催化植物油的酯交换生产生物柴油，目前存在哪些技术难点需要解决？

5. 根据第一代和第二代生物柴油的特性，判断第二代生物柴油大规模取代第一代生物柴油的可能性如何。

6. 比较均相和非均相加氢催化剂用于植物油加氢过程的优缺点。

参 考 文 献

［1］ KIHARA A. Very long chain fatty acids: elongation, physiology and related disorders ［J］. The Journal of Biochemistry, 2012, 152 (5): 387-395.

［2］ SOETAERT, W, VANDAMME, E J. Biofuels ［M］. West Sussex: John Wiley & Sons, 2009 Ltd, ISBN 978-0-470-02674-8.

［3］ ULUSOY Y, ARSLAN R, TEKIN Y, et al. Investigation of performance and emission characteristics of waste cooking oil as biodiesel in a diesel engine ［J］. Petroleum Science, 2018, 15 (2): 396-404.

［4］ HOANG A, PHAM V. A study of emission characteristic, deposits, and lubrication oil degradation of a diesel engine running on preheated vegetable oil and diesel oil ［J］. Energy Sources Part A: Recovery, Utilization, and Environmental Effects, 2019, 41 (5): 611-625.

［5］ 闵恩泽, 杜泽学, 胡见波. 利用植物油发展生物炼油化工厂的探讨 ［J］. 科技导报, 2005, 23 (5): 15-17.

［6］ VAN GERPEN J. Biodiesel processing and production ［J］. Fuel Processing Technology, 2006, 86 (10): 1097-1107.

［7］ 王德胜, 闫亮, 王晓来. 杂多酸催化剂研究进展 ［J］. 分子催化, 2012, 26 (4): 366-375.

［8］ MIRHASMI F, SADRNIA H. NOX emissions of compression ignition engines fueled with various biodiesel blends: A review ［J］. Journal of the Energy Institute, 2020, 93 (1): 129-151.

［9］ 应好, 何桂金, 张丽锋, 等. 生物柴油催化合成的研究进展 ［J］. 石油学报, 2015, 31 (2): 444-452.

［10］ HINO M, ARATA K. Catalytic activity of iron oxide treated with sulfate ion for dehydration of 2-propanol and ethanol and polymerization of isobutyl vinyl ether ［J］. Chemistry Letters, 1979, 8 (5): 477-480.

［11］ VERIANSYAH B, HAN J, KIM S, et al. Production of renewable diesel by hydroprocessing of soybean oil: effect of catalysts ［J］. Fuel, 2012, 94 (1): 578-585.

［12］ 宋晨曦. 植物油加氢催化转化生产清洁燃料研究 ［D］. 青岛: 中国石油大学, 2008.

［13］ 李波, 丁帅, 郭海军, 等. 生物油加氢脱氧催化剂研究进展 ［J］. 新能源进展, 2021, 9 (6): 524-532.

［14］ 王霏. 油脂催化加氢制备第二代生物柴油的催化剂及其反应机理研究 ［D］. 北京: 中国林业科学研究院, 2020.

［15］ 王圣, 杨鹤, 闫瑞, 等. 生物航煤生产技术的发展现状 ［J］. 生物工程学报, 2022, 38 (7): 2477-2488.

［16］ 李芳琳. 油脂热化学转化制备航空烃类燃料的研究 ［D］. 北京: 中国林业科学研究院, 2018.

［17］ 宁一麟. 固体催化剂的优化制备及催化餐饮废油合成生物柴油的性能研究 ［D］. 济南: 山东大学, 2021.

［18］ LI J, SONG Z, HOU Y, et al. Direct production of 2, 5-dimethylfuran with high yield from fructose over a carbon-based solid acid coated Cu Co bimetallic catalyst ［J］. ACS Applied Materials Interfaces. 2019, 11 (13): 12481-12491.

［19］ 王鑫晶, 韩生, 刘慧, 等. 固体酸催化剂在制备生物柴油中的进展 ［J］. 材料导报, 2015, 29 (09): 62-67.

［20］ ZHENG L, DONG Y, CHI B, et al. UIO-66-NH₂-derived mesoporous carbon catalyst co-doped with Fe/N/S as highly efficient cathode catalyst for PEMFCs ［J］. Small, 2019, 15 (4): 1803520.

［21］ 戴璐璐. 废弃动物油脂制生物柴油中固体碱催化剂的制备及应用 ［D］. 哈尔滨: 哈尔滨工业大学, 2014.

［22］ KIM S, HAN J, HONG S, et al. Supercritical CO₂-purification of waste cooking oil for high-yield diesel-like hydrocarbons via catalytic hydrodeoxygenation ［J］. Fuel, 2013, 111: 510-518.

［23］ 张萍波, 杨静, 范明明, 等. 催化合成生物柴油的离子液体催化剂的研究进展 ［J］. 石油化工, 2011, 40 (10): 1133-1139.

［24］ 齐金龙, 高郁杰, 丁辉, 等. 离子液体催化制备生物柴油研究进展 ［J］. 化学工业与工程, 2017, 34 (5): 25-34.

［25］ SILVA L, FORTES I, DE SOUSA F, ET AL. Biokerosene and green diesel from macauba oils via catalytic deoxygenation over Pd/C ［J］. Fuel, 2016, 164: 329-338.

［26］ 龚绍峰, 龚建议, 雷稳强, 等. 贵金属系动植物油脂加氢脱氧催化剂的研究进展 ［J］. 中国油脂, 2022, 47 (8): 82-89.

7 沼气生产技术

7.1 沼气及其性质

沼气是由生物质和其他可转化的有机物如粪便、杂草、作物秸秆、污泥、废水、垃圾等在适宜温度、湿度、酸碱度和厌氧的情况下，经过微生物发酵分解作用产生的一种可燃的气体。

在沼泽地或河底的污泥中，生物质经微生物的发酵产生可燃气体。沼气（marsh gas）因此得名。1630 年，比利时布鲁塞尔的医生 Van Helment 发现了由沉积在沼泽中的植物产生的沼气。这是他记录的 15 种来自植物分解过程的气体之一。1776 年，意大利物理学家沃尔塔（Alessandro Volta）也发现沼气的燃烧性。后人将沼气又命名为沃尔塔可燃气（Volta combustible gas）。因沼气大多来自生物质的分解，又称之为生物气（biogas）。

无论是天然产生的或人工制取的沼气，都是以甲烷为主要成分的混合气体。其组成不仅随发酵原料的种类及相对含量不同而有变化，而且因发酵条件及发酵阶段各有差异。一般情况下，沼气中普遍含有甲烷（CH_4），二氧化碳（CO_2），氮（N_2）、一氧化碳（CO）、氢气（H_2）、硫化氢（H_2S）和氧气（O_2）等。其中甲烷含量约占沼气总体积的 50% ~ 70%，二氧化碳含量约占总体积的 30% ~ 40%，其他成分含量很少，尤其是氧气更是微量。由于沼气的主要成分是甲烷，因此它的性质也主要由甲烷所决定。

甲烷和二氧化碳都是温室气体。而且，甲烷的温室效应是二氧化碳的 120 倍。这意味着即使甲烷在大气中的浓度较低，其温室效应仍然显著。因此，自然界中生成的甲烷，无论自然中发酵产生的还是人工制备的，都最好用某种方法将其捕获，然后用燃烧或其他方式加以利用。要尽量避免甲烷分散到大气中。

7.1.1 物理性质

甲烷的分子式是 CH_4，相对分子质量为 16.043，是最简单的饱和烃。甲烷在常温常压下是无色无味的气体，但因沼气中含有万分之几的硫化氢，所以沼气略带有臭鸡蛋味或蒜味。甲烷的相对密度（即甲烷与空气密度之比）为 0.55，而含 60% 甲烷的沼气相对密度为 0.942，略低于空气。几种常见气体在标准状态下的密度见表 7-1。甲烷的分子直径只有 0.2479nm，因此在应用中沼气很容易泄漏。同时，甲烷在水中的溶解度很小。在 20℃、101.3kPa 时，100 单位体积的水约可溶解 3.3 体积的甲烷；在 40℃、101.3kPa 时，100 单位体积的水只可溶解 2.4 体积的甲烷。因此，在应用中可以用水封的办法来储存沼气。甲烷的扩散速度比空气快 3 倍，熔点为-82.5℃，沸点为-61.5℃，着火点为 537.2℃。

因此，甲烷液化比较困难，需要在-82.5℃、46.7MPa下才能液化。

表 7-1　　　　　　　　　　　　标准状态下几种常见气体的密度

气体	CH$_4$	CO$_2$	H$_2$	CO	O$_2$	N$_2$
密度/(kg/m^3)	0.7174	1.9771	0.0893	1.2506	1.4291	1.2504

7.1.2　化学性质

甲烷的化学性质比较稳定，通常不易与其他物质发生化学反应，但在外界条件适宜时，可以发生氧化、热解及卤代等反应。

7.1.2.1　甲烷的燃烧

甲烷是一种优质的气体燃料，当它与适量空气混合完全燃烧时，产生淡蓝色火焰，最高温度可达1400℃，并释放出大量热量。

甲烷燃烧的化学反应方程式如下：

$$CH_4(g) + 2O_2(g) \longrightarrow CO_2(g) + 2H_2O(l) \quad \Delta H = -893kJ/mol$$

1m^{3}甲烷在标准状态（101.3kPa、0℃）下完全燃烧可释放出35.8MJ的热量。1m^{3}沼气在标准状态下燃烧可释放出17.9~25.1MJ的热量。

甲烷与氧气燃烧的体积比为1∶2，在空气中完全燃烧的体积比为1∶10，其发热量高于煤气、原煤。而1m^{3}沼气的发热量相当于1kg原煤、0.7kg汽油，详见表7-2。

表 7-2　　　　　　　　　　　　几种燃料的燃烧热

燃料名称	体积/m^3	热量/MJ	备注	燃料名称	质量/kg	热量/MJ	备注
甲烷	1	35.8	纯净	汽油	1	43.7~47.0	
沼气	1	25.1		柴油	1	39.2	
煤气	1	16.7	70%	原煤	1	23.0	

甲烷在空气中的含量达到5.4%~13.9%时，容易引起爆炸，而含60%的沼气的爆炸下限是9%，上限是23%。当空气中含甲烷量达25%~30%时，对人畜会产生一定的麻醉作用。因此，在应用中要特别注意安全。

7.1.2.2　甲烷的受热分解

甲烷在隔绝空气加热（1000~1200℃）的条件下可裂解成炭黑和氢气。反应方程式为：

$$CH_4 \xrightarrow{\text{高温}} C + 2H_2$$

甲烷在1000℃下可以裂解成为乙炔和氢气。这个反应要求在极短时间内将生成的乙炔尽快引出反应区，并使温度急剧下降至300℃以下。反应方程式为：

$$2CH_4 \xrightarrow{\text{高温}} C_2H_2 + 3H_2$$

7.1.2.3　甲烷与氯气反应

在光照或加热至400℃的条件下，甲烷与氯气可以发生剧烈反应，其反应式分别为：

$$CH_4 + Cl_2 \xrightarrow{\text{光}} CH_3Cl + HCl$$

$$CH_3Cl + Cl_2 \xrightarrow{\text{光}} CH_2Cl_2 + HCl$$

$$CH_2Cl_2 + Cl_2 \xrightarrow{\text{光}} CHCl_3 + HCl$$

$$CHCl_3 + Cl_2 \xrightarrow{\text{光}} CCl_4 + HCl$$

7.1.2.4 甲烷与水反应

甲烷在 650~800℃ 高温和有催化剂的条件下可与水蒸气发生反应，生成氢气和二氧化碳。其反应方程式为：

$$CH_4 + H_2O \underset{\text{高温、催化剂}}{\rightleftharpoons} 3H_2 + CO_2$$

从甲烷的上述化学反应中可以看出，沼气不仅是优质的气体燃料．同时又是化学工业的重要原料。

7.2 沼气技术发展历史

1881 年，第一个用于市政有机废水处理的厌氧消化工程，在法国建成投入运行。1925 年在德国、1926 年在美国分别建造了备有加热设施及集气装置的消化池，这是现代大中型沼气发生装置的原型。第二次世界大战前后，时值欧洲能源十分紧缺，沼气的研究应用蓬勃兴起。1941 年和 1947 年，在法国出现了一种适用于农村，规格很小的沼气池，即现在的农村户用沼气池。随后，在德国出现一批经改进的新型沼气池。1955 年新的沼气发酵工艺流程——高速率厌氧消化工艺产生。它突破了传统的工艺流程，使中温下 1m³ 池容积每天的产气量由 0.7~1.5m³ 提高到 4~8m³ 沼气。1973 年爆发世界性石油危机，沼气建设在欧美和发展中国家如中国、印度等重新被激发起来。特别是"生态保护运动"倡导的"绿色革命"，使许多人看好沼气技术。沼气消化装置的研究建造，如雨后春笋般迅速发展起来。

19 世纪 80 年代，我国广东潮梅（现潮州和梅州）一带民间开始了人工制取沼气的试验，到 19 世纪末出现了简陋的瓦斯库，并初知瓦斯生产方法。20 世纪 20 年代。罗国瑞发明了水压式沼气池，并在汕头市成立了"国瑞瓦斯气灯公司"，后来在上海成立"中华国瑞天然瓦斯全国总行"。1958 年，全国出现沼气建设高潮。为解决农村炊事用能，全国很多省市兴建起一大批沼气池。但由于片面追求速度和规模，违反科学规律，忽视建池质量，大多数沼气池都荒废了。20 世纪 70 年代，全国再次掀起沼气建设的高潮。在短短几年时间内，户用沼气池建设总数达到 700 多万个。但由于技术不过关，疏于管理，大部分沼气池的寿命仅 3~5 年。1980 年以后，在各级政府的大力支持下，对沼气发酵的科学原理、应用技术等进行了大量研究，取得重大突破，尤其是在沼气发酵工艺研究、甲烷菌种分离研究应用等方面，达到世界先进水平。进入 21 世纪以来，我国每年投入巨资，推进农村用气建设。沼气产业持续高质量发展。目前我国是全球规模最大、惠及人口最多的沼气生产国之一。2022 年，国家发展改革委和国家能源局印发《"十四五"现代能源体系规划》，提出在十四五期间要有序发展农林生物质发电和沼气发电。

7.3 生物质制沼气的生化反应

沼气是有机物在厌氧条件下，经过多种微生物（统称沼气细菌）的分解代谢而产生的。沼气细菌分解有机物质产生沼气的过程，叫作沼气发酵。

根据在沼气发酵过程中的作用，沼气细菌可以分为两大类：一类细菌叫做分解菌，它的作用是将复杂的有机物，如碳水化合物、纤维素、蛋白质、脂肪等，分解成简单的有机物（如乙酸、丙酸、丁酸、酯类、醇类）和二氧化碳等；另一类细菌叫做甲烷菌，它的作用是把简单的有机物及二氧化碳氧化或还原成甲烷。

用于发酵产沼气的原料主要有：a. 农林剩余物，如秸秆、杂草、树叶等；b. 家畜家禽和人类粪便；c. 屠宰场和食品加工厂的废水和固态废物。这些原料按营养成分可分为富碳原料和富氮原料。

富碳原料主要是指农作物秸秆等农业废弃物。它们含碳量高，碳氮比通常高于 30∶1，主要成分是纤维素、半纤维素、木质素和蜡质。此类原料产沼气量大，但是被微生物代谢速率和产气速率较低。用这类原料生产沼气时，需要对原料进行适当预处理。

富氮原料主要是指人畜粪便、屠宰场和肉类加工厂废水。它们的氮元素含量较高，碳氮比通常低于 25∶1。这类原料容易被微生物代谢，因此产沼气速率较快。不需要经过预处理就可用于生产沼气。

碳氮比过高或者过低的原料都不适宜于细菌的生长繁殖，不宜用于生产沼气。

7.3.1 生物质发酵制沼气的生物化学过程

关于生物质发酵制沼气的过程，学者们持多种观点。通常有所谓"二阶段理论"和"三阶段理论"。

二阶段理论是由 Thumm Reichie 和 Imhoff 提出，经 Buswell Neave 完善而成的，它将有机物厌氧消化过程分为水解酸化（酸性发酵）阶段和产甲烷（碱性发酵）两个阶段，相应起作用的微生物分别为产酸细菌和产甲烷细菌。在第一阶段，复杂有机物（如糖类、脂类和蛋白质等）在产酸菌（厌氧和兼性厌氧菌）的作用下被分解成为低分子中间产物以及生成能量，这些中间产物主要是一些低分子有机酸（如乙酸、丙酸、丁酸等）和醇类（如乙醇），并有 H、CO_2 等气体。在这一阶段里，由于有机酸的大量积累，发酵液的 pH 降低至 5~6。此阶段被称为酸性发酵阶段，又称为产酸阶段。在第二阶段，产甲烷菌（专性厌氧菌）将第一阶段产生的中间产物继续分解成 CH_4、CO_2 等。由于有机酸在第二阶段的不断被转化为 CH_4、CO_2 等，同时系统中有 NH_4^+ 存在，发酵液的 pH 迅速升高达到 7~8，所以此阶段被称为碱性发酵阶段，又称为产甲烷阶段。

三阶段理论将产沼气过程分为液化阶段、产酸阶段和产甲烷阶段。

在液化阶段，微生物的胞外酶，如纤维素酶、淀粉酶、蛋白酶和脂肪酶等，对有机物质进行体外酶解，将多糖水解成单糖（或二糖），将蛋白质转化成肽和氨基酸，将脂肪转化成甘油和脂肪酸，也就是把固体有机物质转化成可溶于水的物质。

在产酸阶段，来自液化阶段的液化产物进入微生物细胞，在胞内酶的作用下转化成低分子化合物，如低级脂肪酸、酶等。其中主要是挥发性酸（包括乙酸、丙酸和丁酸等），乙酸所占比例最大，约为80%。因此，第二阶段称为产酸阶段。

液化阶段和产酸阶段是一个连续过程，可以统称为不产甲烷阶段。在这个阶段中，除形成大量的小分子化合物外，还产生大量的二氧化碳和少量的氢气，这些都是合成甲烷的物质。因此，可把不产甲烷阶段看成是合成甲烷的准备阶段，即将复杂的有机物转化成可供沼气细菌利用的物质，特别是低分子的乙酸。大约70%的甲烷都是在发酵过程中由乙酸生成的。

在产甲烷阶段，产氨细菌大量活动，使氨态氮浓度增高，氧化还原电势降低，为甲烷菌生活提供适宜的环境条件。在甲烷菌的作用下，将不产甲烷阶段所产生的合成甲烷的物质最后转变成甲烷。此阶段生成甲烷的反应式如下：

由挥发性酸形成甲烷：

$$2C_3H_7COOH+2H_2O+CO_2 \rightleftharpoons 4CH_3COOH+CH_4$$
（丁酸） （乙酸）

$$2CH_3COOH \rightleftharpoons CH_4+CO_2$$

由醇与二氧化碳形成甲烷：

$$2C_2H_5OH+CO_2 \rightleftharpoons 2CH_3COOH+CH_4$$

$$4CH_3OH \rightleftharpoons 3CH_4+CO_2+2H_2O$$

由氢还原二氧化碳成甲烷：

$$CO_2+4H_2 \rightleftharpoons CH_4+2H_2O$$

沼气发酵的三个阶段相互依赖、连续进行，并保持动态平衡。在沼气发酵初起，第一、二阶段的作用为主，也有第三阶段作用，在沼气发酵后期，则是三个阶段的作用同时进行，到一定时期，保持一定的动态平衡才能持续而正常地产气。

以上三个阶段，可用下式说明。

复杂有机物 $\xrightarrow{\text{细菌分解}}$ 简单有机物、醇、二氧化碳、氢等 $\xrightarrow{\text{甲烷菌作用}}$ 甲烷等

如果第一步（包括第一、第二阶段）进行得太快，第二步（第三阶段）慢，则有机酸积累太多，pH下降很低，会抑制沼气发酵，甚至使发酵停止；如果第二步快，第一步太慢，沼气发酵一段时间后，第二步势必因缺少原料而减慢。因为甲烷产生是以第一步的产物作为原料的，它不能直接得到复杂的高分子有机物质。因此，如果动态平衡受到破坏，沼气发酵就会受到破坏，甚至停止。

通过对农村家用沼气池的测定，可以发现沼气发酵有这样一个过程，发酵初期大量产酸，在挥发性酸浓度迅速增大的同时，氨态氮浓度也急剧上升。氨态氮浓度达到高峰时，挥发性酸浓度下降，产气量和沼气中的甲烷含量上升并达到高峰。这一连锁反应形成之后的一段时间内，酸碱度、氧化还原电位、产气量和甲烷含量都基本稳定，而挥发性酸明显下降。上述变化说明沼气发酵过程中，多个生物化学因子都有一个明显变化，但它们彼此是相互依赖和相互制约，以达到液化、酸化和产甲烷化阶段的动态平衡。

7.3.2 沼气发酵的有机物分解代谢过程

沼气发酵过程十分复杂。在这个复杂的过程中，有机物中的碳水化合物、蛋白质和脂

肪等在厌氧条件下经过多种微生物的协同作用，分解成简单而稳定的物质，最终产物主要是甲烷和二氧化碳，还有少量的硫化氢、一氧化碳和氨离子等。究其基本原理，实质上是厌氧机理，其过程如图 7-1 所示。

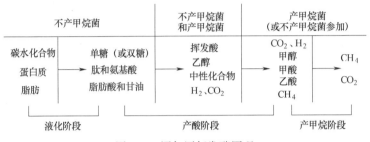

图 7-1　沼气厌氧发酵原理

在产沼气过程中，原料的碳氮比不断发生变化。细菌不断地将有机原料中的碳元素转化为 CH_4 和 CO_2 放出，而氮元素则留在沼气发酵液中，主要用于构成微生物的细胞。随着发酵时间的延长，原料的碳氮比趋于下降。

如果原料中碳元素含量过高，氮被利用后，剩余碳元素会导致有机酸积累，使体系 pH 降低，不利于发酵持续进行；如果氮元素含量过高，则微生物在生长过程中会将多余的氮转化为氨气放出，使发酵液碱性增强。

7.3.2.1　纤维素的分解

不同种类的纤维素，具有不同的消化速度。能水解纤维素的酶也不只两种，有的分布于分解纤维素细菌中。纤维素酶可以将纤维素酶解成葡萄糖，其反应如下：

$$(C_6H_{10}O_5)_n + nH_2O \longrightarrow nC_6H_{12}O_6$$
（纤维素）　　　　　　　　（葡萄糖）

然后葡萄糖继续降解为丁酸、乙酸，最后生成甲烷和二氧化碳。

7.3.2.2　糖类的分解

首先由多糖分解为单糖（或二糖），然后进入糖酵解过程，由葡萄糖降解为丙酮酸。在微生物酶的作用下，丙酮酸分解为丁酸、乙酸、丁醇和丙酮，最后生成甲烷和二氧化碳等。

7.3.2.3　类脂化合物的分解代谢

类脂化合物包括脂肪、磷脂、游离脂肪酸、蜡脂、油脂等，在沼气发酵原料中含量很低。在厌氧条件下，类脂化合物很容易消化形成甲烷。类脂化合物的主要水解产物是脂肪酸和甘油酯，然后生成丙酮酸。在微生物（沼气菌）的作用下，丙酮酸被酵解为乙酸，最后形成甲烷和二氧化碳。

7.3.2.4　蛋白质类的分解代谢

这类化合物主要指含氮的蛋白质化合物，在脱氨菌的作用下，蛋白质被水解成多肽和氨基酸。其中一部分氨基酸进一步水解，形成硫醇、胺、苯酚、硫化氢和氨；另一部分氨基酸分解成有机酸、醇等其他化合物，最后形成甲烷和二氧化碳；还有一部分氨基酸作为沼气菌的养分形成菌体。

7.4 生物质制沼气的工艺技术

目前，人们已开发出多种沼气发酵工艺技术，其应用领域也越来越广。沼气技术迅速发展的吸引力源于处理有机废弃物的同时，又能进行肥料和能源的利用，这是其他处理技术无法替代的。而厌氧消化是对畜禽粪便及冲粪水进行无害化处理的较好手段。近年来，随着沼气工程技术的发展，沼气工艺主要有两种：小型（农村户用）沼气工艺和大中型沼气工艺。

7.4.1 小型沼气池发酵工艺

7.4.1.1 半连续投料沼气发酵工艺

半连续投料沼气发酵工艺中最具代表性的发酵装置是水压式沼气池，见图7-2。

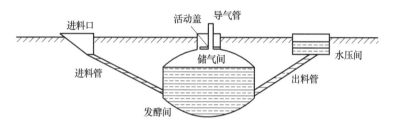

图 7-2 水压式沼气池的构造

此发酵工艺的特点是：启动时，一次投入较多的发酵原料，经过一段时间，当产气量下降时，开始定期添加新料和排出旧料，以维持比较稳定的产气率。它适用于农村原料来源和集中用肥的实际情况。水压式沼气池半连续发酵工艺各个环节的具体内容如下：

① 做好原料准备，要求数量充足，种类搭配合理，进料颗粒大小合理；

② 对新池检验或旧池检修，做到确保不漏水、不漏气；

③ 配料要满足工艺对料液总固体浓度和 C/N 的要求配比；

④ 拌料接种要求均匀；

⑤ 入池堆沤时要将拌和好的原料放入池内，踩紧压实，进行堆沤；

⑥ 堆沤的原料温度上升至 40~60℃时，从进出料口加水，然后调 pH 至 6~7 之间（若 pH<6，可加草木灰、氨水或新制澄清石灰水），即可盖上活动盖，封闭沼气池。随后及时安装好输气管、开关和灯、炉具，注意关闭输气管上的开关；

⑦ 封池 2~3d 后，在炉具上点火试气，如能点燃，即可使用；如若点不燃，则放掉池内气体（此时绝大部分是非可燃气体），等待一日后再点火试气，直至点燃为止；

⑧ 沼气池产气运行一段时间后产气量将减少，应添加新料，一般每隔一段时间加料一次，加料的量为发酵液量的 3%~5%。若是"三结合"的沼气池（猪圈、厕所、沼气池联为一体），粪尿便可随时流入沼气池；

⑨ 发酵周期完成以后，除去所有旧料，按上述工艺开始第二个流程就称为"大

换料"。

水压式沼气池半连续发酵工艺流程如图7-3所示。

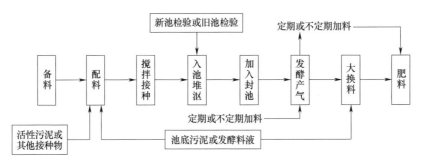

图7-3　水压式沼气池半连续发酵工艺流程

原料是"入池堆沤"。若采取"池外堆沤",则应采用原料(如秸秆)质量的1%~2%石灰,兑成石灰水,均匀喷洒在秸秆上,再泼上粪水(或沼液)。湿度以不见水流为宜,堆料要层层踩紧,当环境温度低于10℃时要注意保温。堆沤的时间一般春夏1~2d,秋天3~5d。气温25℃时一天就可以了。堆沤温度到60℃时,拌料接种,入池启动。接种时,向池内投料应加入占原料30%以上的活性污泥,或10%以上正常产气池底污泥,或10%~30%的沼液。

7.4.1.2　分层满装料沼气发酵工艺

分层满装料沼气发酵属于半连续沼气发酵工艺,其主要特点是:将混合原料分层装满(两层投料间隔2~3d),池内堆沤,干湿发酵相结合。其工艺流程如图7-4所示。

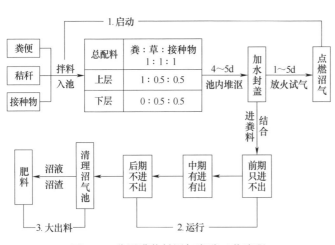

图7-4　分层满装料沼气发酵工艺流程

一个流程内分为启动、运行、大出料三个流程。根据原料(如秸秆)供应的季节变化,南方地区一年可分别再分为夏秋季和冬春季完成两个流程;北方因气温低,一年只能完成一个流程。该沼气发酵工艺启动用水少,操作简单,节省劳力。运行期间只要求每天将人畜粪便流入池内即可。在农作物原料没有条件粉碎的情况下,可采用这种工艺。在运行期间没有粪尿经常往池内加入时,不宜采用这种工艺。

7.4.1.3　批量投料沼气发酵工艺

批量投料的沼气发酵工艺是一种比较简单的沼气发酵形式,常见的发酵装置为红泥塑料沼气池和玻璃钢沼气池。它的特点是:将发酵原料一次性投入沼气池中,当发酵周期结束后,取出旧料,再投入下一批新料。其产气量初期上升很快,维持一段时间的产气高峰后，逐渐下降，发酵产气不够均衡，但管理却很简便。

（1）玻璃钢沼气池

它是一个薄壳心球体，水压室、进料口、出料口、回水管、导气管、手柄等材料都是玻璃钢的。进料口和出料口利用压盖螺栓固紧，沿口有橡胶密封圈，起到很好的密封作用，如图7-5所示。

普通的玻璃钢长期使用易老化，从而对池体强度产生影响。因此近年来，通过多种方法对其材质做了较大的改进。采用控制产品的含胶量，提高力学性能初始值；表面采用胶衣树脂提高耐候性，树脂中加入紫外线吸收剂防止光氧老化等措施，使得其使用寿命从原来的8年提高到15年以上。池内所用发酵产气原料以人、畜粪便和玉米秸秆为主，干物质浓度为18%左右，菌种添加量不低于料液的

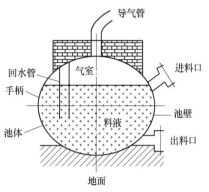

图7-5 玻璃钢沼气池示意图

30%。采用批量投料，原料预处理、碳氮比、pH等均按沼气发酵原理要求确定，往池内投料占池容的80%~85%。

（2）红泥塑料沼气池

这种发酵装置分为半塑红泥塑料沼气池和全塑红泥塑料沼气池两种。半塑红泥塑料沼气池应用较为普遍，它由水泥料池和红泥塑料气罩两大部分组成，如图7-6所示。

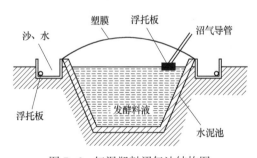

图7-6 红泥塑料沼气池结构图

红泥塑料沼气池多数不设进、出料间，气罩周边与水泥池接合处有封气环槽，将气罩周边铺入槽底，槽内装入沙、水，压住罩边防止漏气；还可用压杆卷边沿环槽压紧或用尼龙绳将气罩边与水泥地上周檐扎紧，进一步密封。它的投料与运行情况与玻璃钢沼气池类似，不同之处在于它出料时要将气罩揭开，敞口操作，使得池温易受外界影响；而玻璃钢沼气池有出料口。红泥塑料沼气池的优点是：结构简单、建池成本低，管理方便，出料容易；夏季池温比水压式池温高，但是一年内使用时间却比水压式池短。

7.4.1.4 其他发酵工艺

（1）干发酵工艺

干发酵工艺属批量投料沼气发酵类型。其主要特点是池中的发酵原料总固体含量多（20%~30%）。优点是省水，池容产气率高，可以缩小沼气体积，方便进出料。适宜于习惯用固体肥料的农村和干旱地区。

（2）两步发酵工艺

两步发酵工艺是指沼气发酵的产酸阶段和产甲烷阶段分别在两个池子里进行，如图7-7所示。

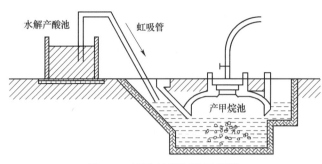

图 7-7　两步法沼气池示意图

第一个池子为水解产酸池，它是敞口池，产出的酸液流进第二个池子；第二个池子是普通的水压式沼气池，即产甲烷池。它以第一个池子产出的酸液为发酵原料，没有渣滓，产气率高，气中甲烷含量高。此工艺符合产沼气微生物的活动规律，实现了沼气发酵过程的最优化。该工艺还可节省建池容积和产酸池的建池成本，降低整个设施的造价；通过控制每天输入产甲烷池的酸液量，能人为地调解当天和第二天的产气量，即提高了产气量的可控性；实现了渣、液分离，便于出料和运肥。

7.4.2　大中型沼气技术

大中型沼气工程是指沼气发酵装置或日产气量应该具有一定规模，即单体发酵容积大于 $50m^3$，或多个单体发酵容积各大于 $50m^3$，或日产气量大于 $50m^3$ 的；其中某一项达到规定指标的，即为中型沼气工程。如果单体发酵容积之和大于 $1000m^3$，或日产气量大于 $1000m^3$ 的，其中某一项达到规定指标，即为大型沼气工程。

随着沼气工程建设发展，消化器不断更新，使消化器内存在的活性污泥随出水一起排出的缺点不断得到克服。新型消化器最大的特点是在消化器内滞留了大量的厌氧活性污泥，并且这些活性污泥在运转过程中会逐步形成颗粒状，这使污泥具有极好的沉降性能和较高的生物活性，从而大大提高了消化器的负荷和产气率。

7.4.2.1　高速消化器

高速消化器是全世界使用最多、适用范围最广的一种消化器。由于高速消化器内设有搅拌装置，使发酵原料与微生物处于完全混合状态，活性区遍布整个消化器，其效率比常规消化器有明显提高，如图 7-8 所示。

该消化器常采用恒温连续投料或半连续投料运转。高速消化器应用于含有大量悬浮固体的有机废水和废物。进入的原料由于搅拌作用很快与消化器内的全部发酵液混合，使发酵底部浓度始终保持相对较低状态，而其排出的料液又与发酵液的浓度相等，并在出料时与发酵微生物一起排出，所以出料浓度一般较高。

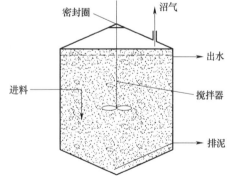

图 7-8　高速厌氧消化器示意图

7.4.2.2　接触式厌氧工艺

该工艺主要用于处理生活污水和工业废水，不仅可以提高微生物和废水之间的接触概率，从根本上解决了控制污泥停留时间这一问题，大大提高发酵效率，同时不增加占地面积和投资成本。其核心技术是增加了污泥沉淀和回流循环装置，污泥沉淀得以回流入消化器，将固体滞留期与水力滞留期加以区分，从而增加了消化器内固体物的滞留时间与活性污泥的浓度，同时还减少了出料中的固体物含量，使其具有较高的有机负荷和处理效率，如图7-9所示。

目前，南阳天冠集团、烟台酿酒厂等单位先后采用了该工艺来处理酒精废醪。该工艺可用于处理悬浮固体含量较高的废水，具有较大缓冲能力，操作过程较简单。

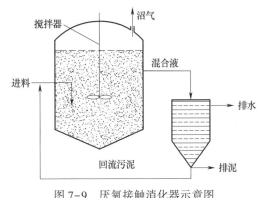

图7-9 厌氧接触消化器示意图

7.4.2.3 厌氧过滤器

厌氧过滤器是通过微生物在惰性填料的巨大表面积上形成生物膜的方法来保证微生物的滞留时间。厌氧过滤器生物床所用的填料属惰性物质，在一般溶剂内不溶解、不发霉、不腐烂、耐生物降解，如图7-10所示。应选取表面积较大、填充后孔隙率较高、价廉、来源广的惰性介质为宜，如塑料、卵石、炉渣、瓷环、合成纤维等制成的填料。填料不仅为微生物生长提供附着场所，而且在填料间隙还可以滞留污泥颗粒，起到阻挡水流冲刷的作用。

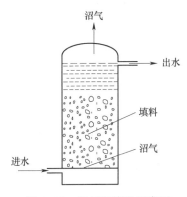

图7-10 厌氧过滤器示意图

此外，纤维填料生物膜消化器也是利用这一方法，但进行了一定的改进，其结构示意图如图7-11所示。消化器中有由维纶制成的纤维填料整齐地排列固定在填料架中。维纶具有较好的耐腐蚀性能，在一般有机溶剂及石油等溶剂内均不溶解，是一种理想的填料。其特点是孔隙率大、理论比表面积大、不易阻塞，抗腐蚀。此时纤维丝均匀地分布在液相空间，形成微生物的附着载体，废水从生物膜处流过，被分解消化，同时实现微生物自身的生长。生物膜的表面积大，因而有极强的消化能力。同时，在运行过程中，网状生物膜不断生长，密度越来越大，有可能在局部发生堵塞和形成小颗粒。这些小颗粒内部因缺乏营养而进入内源呼吸，这样生物膜便失去活性和附着力，随着纤维的飘动而被冲掉，形成沉积的颗粒，于是在消化器底形成了污泥床。

在实际运行过程中，纤维填料对进料浓度具有一定的适应性。当进料浓度小于30000mg COD/L时，消化器运转正常；而当进料浓度为50000mg COD/L时，由于进料浓

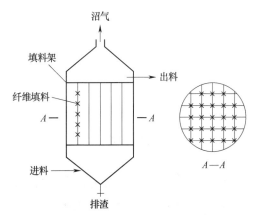

图7-11 纤维填料固定床生物膜消化器示意图

度过高，造成进料量超负荷，会导致消化器底部物料酸化，影响消化器的稳定运行。

7.4.2.4　上流式厌氧污泥床（UASB）

UASB 是指在消化器上部安装有气、液、固三相分离器，如图 7-12 所示。

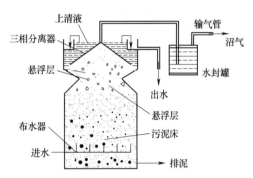

图 7-12　上流式厌氧污泥床厌氧反应器示意图

消化器内产生的沼气经过分离器被收集起来，污泥和污水升流进入沉淀区，由于该区不再有气泡上升的搅拌作用，悬浮于污水中的污泥发生絮凝和沉降，沿分离器斜壁滑回消化器内，使消化器内回收大量活性污泥。在消化器底部是浓度很高并具有良好沉降性能的絮状或颗粒状活性污泥，形成污泥床。有机污水从反应器底部进入污泥床并与之混合，活性污泥中的微生物分解有机物形成沼气，沼气以小气泡形式不断放出，在上升过程中逐渐合并成大气泡。由于气泡上升的搅拌作用，使得消化器上部的污泥保持悬浮状态，形成稀薄的悬浮层。有机废水自下而上经分离器从上部溢流排出。

在上流式厌氧污泥床内，颗粒污泥的形成是厌氧消化过程中的一个新发现，它实际上是产沼气微生物的天然固定化。颗粒污泥具有较高的产甲烷活性和良好的沉降性能，对消化器负荷的提高和运转的稳定性均有明显作用。

7.4.2.5　两步法厌氧消化器

两步法发酵或两相厌氧消化将沼气发酵过程中的水解酸化阶段和甲烷化阶段加以隔离，分别于两个消化器内进行。由于水解酸化菌群繁殖较快，所以酸化发酵器体积较小，采用高速消化器适宜用来处理含有大量渣滓的污水。由于产甲烷菌繁殖速度较慢，常成为厌氧消化的限速步骤，因而甲烷消化器体积较大。因为进料为可溶性有机酸溶液，所以甲烷化发酵器采用了上流式厌氧污泥床，如图 7-13 所示。

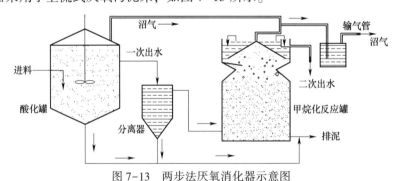

图 7-13　两步法厌氧消化器示意图

7.4.2.6　其他厌氧反应器

（1）干发酵

干发酵是指以固体有机废物为原料，在无流动水的条件下进行沼气发酵的工艺。1980年康奈尔（Cornell）大学根据美国能源部的要求首先进行了干发酵研究，用来处理农业剩余物或有机垃圾。干发酵原料的干物质含量在 20% 左右较为适宜，干物质含量超过

30%则产气量明显下降。由于干发酵时水分太少，所生成的挥发酸得不到稀释，因而在发酵启动时会因挥发酸的积累常引起 pH 的严重下降，导致发酵原料酸化，沼气发酵停止。为了防止酸化现象的产生，常用的方法有：加大接种物用量，使酸化与甲烷化速度能尽快达到平衡，一般接种物的用量为原料的 1/3～1/2；将原料进行堆沤时加入 1%～2%石灰，以中和所产生的有机酸。

（2）UBF 型消化器

UBF 型消化器是 UASB 和 AF 结合型消化器，是在 UASB 消化器内的一定部位安装了有过滤器作用的填料，目的是最大限度地保证沼气微生物在消化器内的数量，使其充分发挥作用。当 UASB 消化器内的污泥还未结成粒状污泥时，特别是启动时，污泥容易流失，经常需要进行污泥回流。为了尽量减少污泥流失，对消化器进行一定的改进，希望利用厌氧过滤器中填料阻隔污泥流失的作用。填料可装在三相分离器的下面或上面。消化器底部为 UASB，上端为 AF，装有软性填料。

（3）ABR 消化器

ABR 是在消化器内设置垂直放置的折流板，料液在消化器内沿折流板上下折流运动，依次流过每个格腔内的污泥床直至出口，在此过程料液中有机物质与厌氧活性污泥充分接触而被消化去除。ABR 消化器存在着多种形式，这类消化器兼有厌氧接触、厌氧过滤和 UASB 三种消化器的特点。此外，人们也对 ABR 消化器的结构作了多种改进，最终目的都是为了延长厌氧活性污泥的停留时间，促使进水分布均匀，使泥水混合良好。料液流经 ABR 消化器需要经过多次上下折流，虽然在每一个转角处必然存在一定程度的死区，但是 ABR 消化器的死区程度远小于其他结构形式的厌氧消化器。

ABR 消化器内没有移动部件，不需要搅拌设备，在容积不变的条件下，延长了料液的流程；而且颗粒污泥不是 ABR 良好运行的必要条件。虽然 ABR 消化器沿纵向运行将产酸与产甲烷过程分离开了，但是在同等的总负荷条件下，与单级厌氧消化器相比，ABR 消化器第一格腔要承受较大的负荷量，易造成第一格腔超负荷运行。

（4）厌氧膨胀床和厌氧流化床工艺

两者同属于附着生长型生物膜消化器，在其内部填有像沙粒一样大小的惰性介质，如焦炭粉、硅藻土、粉煤灰或合成材料等，颗粒直径一般为 0.2mm 左右。有机污水在介质空隙中自下而上穿流而过，污水及所产沼气的上升速度足以使惰性介质颗粒呈膨胀状态或流态化。每一个介质颗粒都被生物膜所覆盖，这样可使单位体积消化器可以悬浮生长或厌氧滤器工艺具有更大的有效表面积，能够支持更多的生物量，从而提高厌氧生物降解能力。但是，目前这两种消化器多为实验装置，生产应用的例子不多。

7.5　沼气工程设计

7.5.1　小型户用沼气池的设计

7.5.1.1　设计原则

小型户用沼气池的设计必须坚持"三结合"原则、"圆、小、浅"原则、安全通畅原则。

"三结合"原则是指沼气与畜圈、厕所相结合，人畜粪便不断进入沼气池内，保证正常产气、持续产气，并有利于粪便管理，改善环境卫生。

"圆、小、浅"原则是指池型以圆柱形为主，池容 $6 \sim 12m^3$，池深 2m 左右，圆形沼气池具有以下优点：第一，相同容积的沼气池，圆形比方形或长方形的表面积小，比较省料。第二，密闭性好，且较牢固。圆形池内部结构合理，池壁没有直角，容易解决密闭问题，而且四周受力均匀，池体牢固。第三，我国北方气温较低，圆形池置于地下，有利于冬季保温盒安全越冬。第四，适于推广。无论南方、北方，建造圆形沼气池都有利于保证建池质量，做到建造一个，成功一个，使用一个，巩固一个，积极稳步地普及推广。小，是指主池容积不宜过大。浅，是为了减少挖土深度，也便于避开地下水，同时发酵液的表面积相对扩大，有利于产气，也便于出料。

安全通畅原则是指进料管直，进料口加算子，出料口加盖。进料管直的目的是使进料流畅，便于搅拌。进料口加算子是防止猪陷入沼气池进料管中。出料口加盖是为了保持环境卫生，消灭蚊蝇孳生场所和防止人、畜掉进池内。

7.5.1.2　设计依据

设计与"模式"配套的沼气池，制定建池施工方案，必须考虑下列因素：

（1）土质

建造沼气池，选择地基很重要，这是关系到建池质量和池子寿命的问题，必须认真对待。由于沼气池是埋在地下的建筑物，因此，与土质的好坏关系很大。土质不同，其密度不同，坚实度也不一样，允许的承载能力就有差异。而且同一个地方，土层也不尽相同。如果在土层松软或沙性土或地下水位较高的烂泥土、池基承载力不大的地方建池，地基承受不了，必然引起池体沉降或不均匀沉降，造成池体破裂，漏水漏气。因此，池基应该选择在土质坚实、地下水位较低，土层底部没有地道、地窖、渗进、泉眼、虚土等隐患之处；而且池子与树林、竹林或池塘要有一定距离，以免树根、竹根扎入池内或池塘涨水时影响池体，造成池子漏水漏气；北方干旱地区还应考虑池子离水源和用户要近些，若池子离用户较远，不但管理（加水、加料等）不方便，输送沼气的管道也要很长，这样会影响沼气的压力，燃烧效果不好。因此，还要尽可能选择背风向阳处建池。

（2）荷载

确定荷载是沼气设计中一项很重要的环节。所谓荷载，是指单位面积上所承受的重量。如果荷载确定过大，设计的沼气池结构截面必然过大，结果用料过多，造成浪费；如果荷载确定过小，设计的强度不足，就容易造成池体破裂。荷载的计算标准一般为：池身自重（按混凝土量计算）为 $2.5t/m^3$ 左右，拱顶覆土为 $2t/m^3$ 左右，池内发酵原料为 $1.2t/m^3$ 左右，沼气池产气后池内受压为 $1t/m^2$ 左右。此外，经常出现在池顶的人、畜等压力以最大量考虑为 1t 左右。所以，地基承载力至少不能小于 $8t/m^2$。

（3）拱盖的矢跨比和池墙的质量

建造沼气池，一般都用脆性材料，受压性能较好，抗拉性能较差。根据削球形拱盖的内力计算，当池盖矢跨比在 $1:5.35$ 时，是池盖的环向内力变成拉力的分界线；大于这个分界线，若不配以钢筋，池盖则可能破裂，因此，在设计削球形池盖时矢跨比（即矢高与直径之比。矢高指拱脚至拱顶的垂直距离）一般在 1∶6~1∶4 之间；在设计反削球形池底时矢跨比为 1∶8 左右（具体的比例还应根据池子大小、拱盖跨度及施工条件等决定）。注意在砌拱盖前要砌好拱盖的蹬脚，蹬脚要牢固，使之能承受拱盖自重、覆土和其他荷载（如畜圈、厕所等）的水平推力（一般来说，其边缘最大拉力约为 10t），以免出现裂缝和下榻的危险；其次，池墙质量必须牢固。池墙基础（环形基础）的宽度不得小于 40cm（这是工程构造上的最小尺寸），基础厚度不得小于 25cm。一般基础宽度与厚度之比，应在 1∶（1.5~2）范围内为好。

7.5.1.3 设计参数

根据《GB/T 4750—2016 户用沼气池设计规范》，户用沼气池的主要设计参数包括以下几个方面：

① 气密性：设计池内压为 8kPa 或 4kPa 时，24h 观测（水压法或气压法均可）漏损率小于 3% 为合格。

② 工作气压：水压式沼气池内的沼气压强是一个变化的数值，随产气和用气条件的变化而变化。为了有利于产气和保证燃烧用气时的压力相对稳定，设计池内正常工作气压 ≤8kPa，采用浮罩贮气者，可选 ≤4kPa。

③ 产气率：目前，我国农村沼气池一般为常温发酵，当满足发酵工艺要求和正常使用管理的条件下，每立方米池容平均日产气量为 $0.2~0.4m^3$。

④ 贮气容积：所谓贮气容积是指水压式沼气池的水压间有效容积，浮罩式沼气池的浮罩气箱容积和气袋式沼气池的气袋容积。贮气容积的确定与用气情况有关，一般水压间和贮气浮罩的有效容积为日产量的 50%。

⑤ 沼气池容积：按照沼气池的用途和日最大耗气量确定池容积，是设计中的一个关键问题。具体说，沼气池容积与发酵原料的质量、产气率以及耗能标准密切相关。也就是说，与当前农民的生活水平和生产沼气的技术工艺水平高低有关。目前在我国广大农村地区多采用 $6~8m^3$ 的沼气池。

⑥ 投料量：沼气池的投料量应根据不同的贮气方式加以确定。对于水压式沼气池，设计最大投料量以不大于主池容积的 90% 为宜；浮罩贮气和气袋贮气的沼气池，设计最大投料量可按主池容积的 95% 考虑。

⑦ 地面活荷载：$200kg/m^3$。

⑧ 池拱覆土最薄处厚：≥250mm。

⑨ 地基承载力设计值：≥50kPa。

⑩ 未考虑池内产生负压力情况。

⑪ 强度安全系数 K：≥2.65。

⑫ 正常使用寿命 20 年以上。

7.5.1.4 容积设计和选址

（1）户用沼气池容积的确定

沼气池的容积应该根据每日发酵原料的品种、数量、用气量和产气率来确定，同时要考虑到沼肥的用量及用途。

北方地区冬季寒冷，产气量比南方低，一般家用池容积宜为 $8~10m^3$；南方地区家用池容积宜为 6m³ 左右。按照这个标准修建的沼气池，管理得好，春、夏、秋三季所产生的沼气，除供煮饭、烧水、照明外还可有余，冬季气温下降，产气减少，仍可保证煮饭的需要。并非"沼气池修得越大，产气越多"。大池如果发酵原料不足，管理措施跟不上，产气量还不如小池。但是，如果把沼气池修得很小，尽管管理方便，但影响沼气池蓄肥、造肥的功能，也不合理。

　　（2）沼气池选址

　　沼气池选址是保证建池质量的重要环节，如果选择不当会对以后使用造成影响，严重的会引起沼气池破裂而成为废池。

　　选址时原则上要做到猪厩、厕所、沼气池三者连通建造，达到人、畜粪便能自流入池；池址与灶具的距离宜尽量靠近，一般控制在 25m 以内；尽量选址在背风向阳、土质坚实、地下水位低和方便出料的地方。不要在低洼、排水困难、林地、旧井、旧窖等土质松软的地方建池。

　　一般土质均匀的黏土、亚黏土、亚砂土等地基均可直接建池，如遇上流沙、松软膨胀土或湿陷性黄土等特殊地基，必须经加固处理后方可施工，并采用相应的建池技术。常用的处理方法有：换土、夯实、增铺块石垫层、打桩、扩大基础等方法。

7.5.2　大中型沼气工程设计

7.5.2.1　工程最终目标

　　为规模化畜禽场、屠宰场或食品加工业的酒精厂、淀粉厂、柠檬酸厂等设计沼气工程，首先要明确工程最终达到的目标。最终目标基本上有三种类型：一是以生产沼气和利用沼气为目标；二是以达到环境保护要求，排水符合国家规定的标准为目标；三是前两个目标的结合，对沼气、沼渣和沼液进行综合利用，实现生态环境建设。工程达到的最终目标，要由厂方提出，或者由设计方根据原料来源的具体情况，给厂方提出参考意见，确定工程最终目标。

7.5.2.2　工程设计注意事项

　　工程建设涉及国家或集体的投资，一项工程的寿命至少定为 15~20 年，所以原料供应要相对稳定，尤其是以畜禽场粪污为原料的大中型沼气工程。出售肉猪容易受到市场价格的起落而转向经营，更要注重粪便原料的相对稳定。

　　必须重视沼气、沼渣和沼液的综合利用。以环保达标排放为目标的大中型沼气工程，因为是以环保效益和社会效益为主，只有对沼气、沼渣和沼液进行综合利用，才能增大工程的经济效益，没有经济效益的项目，建设者不愿意投资。

　　在工程设计中，单一追求高指标，忽略了工程总体技术的可靠性、操作简便性、运行费用低这三个方面，可能会使工程半路夭折，终止运行，因此工程设计必须把追求高指标与实用性二者相结合。

7.5.2.3　工程设计内容

　　工程设计内容应当包含工程设计依据和内容、总体布局设计以及工程流程设计等。

　　工程建设的批复文件、国家对资源综合利用方面的优惠政策、国家对工程建设项目的相关规定、工程设计的技术依托单位等，都是工程设计的具体依据，需要明确。

工程建设项目必须符合国家或部门规定的相关条款要求，还要根据场地和原料来源等具体情况，进行全面综合设计。不论情况如何变化，共性的设计内容应包括：工程选址和总体布置设计、工艺流程设计、前处理工艺段设备选型与构筑物的设计、厌氧消化器结构形式的设计、后处理工艺段设备选型与构筑物设计、储气罐设计、沼气输气管网设计及安全防火等。

总体布置需要在满足工艺参数要求的同时，与周围的环境相协调，选用设备装置及构筑物平面布局与管路走向合理，并要符合防火相关条款规定。若以粪便为原料来源，在条件允许时，还要考虑养殖场生产规模扩展的可能性。

工艺流程设计是工程项目设计的核心。要结合建设单位的资金投入情况、管理人员的技术水平、所处理物料的水质水量情况，还要采用切实可行的先进技术，最终实现工程的处理目标。工艺流程要经过反复比较，确定最佳的适用的工艺流程。大中型沼气工程的工艺流程，概括来讲，包括原料的预处理、沼气发酵、后处理等几部分，且每一部分又包括很多项目。

7.5.2.4 装置的选型与设计

大中型沼气工程工艺流程可分为三个阶段：预处理阶段、中间阶段和后处理阶段。料液进入消化器之前为原料的预处理阶段，主要是除去原料中的杂物和沙粒，并调节料液的浓度。如果是中温发酵，还需要对料液升温。原料经过预处理使之满足发酵条件要求，减少消化器内的浮渣和沉沙。料液进入消化器进行厌氧发酵，消化掉有机物生产沼气为中间阶段。从消化器排出的消化液要经过沉淀或固液分离，以便对沼渣进行综合利用，此为后处理阶段。由于原料不同，运行工艺不同，每个阶段所需要的构筑物和选用的通用设备也各有不同。

大中型沼气工程所选用或设计的装置与构筑物必须满足发酵工艺要求，最终达到总体设计目标。

在满足料液悬浮物沉淀或者分离，实现事先预计的消化负荷和 COD_{Cr} 去除率的前提条件下，结合原料水质水量的具体情况，参照相关的设计规范和同类运行的工程实例，来设计本工程的装置结构或选用标准设备。

规模化养猪场粪便污水的预处理阶段，需要选用格栅及除杂物的分离设施。对格栅可在环保工程设计手册上选到适宜的型号。杂物分离设施可选用斜板振动筛（图7-14）或振动挤压分离机等。

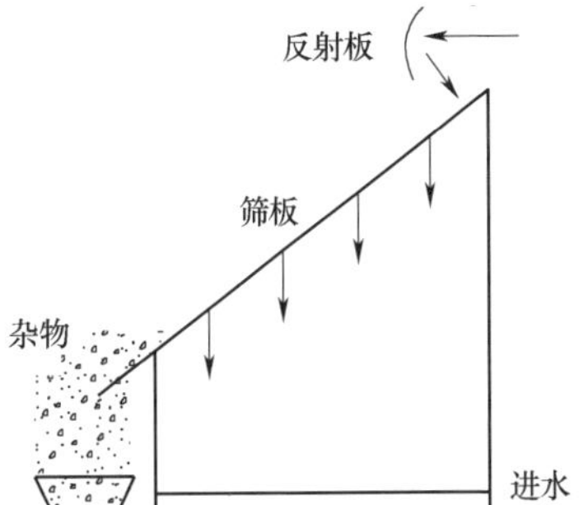

固液分离是把原料中的杂物或大颗粒的固体分离出来，以便使原料废水适应潜水污水泵和消化器的运行要求。

图7-14 水力斜板振动筛

淀粉厂的废水前处理设施，可选用真空过滤、压力过滤、离心脱水和水力筛网等设施，也可选用沉淀池（竖沉罐）等设施，如图7-15所示。以玉米为原料的酒精厂废水前处理，可选用真空吸滤机、板框压滤机、锥篮分离机和卧式螺旋离心分离机等，以薯干为原料的酒精厂废水前处理先经过沉沙池再进入卧式螺旋

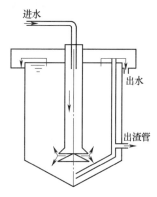

图 7-15 沉淀池（竖沉罐）

离心机。

在后处理阶段，以环保为目标的工程，后处理装置是好氧处理设施。以能源环保相结合为目标的工程，消化液后处理包括沼渣沼液的分离、储存和综合利用设施。当沼液用于滴灌、用作叶面喷施肥、需要进一步处理或需要单独将沼渣作固态有机肥时，应对沼渣沼液进行固液分离。沼渣沼液分离设备的选择应根据被分离的原料性质、浓度、要求分离的程度和综合利用的要求等因素确定。分离设备的处理能力应与被处理的沼渣沼液量相匹配。沼渣沼液总固体含量≥5%时，宜选用螺旋挤压固液分离机；沼渣沼液总固体含量<5%时，宜选用水力筛式固液分离机。分离后的沼渣沼液用池储存。液储存池应能满足所施用农作物平衡施肥要求，其容积应根据沼渣沼液的数量、储存时间、利用方式、利用周期、当地降水量与蒸发量确定。沼液可用作浸种、根际追肥或叶面喷施肥。沼渣可用作农作物的基肥、有机复合肥的原料、作物的营养钵（土）、食用菌以及养殖蚯蚓的基料等。有害物质允许含量应符合《GB 4284—2018　农用污泥污染物控制标准》的规定，必要时应进行无害化处理。

7.5.2.5　输气系统的设计

压力降又叫压力损失，是气体从输气系统的一处流到另一处时压力的减少量。它是衡量输气畅通程度的指标。输气系统的压力降由沿程压力降和局部压力降两部分组成，即式（7-1）：

$$\Delta p = \Delta p_{沿} + \Delta p_{局} \tag{7-1}$$

式中　Δp——系统压力降

$\Delta p_{沿}$——沿程压力降

$\Delta p_{局}$——局部压力降

沿程压力降和局部压力降可以实测求得，或者通过水力计算求得。

设计沼气输气系统，首先要经过管网的水力计算。对输气系统的计算，通常叫水力计算。水力计算的目的有三方面：

① 根据已知输气系统要通过的沼气流量、输气管管长和允许的压力降，求输气管所需的管径；

② 根据已知输气管的管径、管长和要求通过的沼气流量，求压力降；

③ 根据已知的起始压力、管长和管径求可以通过的沼气流量。前者可以用来计算新敷设的沼气管道的管径，后二者可以用来核算已敷设的沼气管道的压力降和沼气通过的能力。

根据上述计算方法和原则，可分别在不同的已知条件下，求得输气管管径、压力径，以及允许通过的沼气流量。

以上是单管系统的计算，若系统是由两个或两个以上支管组成的，亦可用同样方法分段进行计算。

通过正确计算的输气系统的管径，在一定的压力降范围内，流量大的或管路长的应比流量小的或管路短的管径大些，总管要比分支管管径人些。根据计算的结果，可绘制成简单施工图。

沼气集中供气的输配管网系统，主要由中、低压沼气管网、沼气压送站、调压计量站、沼气分配控制室及储气罐等组成。

（1）集中供气方式

① 低压供气：低压供气系统由变容湿式低压浮罩储气罐和低压供气站组成，目前我国已建成的集中供气站，多数是采用低压供气。低压供气管路系统比较简单，容易维护管理，不需要压送费用，供气可靠性较大，但供气压力低。当供气量及供气区域大时，需要设大管径干管，不太经济，并难以保证压力稳定和供气均衡。此外，由于沼气在湿式储气罐内被水蒸气饱和，管道和流量计容易发生积水、锈蚀等故障，故只用于供应区域范围小的情况。

② 中压供气：中压供气是将消化器或储气罐的沼气加压至几千毫米水柱后送入中压管路，在用户处设置调压器，减压后供给炉具使用。中压供气适用于供气规模较大的沼气站，这种供气系统的优点是能节约输气管路费用；而缺点是要求用户用阀门控制流量调压，如用户调节不好，就会降低炉具的燃烧效率。

③ 中、低压两级供气：中、低压两级供气是综合了低压和中压气的优点设计的。中、低压供气系统设置了调压站，能比较稳定地保持所需的供气压力。但这种系统由于设置了压送设备和调压器，维护管理较复杂，费用也较高，供气时需用动力，当停电时则不能保证供气。

（2）输气管及其附件

输送沼气的管道当前所用的管材有钢管、铸铁管、塑料管（聚氯乙烯硬管、聚乙烯管和红泥塑料管）。对输气管总的要求是：具有足够的机械强度，即优良的抗腐蚀性、抗震性和气密性等。

① 钢管：钢管具有较高的拉伸强度，易于焊接，气密性能得到保证，易受腐蚀。在选用钢管时，管径大于150mm时，选用螺旋卷焊钢管。钢管壁厚应视埋设地点、土壤和交通载荷而定，一般壁厚不小于3.5mm；在街道红线内不小于4.5mm；穿越重要障碍物和土壤腐蚀性极强的地段时，应不小于8mm。

② 铸铁管：铸铁管比钢管抗腐蚀性能强，使用寿命长，但不易焊接。由于材质较脆，不能承受较大的应力，在动载荷较大的地区不宜采用。

③ 塑料管：塑料管密度小，运输、加工和安装均很方便；化学稳定性高，耐腐蚀性能好；硬塑料管内壁光滑，摩擦阻力小，在相同的压力差情况下，比钢管的流量增加40%。硬聚氯乙烯管的拉伸强度虽然比聚乙烯管高，但其拉伸强度随温度和时间的增加而降低。聚乙烯管的密度更小，而冲击强度比聚氯乙烯管高约3倍，很适合在寒冷地区使用。硬聚氯乙烯管的线膨胀系数大，是钢管的6~8倍，受热易变形下垂，刚性较差，切口处强度较低。施工安装时，尽可能不要采用螺纹连接。塑料管粘接和焊接时，要采用承插口。

④ 冷凝水排放装置：为排除沼气管道中的冷凝水，在敷设管道时应有不小于0.5%的坡度，以便在低处设排水器，将汇集的水排出。

（3）管道的布线及施工安装

管道系统的布线及施工安装应严格按施工图纸进行，工作时要遵守下列原则和注意事项：

① 施工安装前，对所有管道及附件要求进行检验，并进行气密气试验；

② 管线布置要求尽可能近、直，以减少压力损失；

③ 施工时，所有管道的接头要连接牢固和严密，防止松动和透气；

④ 输气管道架空时高度应在地面 4m 以上，若沿墙架高可适当降低高度；埋地下时，南方的深度应在 0.5m 以下，北方则应在冻土层以下；

⑤ 敷设管道应有坡度，一般坡度为 0.5% 左右。坡向冷凝水排放装置一侧，管道打弯处不要太急。

（4）输配系统的试验

沼气输配系统施工及安装完成后，需要进行系统试验。

① 管道强度试验：试验的目的是检验管子强度，重点检查管道的焊缝和接头的技术状态。一般使用压缩空气来进行试压，试验压力一般为 1.5 倍的工作压力，但不能小于 10^5Pa 的试验压力，试压长度般不小于 1km。检验时，用肥皂液涂在焊缝和接头处，或用探伤仪检查。

② 管道气密性试验：气密性试验方法是先在管道上填土不少于 0.5m，经 6~12h 待管道内空气温度与埋管的土温一致后，进行不少于 24h 的试验。其允许压力降参照《GB/T 4751—2016 户用沼气池质量检查验收规范》的 7.2.1 条和 7.2.2 条中的规定，应在 3% 以内，如式（7-2）所示：

$$\frac{p_1 - p_2}{p_1} \leqslant 3\% \tag{7-2}$$

式中　p_1——试验开始时管路中燃气压力，Pa

　　　　p_2——经过 24h 后管路中燃气压力，Pa

③ 对硬聚氯乙烯及聚乙烯管的气密性试验 采用 10^4Pa 压力，24h 内管道压降不超过 196Pa（$20mmH_2O$）为合格。

如果生产的沼气都用于本单位的锅炉助燃或者是厂内发电，可以按照水力计算规定进行。根据已知输气管路要通过的沼气流量、管路长度和允许的压降，求输气管路的管径，再进一步算系统压力降即可。

如果沼气供给居民作炊事燃气用，管网设计必须符合城市煤气输配管网的设计规范。煤气管网设计和施工是专业性很强的特殊工程，沼气作为炊事燃气，类同城市供气，按规范要求，应该由具备燃气设计资质和施工资质的单位承担沼气工程燃气管网的设计和施工。

7.5.2.6　储气罐设计

在大中型沼气工程中，沼气储存是重要的组成部分。用气量的变化和产气量的波动，均会造成供气不均衡，因此需配置沼气储气罐进行调节。在产气量大于用气量时，将多余的沼气送入储气罐；反之，则由储气罐供气，以维持供需平衡。所以，有必要合理设置储气罐的总容积。要确定储气罐的容积和数量，必须首先确定用气量。

影响居民用气量的因素很多，包括生活水平、生活习惯、灶具、气候等诸因素。可按居民过去使用的燃料消耗量进行折算。

折算后的每人年沼气用气量如式（7-3）所示：

$$V_{人年} = \frac{GQ_1\eta_1}{Q_2\eta_2} \tag{7-3}$$

式中　$V_{人年}$——折算成用沼气量（标准状态下），$m^3/(人\cdot年)$

　　　　G——过去使用燃料年消耗量，$kg/(人\cdot年)$

　　　　Q_1——过去使用燃料低位发热量，kJ/kg

　　　　η_1——旧炉灶热效率

　　　　η_2——沼气灶热效率

　　　　Q_2——沼气低位发热量（标准状态下），kJ/m^3

一般取 η_1 为 12%~18%；η_2 为 55%。

沼气工程的年用气量根据用气居民人数（或户数）与人均年用气量计算，见式（7-4）：

$$V_n = nV_{人年} \tag{7-4}$$

式中　V_n——居民年用气量（标准状态下），$m^3/年$

　　　　n——用气人数（或户数，若用户数，则需乘以每户人数），人

　　　　$V_{人年}$——人均用气定额（标准状态下），$m^3/(人\cdot年)$

沼气输配管网中每一刻的用气量都不尽相同。沼气输配管网的通过能力应该按高峰月平均小时用气量即单位时间沼气最大用气量来计算确定，即式（7-5）：

$$G_T = K_{max}\frac{V_{人年}}{8760} \tag{7-5}$$

式中　G_T——沼气输配管网小时通过气量（标准状态下），m^3/h

　　　　$V_{人年}$——年用气量（标准状态下），$m^3/(人\cdot年)$

　　　　K_{max}——月高峰不均匀系数，$K_{max}=\dfrac{高峰月平均用气量}{全年平均用气量}$

我国多数地区一、二月份用气量最大，是高峰月。在设计沼气站输配时，应考虑高峰月的用气量，一般取 K_{max} 为 1.1~1.3。乡镇沼气最大小时用气量的确定，关系到沼气输配管网的经济性和可靠性。最大小时用气量选择过高，就会增加输配管网的投资费用；反之，又会影响供气的可靠性。

储气罐的容量应按最大小时用气量来确定，还必须考虑工业用气量和民用用气量的比例。若用气量均匀的用户沼气耗量所占的比重大，则储气容积就小；如果居民用户所占比重大，同时又必须考虑节假日期间的用气高峰，所需的储气容积就大。工业和民用不同用气比例的参考储气量见表7-3。

根据运行经验表明，储气罐容积以日供气量的 50%~60% 为宜，也可计算求得。

一般小型储气罐内的沼气压力为 735~880Pa，大中型沼气工程储气罐内的沼气压力为 2000~3500Pa。这种压力是由储气罐浮罩的重力来提供，若浮罩太轻，则需要增加配重来提供正确的压力。

表 7-3	工业和民用不同用气比例参考储气量	单位：%
工业用气量占日用气量	民用用气量占日用气量	储气罐容积占计算月平均日用气量
50	50	40~45
>60	<40	30~40
<40	>60	50~60

储气罐出口压力适当高一些好，可使灶前压力保持稳定，使炉具和燃用沼气的发动机处于较好状态下工作。

储气罐出口压力如式（7-6）所示：

$$p_{out} = \frac{m_c g}{A_c} \tag{7-6}$$

式中　p_{out}——储气罐出口压力，Pa

　　　　g——重力加速度，9.8m/s^2

　　　　m_c——浮罩质量，kg

　　　　A_c——浮罩水平截面积，m^2

如果储气罐出口压力不符合计算压力要求时，应采取增加配重的方法来达到设计要求的出口压力。

沼气储气罐有以下几种形式：

（1）变容湿式低压储气罐

钢制储气浮罩，以导向轮沿纵向导轨在水槽内的水中上下浮动，如图7-16所示，为变容湿式低压储气罐。由浮罩重力和配重提供一定沼气出口压力，压力一般为1500~3500Pa。变容湿式储气罐的优点是：沼气压力比较稳定，有利于燃烧器燃烧，可靠性好；主要缺点是：占地面积大，投资费用高。

为了防止浮罩上升时倾斜，配重要逐个称重，分组组合，并将重量相等的一组对称布置，使浮罩在水中处于垂直稳定位置。

储气浮罩应设有高位、低位限位装置。一般可在浮罩周围设置两根自动放空管，当浮罩上升到高位时，自动放空管的底部就离开水封面，沼气从放空管放出，防止浮罩内因储气过量而发生事故。浮罩低位保护装置，是在浮罩内沼气出气立管上口处设置安全罩，当浮罩下降到最低位置时，安全罩即罩住出气立管上口，从而防

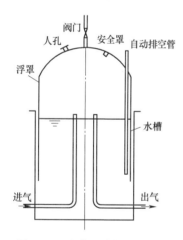

图 7-16　变容湿式低压储气罐

止浮罩内被过量抽气而形成真空，造成浮罩顶部变形。水槽内的水位高度要注意检查，防止因水封高度不足而造成沼气泄漏。在提高沼气出口压力时，应采用混凝土块或铸铁块来增加浮罩的配重量。

变容湿式储气罐的试验：

① 储气罐水槽进行注水试验，存水时间不少于24h，检查水槽壁是否漏水。

② 浮罩充气，待浮罩升起后，压力计指示值应与储气罐设计压力相近。此时要用肥

皂水涂抹壁板及顶盖焊缝，进行气密性试验，如有泄漏随即补焊。

③ 储气罐气密性试验合格后，打开顶盖中间阀门，使浮罩缓慢下降。在上升和下降过程中要观察导轮与导轨接触情况，如互相配合不好，在二次升降前应加以调整。

④ 用空气压缩机对储气罐进行 1~2 次快速升降，升降速度每分钟不超过 1.5m。

⑤ 储气罐的浮罩升起后，如 U 形压力计指示压力与设计压力偏差过大，则应重新调整配重。

经过试验后，如所有焊缝及密封接口处均无泄漏；导轮无卡轨、无脱轨；升降机构未造成壁板变形；储气罐各部分无变形；安全限位装置动作准确，则认为储气罐试验合格。

（2）卧式中压储气罐

将沼气采用压缩机升压，沼气压进储气罐中的压力达到 100kPa~2MPa。使用沼气时，应按使用要求降低到规定的压力，通常由减压阀调节压力。卧式中压储气罐结构如图 7-17 所示。

这种储气罐突出特点是容积较小，占地面积少，但投资较高，要求有特别的安全措施，一般用于工业。

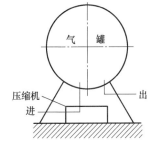

图 7-17 卧式中压储气罐

7.5.2.7 沼气脱硫

7.5.2.7.1 沼气成分的生理特性

沼气成分对人或牲畜的危害程度可以从生理效应来分析。生理反应是指一定量（浓度）的气体，在一定的时间内，对人或重 68kg 的动物所产生的生理反应。体重轻的动物反应较快，重的动物则反应较慢。我国职业卫生标准《GBZ 2.1—2019 工作场所有害因素职业接触限值　第 1 部分：化学有害因素》中规定：$10mg/m^3$ 是工作场所空气中 H_2S 含量职业接触的上限。国家安全生产行业标准《AQ 2017—2008　含硫化氢天然气井公众危害程度分级方法》规定，H_2S 气体含量在居民区的空气中不得超过 0.00001mg/L；在工厂车间不得超过 0.01mg/L；在城市煤气中不得超过 0.02mg/L。因为 H_2S 含量达 1.2~2.8mg/L 时可使人立即致死，0.6mg/L 时在 0.5~1h 内致死。沼气中各种成分的生理特性列于表 7-4。

表 7-4　　　　　　　　　　　　　沼气成分的生理特性

气体成分	浓度/(mg/L)	暴露时间/h	人的生理反应
CH₄	0.5	—	窒息、头痛、非中毒
CO	0.02	—	安全
	0.03	—	气嘴
	0.04	—	昏昏欲睡、头痛
	0.06	0.5	呼吸困难、窒息
	0.3	0.5	可能致命
H₂S	0.001	数小时	刺激眼
	0.002	1	头痛、眩晕
	0.005	0.5	恶心、兴奋、失眠
	0.01	—	失去知觉、致死

由表7-4可见，沼气成分中大多数仅仅是一些窒息性气体，而 H_2S 气体则是有毒性的。从各种处理厂沼气中含 H_2S 的量来看，按顺序如下：

城粪处理厂沼气中含有 7.56~7.59mg/L；屠宰场沼气中含有 1.7~1.96mg/L；禽畜厂沼气中含有 1.22~1.79mg/L；酒厂沼气中含有 0.96~1.15mg/L。

对于制酒行业，要注意在制酒发酵过程中是否添加了硫酸铵。有时由于添加大量硫酸铵，沼气中 H_2S 的含量高达 11.38mg/L，比不添加之前增长 11 倍之多。

以上阐述说明，必须设法除去沼气中的 H_2S 有毒气体，以达到国家标准的要求。

H_2S 气体腐蚀性很强，当空气过量时，燃烧生成 SO_2，在有水蒸气的环境中，会变成具有强烈腐蚀性的硫酸（H_2SO_4）。硫酸的露点在 90~160℃ 之间，因浓度而异。接触到金属（特别是有色金属）就会使其受到腐蚀，例如沼气发动机的轴承和一些配合表面会出现腐蚀现象。H_2S 还会使发动机的润滑油变质，从而加快发动机磨损。

7.5.2.7.2 氧化铁法脱硫

沼气中的 H_2S 含量如果过高，则需要采取措施脱除。氧化铁法脱硫，是以氧化铁为基本的脱硫剂，脱去沼气或煤气中的硫化物，其反应式为：

$$脱硫 \quad Fe_2O_3 + 3H_2S \longrightarrow Fe_2S_3 + 3H_2O$$
$$再生 \quad 2Fe_2S_3 + 3O_2 \longrightarrow 2Fe_2O_3 + 6S$$

氧化铁存在着多种形式，而只有 $\alpha\text{-}Fe_2O_3 \cdot H_2O$ 和 $\gamma\text{-}Fe_2O_3 \cdot H_2O$ 这两种形态能作为脱硫剂。氧化铁吸收硫化氢的反应速度视其与氧化铁表面的接触程度，要求脱硫剂的孔隙率应不少于 50%。氧化铁法脱硫化氢时，沼气中的 H_2S 在固体氧化铁（$Fe_2O_3 \cdot H_2O$）的表面进行反应，沼气在脱硫器内的流速越小，接触时间越长，反应进行得越充分，脱硫效果也就越好。当脱硫剂中的硫化铁含量达到 30% 以上时，脱硫效果明显变差，脱硫剂不能继续使用，需要再生。将失去活性的脱硫剂与空气接触，把 $Fe_2S_3 \cdot H_2O$ 氧化析出硫磺，便可使失去活性的脱硫剂再生。由于再生时析出硫沉积在氧化铁的表面，有时达氧化铁含量的 2.5 倍以上，所以要求将其中的硫分离出来，或者只好更换新的脱硫剂。

7.5.2.7.3 氧化铁法脱硫装置

脱硫装置多为塔式，如图 7-18 所示。塔内装有中央为圆孔的吊筐。叠置起来的吊筐在净化塔中心形成圆柱形沼气通道，如图上箭头所表示的方向。沼气由塔底进入中心通道，并均匀分布进入各个吊筐中，通过脱硫剂层后进入吊筐与塔壁形成的空隙内，而由塔侧壁排出。气体以正常的速度通过脱硫剂时，每米厚脱硫剂的阻力为 1250~2500Pa。沼气与脱硫剂接触时间，一般取 50~300s。脱硫后沼气中含硫化氢量应降低到 10~20mg/m³。脱硫器的直径 D，一般按 $H/D = 2 \sim 3$ 选取。脱硫器其他尺寸，按图 7-19 标注尺寸关系计算；脱硫剂宜分层装填，要求再生或更换方便。

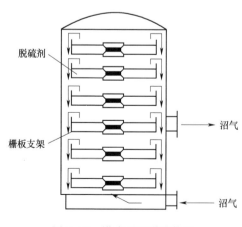

图 7-18   塔式干法脱硫装置

7.5.2.7.4　脱硫器的使用

连续干法脱硫器，一般采用三个脱硫塔串联工作，如图7-20所示。颗粒状脱硫剂是相互转换使用，新鲜脱硫剂首先装入第3塔，然后由第3塔排出。经过活化萃取后，依次再装入第2塔和第1塔。脱硫剂从第1塔排出，再采用过氯乙烯萃取脱硫剂中的硫元素，将处理过的脱硫剂转换到第2塔循环使用。装置中约80%的脱硫剂要经过萃取，各塔内脱硫剂经过活化、萃取、过筛后损失掉一部分，只能用新鲜脱硫剂来补充。

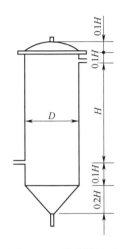

图7-19　脱硫器尺寸

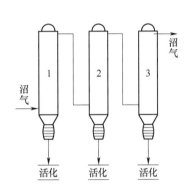

图7-20　连续干法脱硫器

连续脱硫装置节约了脱硫的处理费用，并实现工艺过程的连续性。当脱硫器出口沼气中 H_2S 含量超过使用要求指标时，即使脱硫剂中硫化铁含量未到30%，也应进行脱硫剂的再生。再生过程要控制好床层温度，一般为30~70℃，最高不能超过90℃。

对于吸附硫量较小的情况，一般采用空气再生，当床层温度升高过快时，则调节空气进气阀来控制温度。对于含硫量高的情况，则要采取强制通气再生。

再生过程所需时间取决于吸硫量的多少，吸硫量多，再生过程长；否则再生过程短。再生一般为2~3次。待床层温度不再上升，而进口和出口空气中的含氧量基本相等时，则表明再生过程结束。

7.5.2.8　安全防火

为确保沼气工程运行安全可靠，除了沼气专业技术要求以外，在发酵罐和储气罐浮罩顶盖上，要加装安全窗，整体工程系统设计要符合建筑设计防火规范和建筑物防雷设计规范。

为确保沼气工程正常运行，必须经常检查设备的技术状态，注意维护保养。还必须注意安全防火。

（1）安全生产

① 安全生产规程以及防火措施，形成规章制度，张贴在沼气站醒目的地方；

② 安全警示牌要挂在站内重要的防火区和外来人出入的场所；

③ 沼气站内设有必要的防火栓、防火器材，并指定专人管理；

④ 沼气站内设有固定的安全员，定期检查安全生产和防火制度执行情况，督促检查

及时消除不安全因素的隐患；

⑤ 沼气生产设备顶部应该装有安全阀、安全窗，沼气应经过净化等措施，沼气输气管道应装有阻火器和冷凝水排水装置；

⑥ 沼气阻火器采用不锈钢细丝网制成球状或滚筒形，装入输气管道起阻火作用；

⑦ 冷凝水排水器应安装在管路的低点处，便于排水；为操作方便，将阀门安装在阀井内；在管路的适当位置安装补偿器，以防止热胀冷缩损害管路。

（2）防火防爆

① 沼气中的甲烷比空气轻，容易着火，与空气或氧气混合达到一定比例时，就成为一种易爆炸的混合气，遇到明火就会发生爆炸；空气中含甲烷 25%～30% 时，对人畜会产生一定的麻醉作用。沼气中混合 25% 以下的少量空气是无危险的。要求储存和输送沼气的罐体和管道周围，有良好的通风措施。

② 有爆炸危险的房间，门窗应向外开启，设计有足够的泄爆系数，室内应设有可燃气体报警器，并与排风扇开关连锁。

③ 沼气站内的电器设备，必须具有防爆设施或者用防爆电器。

④ 沼气站应按规定安装避雷针，接地电阻 ≤10Ω。

7.5.3　沼气发酵消化器设计

7.5.3.1　消化器的设计要求

消化器是大中型沼气工程的核心处理装置。众多的设计者都努力在消化器结构形式上精心设计，以便提高处理负荷，同时又在追求适中的造价。

由于沼气发酵的原料不同，发酵处理的最终目标不同，工程设计采用的发酵工艺也有所不同。因此进行沼气工程设计时，必须要根据政府部门批准的计划任务书要求和所处理原料的特性，按照沼气发酵工艺参数要求，选定工艺类型和运行温度（常温、中温或高温），最后确定消化器的总体容积和结构形式。对消化器设计的总体要求应该注意以下几点：

a. 应最大限度地满足沼气微生物的生活条件，要求消化器内能保留大量的微生物；b. 应具有最小表面积，有利于保温，使散热损失量最少；c. 要使用很少的搅拌动力，可使新进料液与消化器内的污泥混合均匀；d. 易于破除浮渣，方便去除器底沉积污泥；e. 要实现标准化、系列化生产；f. 能适应多种原料发酵，且滞留期短；g. 应设有超正压和超负压的安全措施。

7.5.3.2　消化器设计主要考虑内容

设计消化器要根据所处理原料的物性特点，应该以竭尽全力为沼气微生物创造良好的活动条件为目的。按照生物化学、传热学、流体力学和机械原理等相关内容进行设计，以使消化器不断完善和更新，促进沼气发酵技术的发展。

消化器结构形式是由该工程所处理原料的水质条件和最终要达到的处理目标要求来决定的，也与设计者的技术水平和实践经验密切相关。

处理原料是各种有机废水，包括食品加工行业排放的废水，如酒精厂的醪液、淀粉厂废水、柠檬酸厂废水，还包括规模化养殖场排放的畜禽粪便污水和屠宰厂排放的废水等。

水质物性包括所处理原料的 TS（总固形物）、SS（悬浮物）、COD_{Cr}、BOD_5、原料的温度和 pH 高低等。

要明确工程最终处理目标是达标排放的环保项目，还是对沼气、沼渣、沼液进行综合利用的生态工程项目。

消化器容积大小与沼气发酵原料的物料特性、消化液浓度和水力滞留期有关。消化液容积 V_1 与每日处理原料量、消化液浓度、消化液密度和水力滞留期有关，按式（7-7）计算：

$$V_1 = \frac{Gw_{干物质} \times t_{HR}}{w_{TS}\rho} \tag{7-7}$$

式中 V_1——消化器中消化液容积，m^3

　　G——消化器单位时间进原料量，kg/d

　$w_{干物质}$——原料干物质质量分数，%

　　t_{HR}——消化器水力滞留期，d

　　w_{TS}——消化液总固形物质量分数，%

　　ρ——消化料液密度，kg/m^3

消化器总容积＝消化器中消化液容积（V_1）+消化器的储气容积（V_2），一般取 V_2＝（8%~10%）V_1，即式（7-8）：

$$V = V_1 + V_2 = \frac{Gw_{干物质} \times t_{HR}}{w_{TS}\rho}(1+10\%) \tag{7-8}$$

消化器总容积经计算确定后，按所选用的消化器类型来相应地确定消化器的内径和高度。要充分考虑如何提高消化器的容积利用率和协调诸参数间的关系。

7.5.3.3 消化器的保温设计

采取中、高温运行的大中型沼气工程，消化器内料液的温度或是 35℃，或是 54℃。而消化器周围环境温度却随着四季更替或昼夜交换而变化，为确保消化器能在恒温条件下运行，必须以当地最寒冷时刻的气温条件，确定保温层的厚度，对消化器进行保温设计。

按传热学原理确定消化器保温层厚度也是个复杂的计算问题。如果忽略次要因素，只考虑消化器壁与周围环境的热传导一个因素，即可简化计算，建立热量平衡式。在一昼夜里，若不考虑排料带走的热量，进料供给消化器的热量等于这一天消化器通过外表面散失给周围环境的热量，见式（7-9）和式（7-10）：

$$Q = 86400\lambda A \frac{T_2 - T_1}{\delta} \tag{7-9}$$

$$Q = cG(T_3 - T_2) \tag{7-10}$$

式中 Q——每天进料热量或消化器散失的热量，kJ

　　c——料液比热容，kJ/（kg·℃）

　　G——日进料液量，kg

　　T_3——进料料液温度，℃

86400——1d 的秒数，s

T_2——消化液温度，℃

T_1——最低环境温度，℃

λ——保温材料的热导率，W/(m·℃)

A——消化器导热面积，m²

δ——保温层厚度，m

把已知的参数代入上式中，就可求出 Q 值。保温层外表还要安装保护层，以防自然风化而破损。设计按规范进行，并要结合现实工程的一些经验。

思 考 题

1. 简述沼气在"绿色革命"中的发展历程。

2. 在农村发展沼气对改善环境有哪些积极作用？

3. 甲烷和二氧化碳都是温室气体，沼气燃烧之后生成二氧化碳，发展沼气是否仍然破坏环境？

4. 沼气的发热量比甲烷低。主要原因是什么？

5. 论述沼气形成的"二阶段理论"和"三阶段理论"。

6. 论述沼气发酵过程中的有机物分解代谢过程。

7. 简述半连续投料沼气发酵工艺和批量投料沼气发酵工艺。

8. 试述高速消化器的特征。

9. 接触式厌氧工艺有哪些优点？

10. 在大型养牛场，如何设计沼气池以及有机废物的处理？

参 考 文 献

[1] 袁振宏，吴创之，马隆龙，等. 生物质能利用原理与技术 [M]. 北京：化学工业出版社，2005.

[2] 申艳艳，农村沼气工程绩效评价研究 [J]. 农村经济与科技，2022，33 (3)：234-237.

[3] 蔺金印. 实用农村能源手册 [M]. 北京：化学工业出版社，1989.

[4] 宋安东. 可再生能源的微生物转化技术 [M]. 北京：科学出版社，2009.

[5] 曹湘洪，史济春. 生物燃料与可持续发展 [M]. 北京：中国石化出版社，2007.

[6] 张建安，刘德华. 生物质能源利用技术 [M]. 北京：化学工业出版社，2009.

[7] 张玲. 农村沼气池设计施工技术与沼气的综合利用 [M]. 哈尔滨：哈尔滨工程大学出版社，2011.

[8] 周建方，王云玲. 农村沼气实用技术 [M]. 郑州：河南科学技术出版社，2008.

[9] 周孟津. 沼气发酵原理及工艺 [J]. 太阳能，1993，(3)：20-23.

[10] 宁晓峰，张国强. 农村沼气实用技术讲座 第一讲：沼气的原理、性质及其价值 [J]. 农家参谋，1997，(1)：20-21.

[11] 郭春晖，马万国，罗新义. 沼气的技术与应用 [J]. 中国畜禽种业，2010，(5)：45-46.

[12] 赵玲，刘庆玉，牛卫生等. 沼气工程发展现状与问题探讨 [J]. 农机化研究，2011，(4)：242-245.

[13] 王淑宝，张国栋，曹曼. 欧洲大型沼气工程技术国产化方法探讨 [J]. 中国沼气，2009，27 (2)：42-44.

[14] 王尔新，张立业，孙爱玲. 沼气湿法脱硫新工艺 [J]. 可再生能源，2010，28 (5)：52-55.

[15] 刘景涛，熊霞. 实用沼气建设技术 [J]. 农村养殖技术，2011，(16)：13-14.

[16] 马德金，孔宪迪，唐根生. 生物质制沼气的相关技术参数分析 [J]. 科技传播，2010，(15)：135-136.

[17] 靳云辉，张学兵，周建忠，等. 污泥厌氧消化及沼气发电技术在马来西亚 Pantai 污水处理厂中的应用 [J]. 西

南给排水，2012，34（3）：6-10.

[18] 黄勒楼，黄惠珠，林斌. ZWD 型沼气池设计、施工与管理 [J]. 中国沼气，2003，21（2）：35-37.

[19] COLLIVIGNARELLI C，URBINI G，FARNETI A，BASSETTI A，BARBARESI U. Anaerobic-aerobic treatment of municipal waste waters with full-scale upflow anaerobic sludge blanket and attached biofilm reactors [J]. Water Science and Technology，1990，22（1-2）：475-482.

[20] SCHMIDT J E，AIIRING B R. Granular sludge formation in upflow anaerobic sludge blanket（UASB）reactors [J]. Bioteehnology and Bioengineering，1996，49（2）：229-245.

8 生物乙醇和丁醇燃料

生物燃料乙醇是从糖、淀粉、纤维素等生物质原料通过生物技术转化而来，作为能源产品，具有绿色、环保的特点。目前，燃料乙醇已经实现产业化和商业化，2021 年，中国燃料乙醇产量为 257.26 万 t，全国各省市加大乙醇汽油的使用，目前在辽宁、吉林、黑龙江、河南、安徽、广西、江苏、湖北、河北、山东、天津和广东均在推广使用，对燃料乙醇的需求量将达 1545.70 万 t，因此，发展燃料乙醇的市场潜力非常巨大。根据原料的不同，生物乙醇生产技术的发展经历三个阶段：从糖原料发酵生产的乙醇为第 1 代生物乙醇；从淀粉原料（如玉米、大米、小麦、高粱等）开始，经糖化、发酵生产的乙醇为 1.5 代生物乙醇；从纤维素原料出发，经预处理、糖化、发酵生产的乙醇为第 2 代生物乙醇。利用生物质原料，经发酵生产的生物质基醇类能源还有丁醇。作为燃料的生物丁醇的性质和燃料乙醇相似，可以和汽油混配使用，并具有能量密度更高，与汽油配伍性好等优点，生物丁醇正在受到越来越多的重视。

本章将介绍生物法制乙醇和丁醇的原料、工艺、过程控制、发酵原理等综合技术。

8.1 乙醇和乙醇汽油

8.1.1 乙醇

乙醇（Ethanol）又称酒精，是由 C、H、O 三种元素组成的有机化合物，分子式是 C_2H_5OH，相对分子质量为 46.07。纯乙醇是无色、透明、具有酒精气味和微弱香辣味的液体，具有挥发性和吸湿性。作为乙醇产品，常温常压下，工业无水乙醇的体积分数大于 99.5%；而医药乙醇，体积分数为 95%，乙醇用于擦拭紫外线灯具，75% 的乙醇用于临床消毒。不同浓度的乙醇，沸点、比重、凝固点、燃点等不同，

无水乙醇单独或与汽油混合可以用于内燃机的燃料。由于乙醇与汽油的性质差异比较大（表 8-1），因此，纯无水乙醇作为燃料，必须使用专用内燃机，而一定比例的乙醇与汽油混合物可以直接用于普通内燃机。

乙醇的生产方法主要包括以石化产品为原料的化学合成法和以生物质为原料的发酵法。

化学合成法生产乙醇是利用炼焦炭、裂解石油的乙烯以及合成气为原料，经化学合成反应而制成乙醇。其生产方法又分为间接水合法和直接水合法。

① 乙烯间接水合法，又称为硫酸水合法，具有效率高、乙烯单程转化率高、原料纯度要求低、反应条件温和等优点。此合成法的生产过程虽然简单，但制备过程中会产生酸，因此，对设备的耐腐蚀要求比较高。此外，原料的短缺也限制了该法的发展。

表8-1　　　　　　　　　　　　乙醇与汽油的相关物理参数对比（20℃）

项目	乙醇	汽油
密度/（g/cm³）	0.7893	0.7~0.75
比热容/[J/（g·K）]	2.72	2.43
沸点/℃	78.3	30~205
气化潜热/（J/g）	839.31	272
燃烧发热量/（J/g）	2975	2937
辛烷值	111	较高
亲水性	亲水	疏水

② 乙烯直接水合法具有工艺流程合理、对设备腐蚀小、自动化程度高等特点，逐渐代替间接水合法，目前工业上常用直接法生产乙醇。

间接水合法：首先乙烯和硫酸经加成作用生成硫酸氢乙酯或硫酸二乙酯，硫酸氢乙酯或硫酸二乙酯再水解产生乙醇和硫酸。

$$H_2C{=\!\!=}CH_2+H_2SO_4 \xrightarrow{70℃} CH_3CH_2OSO_2OH$$

$$2H_2C{=\!\!=}CH_2+H_2SO_4 \xrightarrow{70℃} (CH_3CHO)_2SO_2$$

$$CH_3CH_2OSO_2OH+H_2O \xrightarrow{90~95℃} CH_3CH_2OH+H_2SO_4$$

$$(CH_3CHO)_2SO_2+2H_2O \xrightarrow{90~95℃} 2CH_3CH_2OH+H_2SO_4$$

直接水合法：将乙烯与水蒸气在磷酸催化剂下，经高温、高压作用直接通过加成反应生成乙醇。直接水合法制乙醇对乙烯纯度的要求较高，一般要求高于98%。直接水合法对设备的要求比较苛刻，但整个生产过程操作简单，对设备无腐蚀性。

$$H_2C{=}CH_2+H_2O \xrightarrow[230~300℃,7~8MPa]{H_3PO_4} CH_3CH_2OH$$

在工业生产上，主要用发酵法制备乙醇，在中国，大约95%以上的工厂都采用发酵法生产乙醇。发酵法生产乙醇是利用酵母菌在无氧条件下将可发酵性糖转化为乙醇。如前面所述，发酵产乙醇的原料有糖蜜类、淀粉类和纤维素质类原料。无论哪种原料用于制造乙醇，均需要将原料转变成可发酵糖，然后经微生物发酵转化为乙醇。

糖蜜原料发酵生产乙醇，利用产糖的原料，如甘蔗、甜菜，通过压榨可以直接挤出糖蜜，具有可发酵性，直接在微生物作用下发酵产生乙醇。在巴西、印度等国，种植大量的甘蔗。因此，他们有大量的甘蔗糖发酵的乙醇。在巴西国内，乙醇燃料的使用非常普及。在我国新疆地区，种植大量的甜菜，甜菜糖的发酵乙醇在开发之中。

淀粉原料和纤维质原料是聚多糖，不能直接发酵，需要将聚多糖转化为可发酵的单糖才能发酵。两类原料降解为可发酵糖的技术也不同，主要是聚多糖的结构不同。对于淀粉，需要在糖化酶的作用下转化为葡萄糖，然后发酵转化为乙醇；对于纤维素原料，先需要预处理解除植物纤维三大素之间的连接，特别是除去木质素和部分半纤维素，然后在纤维素酶的作用下转化为葡萄糖，最后在微生物作用下转化为乙醇。

乙醇发酵的生化转化过程，首先是可发酵的己糖在己糖脱氢酶的作用下脱氢分解生成丙酮酸，丙酮酸经过丙酮酸脱羧酶的作用下脱羧生成乙醛和二氧化碳，随后乙醛在乙醇脱氢酶的作用下被氢还原为乙醇。

$$C_6H_{12}O_6 \xrightarrow{\text{己糖脱氢酶}} 2CH_3COCOOH+4H$$

$$2CH_3COCOOH \xrightarrow{\text{丙酮酸脱羧酶}} 2CH_3CHO+2CO_2$$

$$2CH_3CHO+4H \xrightarrow{\text{乙醇脱氢酶}} 2CH_3CH_2OH$$

8.1.2　燃料乙醇与乙醇汽油

　　燃料乙醇是指以生物质为原料通过发酵等途径生产的作为液态燃料使用的乙醇，其体积分数达到99.5%以上。乙醇可作为燃油的增氧剂，使汽油增加内氧，充分燃烧，达到节能和环保的目的。使用含6%无水乙醇的汽油，与常规汽油相比，HC排放可降低5%，CO排放减少21%~28%，NO_x排放减少7%~16%，有毒气体排放降低9%~32%。

　　乙醇的氧含量高达34.7%，乙醇可以按比甲基叔丁基醚（MTBE）更少的添加量加入汽油中。汽油中添加7.7%乙醇，氧含量达到2.7%；如添加10%乙醇，氧含量可以达到3.5%；显然，加入乙醇可帮助汽油完全燃烧。燃料乙醇作为汽油添加剂取代四乙基铅，可消除铅的污染；取代MTBE，可避免对地下水和空气的污染。当汽油中的乙醇的添加量不超过15%时，车辆的行驶性没有明显影响，但尾气中碳氢化合物、NO_x和CO的含量明显降低。

　　从环保和能源安全角度来考虑，燃料乙醇的需求与消费增长在提速。燃料乙醇在中国具有广阔前景，以乙醇等替代能源为代表的能源供应多元化战略已成为中国能源政策的一个方向。中国已成为世界第三大生物燃料乙醇生产国和应用国。我国未来燃料乙醇的重点是降低生产成本，制定生物燃料乙醇生产过程的消耗控制规范，及产品质量技术标准，统一燃料乙醇生产消耗定额标准。

　　乙醇汽油是燃料乙醇经变性后与汽油按一定比例混合而成的汽油。乙醇作为汽油添加剂，可提高汽油的辛烷值。通常车用汽油的辛烷值一般要求为90或93，乙醇的辛烷值可达到111，所以向汽油中加入燃料乙醇可大大提高汽油的辛烷值，且乙醇对烷烃类汽油组分（烷基化油、轻石脑油）辛烷值调和效应好于烯烃类汽油组分（催化裂化汽油）和芳烃类汽油组分（催化重整汽油），添加乙醇还可以较为有效地提高汽油的抗爆性。

　　我国现行车用乙醇汽油调合组分油的国家标准是《GB 22030—2017 车用乙醇汽油调合组分油》，主要参数见表8-2。由于乙醇与汽油的理化性质有较大的差异，不同品质的乙醇汽油燃烧后对于内燃机产生的影响不同，因此对于乙醇汽油产品需要按照标准进行规范。

表8-2　　　　　　　车用乙醇汽油调合组分油（V）的技术要求和实验方法 *

项目	质量指标			试验方法
	89 号	92 号	95 号	
抗爆性： 研究法辛烷值（RON），不小于 抗爆指数（RON+MON）/2，不小于	87 82.5	90 85.5	93.5 89.0	GB/T 5487 GB/T 503 GB/T 5487

续表

项目	质量指标			试验方法
	89 号	92 号	95 号	
铅含量/(g/L)	≤0.005			GB/T 8020
馏程: 10%蒸发温度/℃ 50%蒸发温度/℃ 90%蒸发温度/℃ 终馏点/℃ 残留量/%(体积分数)	≤70 ≤120 ≤190 ≤205 ≤2			GB/T 6536
蒸气压/kPa 11 月 1 日至 4 月 30 日 5 月 1 日至 10 月 31 日	40~78 35~58			GB/T 8017
胶质含量/(mg/100mL): 未洗胶质含量(加入清净剂前) 溶剂洗胶质含量	≤30 ≤5			GB/T 8019
诱导期/min	≥540			GB/T 8018
硫含量(质量分数)/(mg/kg)	≤10			SH/T 0689
硫醇(博士试验)	通过			SH/T 0174
铜片腐蚀(级,50℃,3h)/级	≤1			GB/T 5096
水溶性酸或碱	无			GB/T 259
机械杂质	无			GB/T 511
水分/%(质量分数)	无			GB/T 260
其他有机含氧化合物(%,质量分数)	0.5			SH/T 0663
苯含量/%(体积分数)	1.0			SH/T 0713
芳烃含量/%(体积分数)	43			GB/T 11132
烯烃含量/%(体积分数)	26			GB/T 11132
锰含量/(g/L)	0.002			SH/T 0711
铁含量/(g/L)	0.010			SH/T 0712
密度(20℃)/(kg/m³)	720~772			GB/T 1884

注：* 来自国家标准《GB 22030—2017 车用乙醇汽油调合组分油》。

乙醇汽油的性质与汽油的性质不同，主要体现在蒸气压、蒸馏特性、氧含量、辛烷值、水溶性和燃烧等方面，如表 8-3 所示。乙醇 40℃时的蒸气压为 18kPa，远低于汽油的蒸气压，将乙醇加到汽油中，乙醇汽油的蒸气压升高。乙醇汽油中乙醇的体积分数为 5.7%时，此时乙醇汽油的蒸气压最大，其后随着乙醇体积分数的增加而降低。气化潜热高不利于燃料的蒸发，使得压缩终了时气缸内温度降低，延长了混合气着火前的滞燃期（即着火延迟期）。乙醇汽油具有轻微的腐蚀性，这是燃料乙醇生产过程中产酸所致。

汽油的诱导期是评价汽油抗氧化安定性的指标，用以表示汽油储存期间产生氧化和形成胶质的倾向。把一定样品放入标准钢筒中，充入氧气至 0.7MPa，然后放入 100℃水中，初期氧压稳定，经过一段时间，氧压明显下降。从样品放入 100℃水中到氧压明显下降的时间称为诱导期。燃料乙醇中含有少量的水导致乙醇汽油的诱导期缩短。同时，燃料乙醇中的水分影响乙醇汽油的储存稳定性。乙醇汽油中含水时，水分子和乙醇会形成缔合氢键，导致汽油和乙醇分层。燃料乙醇的发热量比汽油的低，其理论混合气的发热量均不低于汽油，但实际实验得出的结论仍然是乙醇汽油的发热量不及汽油。乙醇是含氧燃料，理论空燃比低于汽油，因此能显著降低 CO 的排放。

表 8-3　　　　　　　　　　　　　　乙醇汽油和汽油的性质比较

特性		汽油	乙醇汽油
蒸气压		乙醇汽油 ≥ 汽油	
气化潜热		乙醇汽油 ≥ 汽油	
含氧量		不含氧	含氧
辛烷值		乙醇汽油 ≥ 汽油	
水溶性		不溶于水	部分溶于水
材料适应性	金属材料	较强	具有腐蚀性
	非金属材料	较强	具有溶胀性
氧化安定性		乙醇汽油 ≤ 汽油	
储存稳定性		乙醇汽油 ≤ 汽油	
发热量		乙醇汽油 ≤ 汽油	
燃烧产物		CO_2、CO、H_2O	CO_2、H_2O

车用乙醇汽油是在普通汽油中添加一定量的变性燃料乙醇，经过均匀混合后形成的一种含有乙醇的汽油燃料。燃料乙醇的在乙醇汽油中的配比通常依据汽车发动机对燃油指标的要求所确定。如巴西车用乙醇汽油中乙醇的体积分数为 22%~88%，美国车用乙醇汽油中乙醇的体积分数为 5.5%~10%，而我国的国家标准规定，车用乙醇汽油中乙醇的体积分数为 9%~10.5%，此外，还规定车用乙醇汽油中不得加入其他含氧化物。

车用乙醇汽油在饱和蒸气压、允许水分含量、腐蚀性以及溶解性等方面与普通汽油具有较大的差别。车用乙醇汽油的发热量只有常规汽油的 95.6%，但由于乙醇汽油含氧量高于汽油，在同样的高怠速下，一氧化碳、碳氢化物和氮氧化物的排放量比汽油燃烧时降低 45.31%、58.06% 和 18.77%。此外，由于乙醇燃烧不完全还会产生一些微量排放物，如：乙醛、甲醛和乙酸等。而二氧化碳的排放对温室效应的影响在环境的自净范围以内。

8.2　发酵法制乙醇的原料

发酵法生产乙醇的原料很多，从生产工艺的角度来说，有可发酵性糖或能转化为可发酵性糖的原料都可以作为生产乙醇的原料。目前发酵法生产燃料乙醇的主要原料有淀粉类、糖类、木质纤维类等。糖类和淀粉类原料都易于通过发酵生产乙醇，因此这两类原料是发酵生产乙醇的最主要原料。糖类原料主要有甘蔗、甜高粱、甜菜等，其主要特点是原料中含有易于转化为乙醇的蔗糖,此类原料生产的乙醇为第一代生物乙醇。淀粉类原料主要有粮食类如玉米、小麦、木薯、甘薯、马铃薯等,非粮作物,如木薯、菊芋、芭蕉芋等,其特点是原料中含有大量的淀粉,经糖化可转变为发酵糖,然后发酵转化为乙醇,此类原料生产的乙醇为1.5代生物乙醇。由于糖类和粮类淀粉类需要作为食物供给,成本较高,近年来人们以非粮食淀粉和木质纤维素为原料制备乙醇,以此类原料生产的乙醇为第二代生物乙醇。不同类型原料汇总,见表8-4。

表8-4   发酵法制乙醇的原料及其主要成分

糖蜜原料	甘蔗糖蜜及糖厂废糖蜜	蔗糖29%~36%,非发酵性糖9%~10%
	甜高粱	含淀粉5%~25% ;糖15%~22%
	甜菜糖蜜	蔗糖48%~50%,氮素1.7%~2.3%
淀粉类原料	薯类:甘薯、马铃薯、木薯等	含淀粉≥90%,可发酵性糖1.5%~2.0%,粗纤维0.1%~0.4%
	粮谷类:玉米、大米、高粱、小麦、稻谷等	含淀粉57%~86%,蛋白质7.0%~10.5%,粗纤维1%~1.5%
	野生植物:橡子、金刚头、土茯苓、芭蕉芋等	含淀粉49%~60%,蛋白质2.3%~7.0%,单宁2.0%~4.0%
	农产品加工副产物:米糠、麸皮、粉渣等	淀粉、蛋白质等
纤维原料	农作物秸秆	纤维素25%~40%,半纤维素35%~50%
	木质纤维原料:阔叶木、针叶木等	纤维素40%~55%,半纤维素14%~40%
	有机废弃物	纤维素,半纤维素等

在选择原料时主要考虑原料的这些特性:所选原料碳水化合物含量高、影响发酵的杂质(如单宁)尽可能少;原料来源丰富,易收集和贮藏;价格低廉、便于运输等。

8.3 发酵法制乙醇的微生物反应

8.3.1 发酵法制乙醇的微生物

有很多微生物在代谢过程中都能产生乙醇,但常用来发酵法生产乙醇的微生物主要是酿酒酵母(Saccharomyces cerevisiae)和兼性厌氧细菌运动发酵单胞菌(Zymomonas mobilis)。此外,根据不同的微生物代谢途径构建基因工程菌在菌种性能方面有很大的改善。下面分别介绍各种原料发酵法制乙醇的微生物。

8.3.1.1 淀粉质原料发酵法制乙醇的微生物

淀粉质原料发酵最常用的菌种是酵母菌和运动发酵单胞菌。酵母菌属于真菌中的子囊菌纲(Ascomgcetes)、原子囊菌目(Proyascales)、真酵母科(Saccharomycetaceae)、无丝酵母属(Saccharomyces),是单细胞微生物。淀粉质原料乙醇发酵常用的酵母菌种有酿酒酵母(Saccharomyces cerevisiae)、卡尔斯伯酵母(S. uvarum)、粟酒裂殖酵母(Schizosaccharo-

myces pombe）和克鲁衣夫酵母（*Kluyvermyees* SP）及其变种。运动单胞菌是革兰阴性厌氧菌、杆状、周生鞭毛，泛酸盐是唯一需要的生长因子。运动单胞菌在 ED 途径（Entner-Doudoroff pathway，由 N. Entner 和 M. Doudoroff 两人于 1952 年在嗜糖假单胞菌中发现，又称 2-酮-3-脱氧-6-磷酸葡糖酸，KDPG 途径）中，以葡萄糖、果糖、蔗糖为微生物代谢所需的碳源和能源。

酵母基因工程菌利用基因工程技术赋予酵母新的特性或改良酵母已有的特性。对于淀粉质原料用酵母，目前主要研究酿酒酵母中表达淀粉酶的基因，包括 α-淀粉酶基因和糖化酶基因。普通酿酒酵母缺乏水解淀粉的酶类，不能直接利用淀粉质原料。通过基因手段将细菌或霉菌中产淀粉酶的基因片断克隆到酵母中，构建不同种类的酵母工程菌，可直接利用此菌种发酵淀粉质原料。

8.3.1.2　糖蜜原料发酵法制乙醇的微生物

糖蜜原料发酵法制乙醇所用的微生物也是酵母，主要有 F-396、As.2.1189、As.2.1190、甘化 I 号、川 102 号酵母等。但由于原料的特殊性，所使用的酵母除了发酵乙醇的基本特性外，还要具备以下特性：糖蜜原料可发酵性糖浓度高，菌种应具有较强的耐渗透压性，是区别于淀粉质原料发酵酵母的主要特性；糖蜜原料发酵是在较酸性条件下进行，发酵温度较高，菌种应具有较高的耐酸和耐热性；菌种具有抵抗重金属离子毒害的作用，特别是 Cu^{2+}。

8.3.1.3　木质纤维原料发酵法制乙醇的微生物

木质纤维原料不能直接用来发酵乙醇，一般通过水解、酶解处理后将纤维素、半纤维素转化为可发酵性糖，然后，利用酵母菌发酵生产乙醇。这些可发酵性糖主要有葡萄糖、半乳糖、甘露糖和木糖。其中木糖占了很大的比重，所以发酵木糖的菌种是利用纤维质原料发酵乙醇的重要部分。其次，纤维质原料发酵乙醇所用的酵母也和淀粉质原料发酵乙醇的酵母相同。

目前，已经发现 100 多种能够代谢木糖发酵乙醇的微生物，包括细菌、真菌和酵母菌，但主要以酵母为主，如研究比较多的有管囊酵母（*Pachysolen tannophilus*）、树干毕赤酵母（*Pichia stipitis*）和休哈塔假丝酵母（*Candida shechatae*）等。虽然这些菌种能发酵木糖，但在发酵半纤维素水解液时却没有成功，因此还没有实现产业化。若利用基因工程开发能发酵半纤维素水解液的新菌种，那么应用生物质原料发酵乙醇将具有开发前景。例如：酿酒酵母基因工程菌不能直接利用木糖，但能够利用木酮糖。可以通过基因工程技术引入木糖向木酮糖的代谢途径，构建能够利用木糖的酿酒酵母重组菌株。引入木糖向木酮糖代谢途径的基因手段有两种：一种是在酿酒酵母中克隆并表达利用木糖的两个基因，木糖还原酶基因 XYL1 和木糖醇脱氢酶基因 XYL2。另一种是在酿酒酵母中引入木糖异构酶基因 xylA。大肠杆菌基因工程菌利用了大肠杆菌（*Escherichia coli*）野生菌能够利用五碳糖（木糖、阿拉伯糖）的特性，通过基因工程技术在大肠杆菌中引入丙酮酸脱羧酶（PDC）和乙醇脱氢酶（ADH），促使糖代谢中间产物丙酮酸定向转化为乙醇。运动发酵单胞菌基因工程菌利用运动发酵单胞菌独特的 ED 途径和高效的 PDC 和 ADH 系统，通过代谢工程手段引入木糖代谢途径。

8.3.2 发酵法制乙醇的微生物反应原理

发酵过程的目的是通过酵母将糖化醪中的淀粉、糊精、糖尽可能多地转化为乙醇，理想的发酵过程需要较好的酵母保证将糖类转化为乙醇；保持糖化醪中糖化酶适度的活力，保证淀粉、糊精转化为糖类；防止杂菌的污染使糖类变质，减少糖分转变为其他物质而造成的损失。

乙醇的发酵需要的酶类主要为水解酶和酒化酶。水解酶主要作用是将碳水化合物大分子、蛋白质等物质水解，包括蔗糖酶、麦芽糖酶等；酒化酶是用于将可发酵糖转化为乙醇，是参与乙醇发酵的各种酶和辅酶的总称，包括己糖磷酸酶、氧化还原酶、烯醇化酶、磷酸酶等。

乙醇发酵是在厌氧条件下，酵母菌作用葡萄糖生成乙醇和供给生命活动的能量物质三磷酸腺苷（ATP）的过程，其总反应式可以简单表示为：

$$C_6H_{12}O_6 + 2ADP + 2H_3PO_4 \longrightarrow 2C_2H_5OH + 2CO_2 + 2ATP$$

葡萄糖　　　　二磷酸腺苷　　　磷酸　　　　乙醇　　　二氧化碳　三磷酸腺苷

酵母菌发酵乙醇的代谢途径

从酵母菌发酵乙醇的代谢途径（图 8-1）分析，这一过程共分为 4 个阶段，12 个步骤。

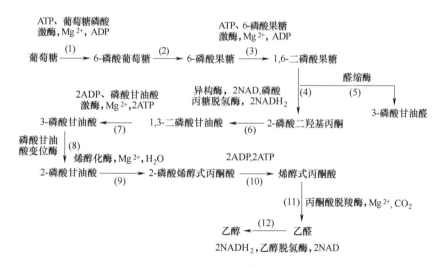

图 8-1　酵母菌发酵乙醇的代谢途径

第一阶段为葡萄糖经磷酸化，生成活泼的 1,6-二磷酸果糖；第二阶段为 1,6-二磷酸果糖裂解为两分子的磷酸丙糖；第三阶段为 3-磷酸甘油醛经氧化和磷酸化反应，经分子内重排、释放能量，生成丙酮酸；第四阶段为丙酮酸降解生成乙醇。

其中的（1）~（10）步称作糖酵解途径（EMP 途径），由 1 分子的葡萄糖生成 2 分子的还原辅酶 $NADH_2$ 和 2 分子的三磷酸腺苷 ATP，该过程在有氧、厌氧条件下均能发生，第（10）步生成的丙酮酸，在有氧条件下可彻底氧化生成二氧化碳和水，在无氧条件下，酵母菌将丙酮酸转化为乙醛，再经乙醇脱氢酶的作用生成乙醇。

8.4　发酵法制乙醇工艺

8.4.1　糖类原料制乙醇工艺

以甘蔗汁和甘蔗糖蜜为原料生产乙醇，使用酿酒酵母能够将甘蔗中的蔗糖水解为葡萄糖和果糖，转化为乙醇。糖类原料生产乙醇，工艺过程较为简单，周期较短，见图8-2。

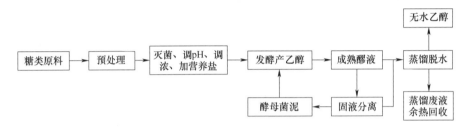

图8-2　糖类生物质原料乙醇发酵工艺

8.4.1.1　原料预处理

糖汁的制取是将原料中的糖分提取出来的过程。根据原料的不同糖汁制取工艺也有所区别。甘蔗、甜高粱茎秆糖汁制取采用机械压榨法，该过程包含压榨、水洗残渣、沉淀过滤等步骤；甜菜原料糖汁制取主要包括切丝、热水浸提、沉淀、浓缩等步骤。

① 糖汁的稀释：稀释分为间歇式和连续式两种，糖汁稀释是使糖汁浓度适合酵母菌的生长，减少高浓度无机盐菌种活性抑制作用，有利于发酵顺利进行。

② 糖液的澄清：主要有机械澄清法、加酸、加絮凝剂法。澄清是为了除去糖液中的胶体物质、色素、灰分和其他悬浮颗粒，防止这些物质对酵母菌生长、繁殖、代谢产生不良的影响。

③ 添加营养盐：糖类原料中缺乏酵母菌繁殖和发酵的营养成分，如甘蔗、甜高粱原料缺乏氮素、镁盐、钾、磷等；甜菜中含氮丰富、但缺少磷酸盐。不同的糖类原料所含的盐类成分有所差异，需对糖液进行分析检测确定需要添加的营养物质种类和数量。

④ 糖汁酸化：酵母菌的最适宜 pH 为 4.0~4.5，酸性条件有利于酵母菌的生长，并且能够抑制糖汁中杂菌的繁殖，加速灰分和胶体物质的沉淀。常用的酸化剂有硫酸、盐酸等。

8.4.1.2　灭菌工艺

糖液发酵过程中含有大量的乳酸菌、白念珠菌等杂菌，为了保证发酵质量和效率，一般使用化学灭菌方法在糖液中加入适量的防腐剂达到灭菌效果。见表8-5。

表8-5　　　　　　　　　　　　几种常用的防腐剂

常用防腐剂	漂白粉	40%甲醛	氟化钠	五氯苯酚钠	三氯异氰尿酸	抗生素
用量(相对每吨稀糖液)	200~500g	600mL	100g	40g	20g	50g

8.4.1.3 糖类原料发酵乙醇的工艺

甜高粱茎秆为原料生产无水乙醇。甜高粱茎秆榨出糖汁，并灭菌、酸化、调浓，然后在无菌条件下送入流化床生物反应器，再加入固定酵母粒子；发酵开始时通入无菌空气，使固定化粒子中的酵母快速生长繁殖，酵母量达到要求后将空气换为无菌二氧化碳；在流化床反应器中，酵母细胞与糖液充分接触，进行快速的乙醇厌氧发酵过程。发酵完成后，绝大部分乙醇存在于醪液中，经冷却、气液分离醪液送入蒸馏工段，二氧化碳夹带少量的乙醇，进入冷却净化器收集乙醇，经空气压缩机压缩后送回流化床反应器中循环使用。该工艺包括流化床生物反应器、二氧化碳气路循环系统、空气净化系统、乙醇蒸馏脱水系统、计量控制器等，见图 8-3。

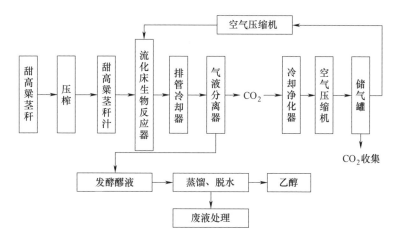

图 8-3　以甜高粱茎秆为原料的固定酵母流化床生产无水乙醇工艺流程

8.4.2 淀粉类原料制乙醇工艺

淀粉质原料发酵生产乙醇是以玉米、木薯等富含淀粉类的农副产品为原料，利用 α-淀粉酶、糖化酶等将淀粉转化为糖化液，再经酵母菌发酵将糖液转化为乙醇的生物化学过程。水解反应的途径为：

淀粉质原料发酵乙醇的主要过程包括原料预处理、水热处理、糖化、酵母培养、乙醇发酵、蒸馏精制、副产品利用和废水废渣处理等，见图 8-4。

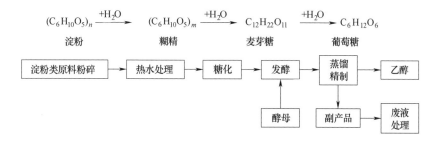

图 8-4　淀粉类生物质原料生产乙醇的一般工艺流程

8.4.2.1 原料预处理

淀粉原料除杂和粉碎。为了将原料中的淀粉充分地释放出来，增加淀粉转化为糖类的产量，对原料进行预处理是十分必要的，常用方法有除杂、粉碎。原料中含有泥沙、石块、铁屑等杂质，为了避免损坏设备和管道，影响正常生产，要对原料进行除杂操作。原料除杂有筛选、磁选等方法，不同的原料需要搭配不同孔径的筛板，尽可能在降低原料损耗同时除去尽可能多的杂质。原料粉碎有利于增加原料的表面积，加快吸水速度使原料中的淀粉可以与淀粉酶更好地接触反应，提高糖化效率。原料经粉碎后粒径变小，有利于后续处理中降低能耗和方便输送。

水热处理是为了破坏谷物细胞壁对淀粉颗粒的保护作用，使淀粉颗粒转变为溶解状态的淀粉、糊精和低聚糖的过程。该工艺过程为将粉碎后的淀粉质原料与水混合为粉浆，加热后淀粉吸水膨胀，细胞壁破裂，淀粉颗粒转变为溶解状态的糊状物，即淀粉的糊化过程。几种水热处理工艺的对比见表8-6。

表8-6 几种水热处理工艺的对比

水热处理工艺	优点	缺点	应用情况
高温高压处理工艺	杂菌杀灭彻底	能耗大、设备投入大、易产生焦糖等影响发酵的物质	少数工厂使用、逐渐淘汰
常压处理工艺	能耗少、设备投入小、操作方便	酶制剂使用条件严格	目前广泛使用
低压喷射液化工艺	加热均匀、能耗少、操作方便	需要稳定的蒸汽供给和生产操作	适合大中型工厂使用
生料无蒸煮工艺	能耗少、设备投入小	易污染、操作要求较高	有待完善、发展前景较好

8.4.2.2 糖化及其工艺

糖化是将糊化淀粉调节至适当的温度，加入淀粉酶，淀粉链断裂成为低分子的糊精和低聚糖，再降解为能够被酵母菌利用的双糖、单糖类物质。在水热处理过程中可以杀灭原料中的杂菌，防止污染原料，以保证糖化发酵过程的顺利进行。

糖化工艺操作是将水热处理后的糊化醪液送进糖化罐，先冷却至一定的温度（60±2℃）再加入糖化酶保温25~30min，淀粉和多糖链状物质水解为单糖、双糖等物质。糖化过程的影响因素包括糖化剂种类、温度、时间、醪液酸度，见表8-7。

表8-7 糖化过程的影响因素

影响因素	说　明
糖化剂	需要适量的α-淀粉酶、糖化型淀粉酶、活性较强的麦芽糖酶和界限糊精酶(作用于α-1,6-糖苷键，催化淀粉水解)，不含葡萄糖苷转移酶，糖化剂是生物催化剂，自身不消耗，一般使用量为:80~120 酶活单位/g淀粉
糖化温度	不同的菌种对温度的适应性不同,在一定的范围内,酶的活性随着温度的上升而提高,而超出一定的温度,酶会受到破坏而失活,因此必须严格控制温度变化
糖化时间	糖化时间不宜太长,一般为15~20min。这是为了尽量减少不可发酵的异麦芽糖和潘糖(D-Panose,基于异麦芽糖的寡聚糖)的生成,以减少糖料的损失,同时保留酶活,保证后续发酵过程中的糖化顺利进行
醪液酸度	糖化酶的适宜pH为4.2~5.0,pH过高或过低都会破坏酶的活性

　　燃料乙醇生产普遍采用高浓度液化、同步糖化浓醪发酵工艺，优化改进蒸馏和脱水系统，重视生产全过程能量的回收利用。在燃料乙醇生产过程中，将能耗和水耗作为衡量工艺先进性的重要指标。

8.4.3　木质纤维原料制备乙醇的工艺

　　木质纤维素原料中的有机成分主要包括纤维素、半纤维素和木质素。

　　纤维素是由葡萄糖脱水生成的糖苷，通过 β-1,4 葡萄糖苷键连接而成的直链聚合体，分子式简单表达为 $(C_6H_{10}O_5)_n$，n 为聚合度，一般为 $3500\sim10000$。纤维素水解生成葡萄糖反应式为：

$$(C_6H_{10}O_5)_n + nH_2O \longrightarrow nC_6H_{12}O_6$$

　　纤维素分子间存在大量的氢键，稳定性很好，需要催化剂才能发生水解，常用的催化剂有无机酸、纤维素酶。

　　半纤维素是不同的多聚糖构成的混合物。多聚糖由不同的单糖构成，包含直链和支链，连接有不同的乙酰基和甲基。半纤维素的水解产物随原料不同而变化，包括木糖、阿拉伯糖、葡萄糖、半乳糖和甘露糖。一般来说木聚糖的含量最高。木聚糖的水解过程反应式为：

$$(C_5H_8O_4)_m + mH_2O \longrightarrow mC_5H_{10}O_5$$

　　相对于纤维素，半纤维素的聚合度较低，m 为 $60\sim200$，无晶体结构，较易发生水解，可在稀酸中或酶的催化下水解。

8.4.3.1　原料预处理

　　植物细胞壁的结构使其具有抗生物降解性，为了更好地使纤维素与半纤维素与酶接触，需破坏细胞壁结构，预处理是以木质纤维素为原料的生物乙醇生产工艺中极其重要的环节。

　　预处理工艺应考虑：预处理过程中使用的化学试剂应价格低廉，确定最优添加量；预处理过程中需要获得尽可能多的在后续工段容易发酵的糖，并且不破坏糖类结构；预处理设备需具有抗腐蚀，造价和能耗较低，可连续大规模生产。

　　基于木质纤维素生产乙醇已经开发出了多种预处理方法，但其中部分方法成本过高，难以实现大规模产业化应用，很难完全满足预处理工艺的全部要求，但近年来预处理方法研究取得了显著进展。

　　机械粉碎是木质纤维原料预处理的常用方法，用球磨、碾磨将原料粉碎，颗粒变小，结晶度降低，有利于增加酶反应的基质浓度，提高酶的作用效率。在机械粉碎预处理的方法中，以球磨效率最高，高温下研磨效果较好，研磨时加入少量木质素溶剂或膨胀剂可以提高研磨的效果。

　　微波辅助提取是利用微波作用促进分子间的摩擦，导致细胞破裂而分离出半纤维素的一种方法。微波辅助分离提取法是耗时最短的半纤维素提取方法，相对于传统碱提取需要几小时至十几个小时，微波提取时间只需几分钟到十几分钟。在提取过程中半纤维素中的乙酰基损失较少。

　　蒸汽爆破法是将原料在高温高压条件下，用 $150\sim240℃$ 的水蒸气处理适当的时间，原料在蒸煮的过程中发生水解反应，水蒸气渗透进入细胞壁内部凝结，突然释放压力时进入细胞壁的水瞬间蒸发产生较大爆破力、摩擦力，破坏细胞壁结构，使原料爆破成碎渣，半纤维素和木质素之间的化学键发生水解，半纤维素溶于水。纤维素进一步降解为单糖。部分木质素小分子化，可以通过水洗除去。

微生物预处理，主要利用能够选择性降解木质素的菌种，因为木质素分子是一个高度复杂的多聚物，与多聚糖结合牢牢地固定在次生胞壁和细胞间隙中。能够选择性降解木质素的真菌主要是白腐菌，它能产生降解木质素需依赖一些酶，包括木质素过氧化物酶（LiP）、锰过氧化物酶（MnP）、过氧化氢酶以及其他如漆酶（Lac）等。利用这类真菌可以降解纤维原料中的木质素，从而提高纤维素的酶解效率。

预处理技术发展到今天，不再是仅依靠一种技术，更多的是多种预处理技术的合理配合使用，以达到最佳的处理效果，不同的预处理方法见表8-8。

表 8-8　　　　　　　　　　　　木质纤维素的预处理方法

预处理方法		优点	缺点
物理法	机械研磨	无污染,有效降低纤维素结晶度	能耗高,木质素残余
	辐照	有效降解木素,降低纤维素结晶度	成本高
物理化学法	蒸汽爆破	较为成熟,提高纤维素酶解性能	形成对微生物抑制作用产物
	CO₂爆破	较为经济,不产生抑制物	原料适应性还需改进
化学法	稀酸处理	较为成熟,价格低廉,效果较好	腐蚀设备,需对废液处理
	碱处理	有效脱木素,提高纤维素的可及性	碱成本较高
	氧化脱木素	有效脱木素,提高纤维素、糖液含量	氧化剂价格昂贵,无法大规模应用
	亚硫酸盐	提高纤维素可及性,应用价值较高	产生含硫废物,治理成本高
生物法	真菌降解	能耗低,条件温和,成本低,无污染	生产缓慢,周期较长,难以工业化

8.4.3.2　酸水解糖化

酸法水解糖化：利用酸中的质子进攻纤维素多糖的糖苷键，使之发生水解变成低聚糖和单糖。

常用的酸有硫酸和盐酸。如果利用浓硫酸或浓盐酸，在较低温度下可完全溶解木质纤维素的晶体结构，将纤维素链断裂成含有几个单元葡萄糖的低聚糖，将此低聚糖溶液加水稀释并加热，经一定时间可将低聚糖水解为葡萄糖。

浓酸水解法的优点是糖回收率高，可达90%以上，水解用时较短，糖的降解较少。缺点是浓酸腐蚀性强，对设备的要求较高，并且要有完善的酸回收体系，见图8-5。

如果采用稀酸，则需要一定的温度和压力条件。稀酸法是最广泛、最有效的木质纤维素预处理方法之一。稀酸水解是在高温高压下，溶液中的氢离子易与纤维素上的氧原子结合，造成氧原子的性质变得不稳定，易于和水反应，纤维素长链断裂，释放出氢离子，继续分解为最小的葡萄糖单元。

稀酸法水解的优点是工艺较为简单，处理多种原料，所需的处理时间较少，缺点是会生成其他的副产物，同样需要酸回收系统，见图8-6。

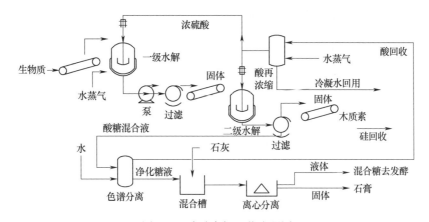

图 8-5　浓酸水解工艺流程图

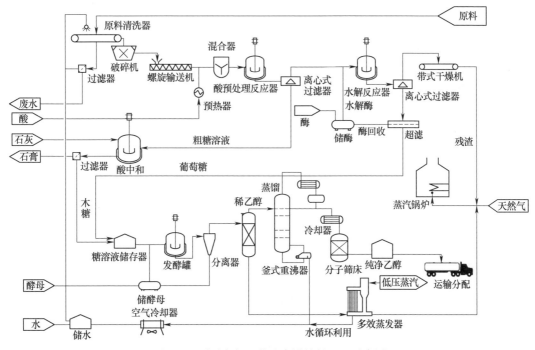

图 8-6　稀酸水解工艺生产设施的配置示意图

8.4.3.3　酶解法糖化、发酵

酶水解法是利用微生物产生的纤维素酶降解纤维素和半纤维素的生化反应。酶法水解的优点是反应条件温和，常温常压下进行，能耗较低，糖产率高，提纯简单等。缺点是耗时过长，酶的成本较高，原料的预处理需要充分。

酶解法的工艺流程较多，可分为分步水解发酵法、同步糖化发酵法、同步糖化共发酵、直接微生物转化。

分步固体水解发酵法（Solid Hydrolysis Fermentation，简称 SHF）：用酶解替代纤维素的酸解，再进行乙醇发酵，分步糖化、发酵。先用纤维素酶水解木质纤维素，再将酶解产生的糖液作为发酵碳源，纤维素水解和糖液发酵在不同反应器进行。

SHF-1 流程中，经预处理后得到的木糖溶液和葡萄糖溶液混合送入第一个发酵罐发酵，用第一种微生物先将葡萄糖发酵为乙醇，送入醪塔中蒸出乙醇，再将未转化的含木糖的发酵液送入第二个发酵罐中发酵为乙醇，再次蒸馏。因为在葡萄糖和木糖同时存在时，微生物总是优先利用容易转化的葡萄糖，该流程有利于提高木糖的转化率，但设备成本会相应增加，SHF-1 流程见图 8-7。

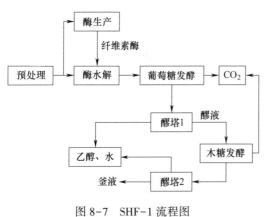

图 8-7　SHF-1 流程图

SHF-2 流程中，分别将预处理后得到的木糖溶液和葡萄糖溶液分别送入两个发酵罐中，利用不同的微生物发酵，再将得到的醪液混合，送入醪塔中一同蒸馏。和 SHF-1 流程相比，少用一个醪塔有助于降低成本，使用不同的微生物发酵，木糖和葡萄糖互不影响，较为合理，SHF-2 流程见图 8-8。

同步糖化发酵法（simultaneous saccharification and fermentation，简称 SSF）：纤维素的水解和糖液的发酵在同一反应器中进行，使酶解与发酵合二为一。

酶解产生的糖不断被发酵利用，消除了纤维素酶受葡萄糖和纤维二糖终产物抑制，提高糖化效率，降低酶制剂的用量。采用同步糖化发酵，水解发酵在同一反应

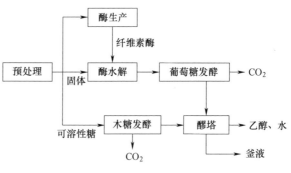

图 8-8　SHF-2 流程图

器，简化设备、降低成本，缩短了发酵周期，提高生产效率。同步糖化发酵是目前木质纤维素生物转化乙醇研究中运用最多的一种方法。但是问题是纤维素水解和乙醇发酵需要不同的酶系，最适反应条件各不相同，酶解温度一般 45~50℃，发酵温度为 30~35℃，酶解最适 pH 一般为 4.5~5.5，而发酵 pH 一般为中性，因此该方法对酶的要求较高，见图 8-9。

SSF 流程中，纤维素和葡萄糖发酵在同一反应器中进行，与 SHF 流程相比，简化了工艺流程，生成的葡萄糖被不断地发酵成为乙醇，消除了葡萄糖对水解的抑制作用，但水解和发酵反应条件不匹配的问题还需进一步探索。

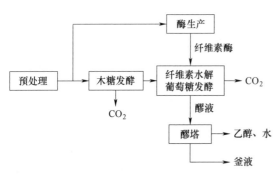

图 8-9　SSF 流程图

同步糖化共发酵（simultaneous saccharification and cofermentation，简称 SSCF）：SSCF 是在 SSF 基础上，将木糖和葡萄糖置于同一反应器中发酵，可进一步的简化工艺流程，缩短了发酵周期，但是对发酵的微生物要求更高。SSCF 的流程图见图 8-10。

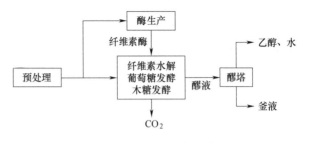

图 8-10　SSCF 流程图

直接微生物转化（Direct microorganism conversion，DMC）：此方法是将纤维素酶的生产、纤维素的水解、葡萄糖和木糖的发酵结合在一起，在一个反应器中完成，是设备最少、工艺流程最简单的方法，但对技术的要求也是最高的方法。目前还处于实验室研究阶段，需进一步研究。DMC 的流程图见图 8-11。

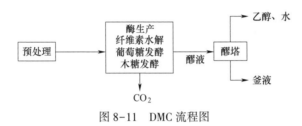

图 8-11　DMC 流程图

8.5　发酵法制丁醇的反应原理

8.5.1　丁醇的结构与性质

正丁醇（以下简称丁醇）是一种四个碳饱和醇，无色、具特殊气味，能与有机溶剂互溶，能与水部分互溶。其结构式见图 8-12，理化性质见表 8-9。

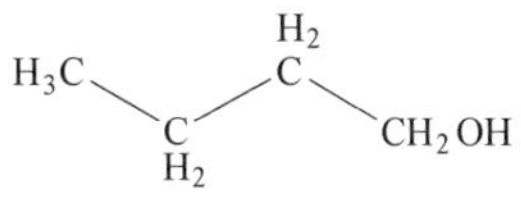

丁醇可以由可再生资源通过丙酮-丁醇-乙醇（acetone-butanol-ethanol，简称 ABE）发酵路线生产，得到生物丁醇，也可以从化石燃料生成石油丁醇。这两种丁醇具有相似的化学性质，但生物丁醇的生产成本高于石油丁醇，因此其市场渗透率较低。

图 8-12　丁醇的化学结构式

表 8-9　　　　　　　　　　　　　　丁醇的理化特性

性质	数值	性质	数值
熔点/℃	−89.3	临界压力/MPa	4.414
沸点/℃	117.7	临界温度/℃	289.85
燃点/℃	340~420	能量/（MJ/L）	29.2
闪点/℃	35	燃烧热/（MJ/mol）	−2.673
密度/（g/mL）（20℃）	0.8098		

8.5.2 发酵法制丁醇的原料

能为产丁醇梭菌利用的碳源很广，包括葡萄糖、半乳糖、纤维二糖、甘露糖、木糖和阿拉伯糖等。在过去几年中，葡萄糖、玉米、淀粉、糖蜜和大豆糖蜜在实验室中常被作为发酵制生物丁醇的五种糖。目前，廉价的糖原主要集中在农业废弃物和经济作物上。如：玉米秸秆、酒糟、枫树叶、大麦秸秆、柳枝稷等。表 8-10 列出了近年利用廉价原料为底物发酵生产丁醇的若干实例。

表 8-10　　利用廉价底物发酵生产丁醇的情况

底物	菌种名称	丁醇浓度/(g/L)	丁醇得率/(g/g)	丁醇生产能力/[g/(L·h)]
脱胚玉米/糖化脱胚玉米	C. beijerinckii BA101	5.89/6.33	—	—
玉米纤维	C. beijerinckii BA101	13.9		
玉米纤维木聚糖	C. acetobutylicum P260	24.67(ABE)	0.44	0.47
木薯淀粉	C. butylicum TISTR1032 与 B. subtilis WD161 共培养	5.33	—	7.40(ABE)
枫树半纤维素水解液	C. acetobutylicum ATCC824	7.0		
乳清渗透物(回收工艺:渗透萃取)	C. acetobutylicum P262	98.97(ABE)	0.44(ABE)	0.21(ABE)
棕榈油加工的工业废水(分离器污泥、西米淀粉)	C. saccharoperbutylacetonicum N1-4(ATCC 13564)	3.50/10.4		
玉米纤维	C. beijerinckii BA101	9.3(ABE)	—	—
酒槽水	C. pasteurianum DSM 525	6.2~7.2	0.32~0.44(丁醇/甘油)	—
小麦秸秆(气提法)	C. beijerinckii P260	21.42(ABE)		0.31(ABE)
小麦秸秆(气提法)	C. beijerinckii P260	—	0.44(ABE)	0.36
去纤维甜土豆浆(DSPS)	C. acetobutylicum P262	7.73	0.195	1.0
可溶性淀粉	C. beijerinckii BA101	9.9		
蒸汽爆裂玉米秸秆	C. acetobutylicum ATCC 824	—	0.30(ABE)	0.17(ABE)
大麦秸秆	C. beijerinckii P260	26.64(ABE)	0.43(ABE)	0.39(ABE)
玉米秸秆和毛线稷	C. beijerinckii P260	26.27/14.61(ABE)		
小麦秸秆	C. beijerinckii P260	22.17(ABE)		0.55(ABE)
剩余污泥	C. saccharoperbutylacetonicum N1-4(ATCC 13564)	9.3	—	0.55

我国的农林生物资源丰富，较常见的有秸秆、薪材、稻壳、锯末、甘蔗渣、木薯和糖蜜等。据统计，我国 2022 年农作物秸秆可收割量约为 9 亿 t，稻壳 5000 万 t，林业加工过程中产生的木质废弃物约为 2400 万 m³，各种天然薪材的提供量为 1.4 亿 t。

8.5.3 发酵法制丁醇的微生物

丁醇最早由法国人孚兹发现。1852年，孚兹从事发酵酒精的工作，在生产过程中，所制的酒精的杂醇油中发现了丁醇。1912年，魏兹曼发现了一种能够将淀粉转化为丙酮、丁醇和乙醇（acetone-butanol-ethanol，ABE）的梭菌，也就是丙酮丁醇梭菌（*clostridium acetobutylicum*）。1913年，英国斯特兰奇-格拉哈姆公司首先以玉米为原料经发酵过程生产丙酮，正丁醇则作为主要副产物。后来，由于正丁醇需求量增加，发酵法工厂改以生产正丁醇为主，丙酮、乙醇作为副产物。到了1945年，约有67%的丁醇和10%的丙酮是用发酵法生产的。

发酵法生产丁醇的主要方法是丙酮-丁醇-乙醇发酵，通过微生物菌种将聚糖（淀粉或者纤维素）转化成丙酮、丁醇和乙醇。主要菌种有丙酮丁醇梭菌（*Clostridium acetobutylicum*）、拜氏梭菌（*C. beijerinckii*）、糖丁酸梭菌（*C. saccharobutyricum*）和糖乙酸多丁酸梭菌（*C. saccharoperbutylacetonicum*）等菌株。拜氏梭菌是一种能产生丙酮、丁醇等溶剂的严格厌氧芽孢杆菌，广泛分布于土壤和谷物等种子表面。该类菌具有较广的碳源利用谱（如葡萄糖、蔗糖、果糖、乳糖、糊精、淀粉、半乳糖、纤维二糖、甘露糖、木糖和阿拉伯糖），在玉米粉培养液中生长旺盛，可大量产生丙酮、丁醇和乙醇（质量比3∶6∶1）等溶剂，因此是重要的工业发酵菌种。以碱性过氧化氢处理过的小麦秸秆作为底物，利用 *C. beijerinckii* 为菌种发酵产丁醇，最终 ABE 的终浓度为 22.17g/L。

8.5.4 发酵法制丁醇的发酵机制

8.5.4.1 丙酮丁醇菌发酵生产丁醇的发酵机制

丙酮丁酸梭菌是应用最广和研究最深入的菌种。丙酮丁酸梭菌胞内具有淀粉酶，以淀粉为原料不需要糖化就可以进行发酵。丙酮丁醇梭菌生长繁殖的最适温度为35~37℃，最适 pH 为5.5~7.0；发酵的最适温度为37~39℃，最适 pH 为4.3。丙酮丁醇的代谢途径如图8-13所示，整个代谢过程分为产酸期和产溶剂期两个阶段，有24种生物酶起到关键性作用。

在产酸期，葡萄糖等六碳糖通过糖酵解途径（EMP）生成丙酮酸。丙酮酸和辅酶 A（CoA）在丙酮酸-铁氧蛋白氧化还原酶（图8-13中 b）的作用下生成乙酰-CoA 和 CO_2。乙酰-CoA 是生成乙酸和丁酸的前体物质。乙酰-CoA 在磷酸酰基转移酶（PTA，图8-13中 g）的催化作用下生成酰基磷酸酯，然后经乙酸激酶（AK，图8-13中 h）催化生成乙酸。丁酸的生成较为复杂，乙酰-CoA 在硫激酶（图8-13中 i）、3-羟基丁酰-CoA 脱氢酶（图8-13中 j）、巴豆酸酶（图8-13中 k）和丁酰-CoA 脱氢酶（图8-13中 l）4种酶的催化作用下生成丁酰-CoA，然后经磷酸丁酰转移酶（PTB，图8-13中 m）催化生成丁酰磷酸盐，后通过丁酸激酶（图8-13中 n）去磷酸化，生成丁酸。

在产溶剂期，乙酰乙酰-CoA 通过乙酰乙酰-CoA 转移酶（图8-13中 s）的作用，利用乙酸或丁酸作为 CoA 接受体，生成乙酰乙酸，然后再通过乙酰乙酸脱羧酶（图8-13中 t）作用生成丙酮。乙酰乙酰-CoA：乙酸/丁酸：CoA 转移酶（图8-13中 s）通过催化乙酸、丁酸和 CoA 之间的转移反应，生成乙酰-CoA 和丁酰-CoA。丁酰-CoA 经过丁醛脱氢

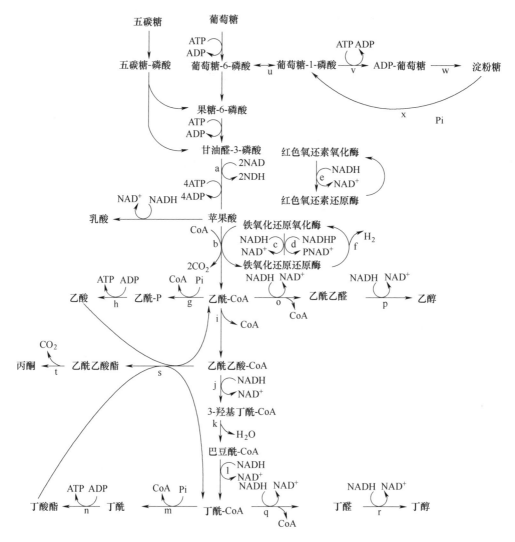

图 8-13　丙酮丁醇菌发酵生产丁醇的代谢途径

CoA：辅酶 A，Pi，-P，磷酸

酶（图 8-13 中 q）和丁醇脱氢酶（图 8-13 中 r）的还原作用，最后生成丁醇。乙酸和丁酸的再利用过程与丙酮的生成过程结合在一起，因此发酵生产丁醇的过程一般伴随着丙酮副产物。

8.5.4.2　拜氏梭菌发酵生产丁醇的发酵机制

拜氏梭菌是一种革兰阳性、细胞呈梭状、能产生丙酮、丁醇等溶剂的严格厌氧芽孢杆菌。细胞直径（0.6~0.9）μm×（2.4~4.7）μm，以周生鞭毛运动。芽孢呈卵圆形，次端生。菌落呈圆形、凸起，直径 3~5mm，色灰白，半透明，菌落表面有光泽。拜氏梭菌属于严格厌氧菌，广泛分布于土壤和谷物等种子表面。产溶剂梭菌能够利用种类很广的底物，该菌具有较广的碳源利用谱（如葡萄糖、蔗糖、果糖、乳糖、糊精、淀粉、半乳糖、纤维二糖、甘露糖、木糖和阿拉伯糖），在玉米粉培养液中生长旺盛，可大量产生丙酮、丁醇和乙醇质量比为（3∶6∶1）等溶剂物质，因此是重要的工业发酵菌种。以麦麸作为发酵底物，用 C. beijerinckii 发酵产丁醇，ABE 得率和产率分别为 $0.32g/g$ 和 $0.16g/(L \cdot h)$。把 C. beijerinckii 固定化于玉米秆中进行丁醇发酵，在稀释率为 $0.2h^{-1}$ 时得到了最大的 ABE 浓度（$8.99g/L$）。以碱性过氧化氢处理过的小麦秸秆作为发酵底物，用 C. beijerinckii 发酵，最终 ABE 的终浓度为 $22.17g/L$。

典型的梭菌发酵是一个分两阶段发酵，其代谢途径见图 8-14。第一阶段称为产酸阶段（Acidogentic phase），此时产酸途径被激活，主要产物为乙酸、丁酸、H_2CO_2，这个阶段主要在菌体的对数生长期。第二个阶段被称为产溶剂阶段（Solventogenic phase），此阶段菌体将酸吸收，主要产物为丙酮、丁醇和乙醇。

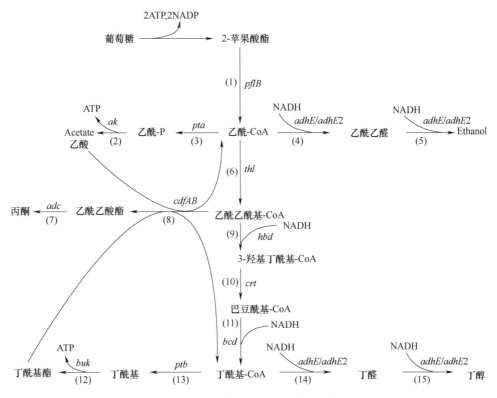

图 8-14 拜氏梭菌发酵生产丁醇的代谢途径

CoA：辅酶 A；Pi：磷酸

在产酸阶段，拜氏梭菌将摄入细胞内的葡萄糖途径糖酵解途径（Embden-Meyerhof-Parnas pathway，EMP）转变为丙酮酸，而摄入体内的五碳糖则经过磷酸戊糖途径（Pentose-phosphate pathway，PPP），在经过一系列的磷酸化、差向异构化反应后转化为 6-磷酸果糖以及 3-磷酸甘油醛等磷酸化形式的中间代谢产物，然后流向 EMP 途径进一步生成丙酮酸。之后，CoA 和丙酮酸经过丙酮酸-铁氧还蛋白氧化还原酶（pflB）的作用转化成乙酰-CoA。乙酰-CoA 在磷酸转乙酰酶（pta）催化下形成乙酰磷酸，然后进一步在乙酸激酶（ak）作用下转化成乙酸。另一方面，乙酰-CoA 在多种酶（thl，hbd，crt，bcd）的作用下转化为丁酰-CoA，之后在磷酸丁酰转移酶（ptb）的作用下转变为丁酰磷酸盐，最后丁酸激酶（*buk*）作用于丁酰磷酸盐，经过去磷酸化得到丁酸。

在产酸阶段中，产生的丁酸比乙酸多，因为形成丁酸可以很好地解决氧化还原平衡的问题——糖酵解途径产生的 NADH 只能在产丁酸途径中得到消耗而产乙酸途径中是不消耗 NADH 的。该阶段积累了大量的 NADH，为乙醇和丁醇的合成提供大量的还原力。

在产溶剂阶段，溶剂形成途径中的最重要的酶之一为乙酰乙酰基-CoA：乙酸/丁酸：CoA 转移酶，其具有广泛的羧酸特异性，能催化乙酸/丁酸的 CoA 发生转移反应。乙酸/丁酸-CoA 转移酶作用于产酸阶段生成的丁酸、乙酸分别形成丁酰-CoA、乙酰-CoA，此后，硫激酶催化乙酰-CoA 转化成乙酰乙酰-CoA，然后乙酰乙酰-CoA 转移酶作用于乙酰乙酰-CoA 得到乙酰乙酸，乙酰乙酸最后经过脱羧作用生成丙酮。另一方面，在丁醛脱氢酶和丁醇脱氢酶作用下，丁酰-CoA 还原生成丁醇。

目前，由产酸阶段向产溶剂阶段转变的机制尚未完全阐明。早期的研究认为，转变与 pH 的降低以及酸的积累有很大关系。产酸期积累了大量有机酸，会抑制细胞的生长，所以产溶剂阶段酸的再利用被看作是一种减毒作用。但是 pH 的降低以及酸的积累并不是产酸阶段向产溶剂阶段转变的必要条件，有研究表明营养物质浓度、温度和氧气也是影响这种转变的因素。

8.6 发酵法制丁醇工艺

常规丁醇发酵主要采取分批发酵工艺和连续发酵工艺两种，但由于受细胞浓度、产物抑制等因素的影响，反应器的生产能力一般低于 $0.50g/(L \cdot h)$，细胞质量浓度一般小于 $4g/L$。为了促进细胞生长，提高反应器的生产率，国内对丁醇生物发酵开发了补料分批发酵和两段法发酵新工艺。

8.6.1 原料预处理

木质纤维原料可以通过切碎、粉碎、碾磨处理降低结晶度，使颗粒变小。李稳宏等研究表明：随着麦秸秆粉碎程度加大，酶水解速度也加大，麦秸粉碎至 $120 \sim 150$ 目并经 1% NaOH 溶液浸渍是一种理想的制糖原料。纸纤维磨成粉，在粒度 $75\mu m$ 以下时酶水解，水解率可提高 59%。大豆秸秆粉碎细度增加，其与酶接触面积增大，酶解液还原糖浓度增加，但到 140 目后其还原糖量增加幅度减小，原因可能是随试样粉碎细度增加其对表面积增加的影响有所减少。所以木质纤维素颗粒细小到一定程度后，继续粉碎只能有限地提高酶解效率，而处理成本相对增加。

高能辐射处理可减少溶解用或反应用化学药品造成的废水等污染环境，但成本较高，目前还很难用于大规模的生产。微波处理时间短，操作简单。稻草、蔗渣等原料预浸在甘油中用微波常压处理 10min，最终还原糖浓度增加 2 倍多。用微波照射红松、山毛榉等材料，糖转化率升高。超声波处理纤维可增加对纤维素酶和木糖酶对纤维的可及度，提高酶水解率，并对后续发酵有利。

蒸汽爆裂是木质纤维素原料预处理较常用的方法，也是目前国内外研究较多的有效预处理方法之一。徐勇将玉米秸秆蒸汽爆破后，纤维素几乎不损失，木质素损失 14.6%，酶解得率可达 70.0%。廖双泉等用蒸汽爆破法处理椰衣纤维，结果使纤维素含量比未处理样品提高 17%，同时木质素含量降低 6.63%，其他成分含量降低了 10.42%，实现了原料杂质组分的有效降低。

蒸汽爆破过程中添加 H_2SO_4（或 SO_2）和 CO_2 或者用乙酸、甲酸等有机酸溶液预先浸渍原料木片，可使半纤维素的水解程度显著提高。以蒸汽爆破法在通入无水 SO_2 对美国花旗松木片预处理，水解得己糖且发酵后乙醇浓度为 17g/L，纤维素转化率 90%。

生物处理是一种清洁温和的方法，主要采用褐、白和软腐真菌降解木质质纤维素。软腐真菌主要降解纤维素，褐腐真菌主要降解半纤维素和纤维素，白腐真菌主要降解木质素。用白腐真菌处理植物纤维物料，会产生降解木质素的木质素过氧化物酶和好锰过氧化物，降解木质素，因此能够提高纤维素的利用效率。

原料预处理后，有的发酵需要水解糖化，这些与乙醇的水解糖化相同，在此不再多述。有的菌种发酵可以直接利用纤维素原料，例如，梭菌。

8.6.2　产丁醇菌的耐受性

在发酵过程中，不管是产物还是副产物的积累都会对生物催化产生毒害作用，并且会抑制微生物的生长最终导致其死亡。微生物对化学物质的耐受性是复杂的、多基因作用表现出来的特性，它受到 pH、温度、渗透压、压力和一些小分子或大分子的影响。丁醇发酵中最关键的问题就是溶剂的毒性，当发酵液中存在 $20g \cdot L^{-1}$ 或以上浓度的溶剂时，梭菌细胞代谢就会停止，从而大大限制丁醇的产量和产率。亲脂性的溶剂会对细胞产生很大的影响：

① 破坏并使生物膜变性，包括蛋白的解链、DNA 和脂质的氧化、RNA 的解链和降解，这些将引发细胞的严重压力反应和死亡。

② 使细胞膜发生生物物理变化，并影响细胞膜功能，包括能量产生和输送。丁醇毒性还表现在抑制膜对糖和氨基酸的吸收方面。因此，丙酮丁醇梭菌在丁醇浓度达到接近 16g/L 时，细胞生长被抑制发酵被终止。因此，丁醇发酵的一个瓶颈问题就是产物抑制问题。

8.6.3　丁醇的分离提取和发酵工艺

传统的丙酮丁醇发酵主要以间歇发酵和蒸馏提取的方式进行，目前产量较低而能耗很高，所以竞争力很低。其主要问题在于较低的产物浓度导致后续分离提取能耗很大，使成本大幅度提高。提高发酵液中丙酮丁醇浓度，开发低能耗的提取工艺是增强丙酮丁醇发酵竞争力的根本途径。最近 20 年，随着对生物丁醇生产工艺的研究，一些新的发酵工艺被开发出来，如分批补料（Fed-batch）、游离细胞连续发酵（Free-cell continuous fermentation）、固定化细胞连续发酵（Immobilized-cell continuous fermentation）、细胞循环及渗出（Cell recycling and bleeding）发酵。

底物浓度超过一定量时会对丙酮丁醇梭菌产生抑制作用，因此，为避免过高浓度底物对菌体的毒害作用，可采用补料分批发酵工艺，使发酵体系中的底物浓度维持在较低浓度，减少底物对菌体生长与发酵的抑制作用，使菌体在较高速率下生长，从而合成更多的产物丁醇。Qureshi 等采用补料分批发酵工艺使反应器的生产能力和 ABE 质量浓度分别达到了 0.98g/(L·h) 和 165g/L，而分批发酵只达到了 0.39g/(L·h) 和 25.3g/L。

游离细胞连续发酵具有相对较高的产率，因为它能够去除发酵的间歇期，但在此发酵模式下无法获得较高的细胞浓度，随着稀释率的提高，细胞会被大量的洗脱出来。鉴于以上原因，开发了细胞固定化和细胞循环系统，利用固定化方法，发酵罐中的细胞浓度能够超过 50~70g/L。在此种系统下，稀释率能够达到较高值而不致使细胞被洗脱。此工艺的优点是能够获得较高的产率，同时能够消除发酵间歇期和增加细胞浓度。

细胞固定化技术是一种将微生物固定在载体上进行富集，利用高浓度菌种进行发酵，提高产物浓度和产量的方法。其特点是反应速率和产率高，设备利用率高，成本和能耗低。通过将梭菌固定在海藻酸钠颗粒上，进行生物发酵生产丁醇，可以显著提高产物产率。Qureshi 等通过整合生物丁醇发酵过程中的预处理、水解、发酵和提取 4 个步骤，将生物丁醇的生产能力提高了 2 倍。Lee 等使用固定化连续发酵模式生产丁醇，稀释率为 0.04h⁻¹，丁醇产率和得率分别为 0.40g/(L·h) 和 0.44g/g，这是游离细胞连续发酵结果的两倍。Baba 等建立了一种高速高效的丁醇生产系统，此系统具有高密度活细胞，能够将添加了丁酸的培养基转化为丁醇。其中丁醇的浓度、得率和生成速率分别为 9.40g/L、0.42g/g 和 7.99g/(L·h)。Survase 等利用木质纸浆作为菌种的吸附材料进行丁醇、异丙醇的固定化生产，在单通道连续发酵中，葡萄糖为底物时得率为 0.54g/g，溶剂（异丙醇和丁醇）生产能力由 0.47g/(L·h) 升至 5.52g/(L·h)；在双通道连续培养中溶剂浓度达到 7.51g/L（其中，异丙醇含量 39.4%，正丁醇含量 60.6%），溶剂生产能力为 0.84g/(L·h)。Gapes 等在一种可以在线脱除溶剂的两段式恒化器中进行拜氏梭菌的连续培养。所用梭菌为 *Clostridium beijerinckii* NRRL B592。当稀释率为 0.13h⁻¹ 时，溶剂（丙酮、正丁醇和乙醇）浓度和生产能力分别为 9.27g/L 和 1.24g/(L·h)。该菌株在 0.13h⁻¹ 的总稀释率下仍保持其生产中性溶剂（丙酮、正丁醇、乙醇）的能力。

为了在生产过程中实现产物的在线分离，可以采用吸附、气提、反渗透、渗透汽化和萃取等分离技术与发酵过程相耦合的方法，因此衍生出丁醇发酵的生产工艺改进还有：萃取发酵、气提发酵、渗透蒸发。

① 萃取发酵采用萃取和发酵相结合，利用萃取剂将丙酮丁醇从发酵液中分离出来，控制发酵液中丁醇的浓度小于对丙酮丁醇梭菌生长的抑制浓度。萃取发酵的关键是选择分离因子大、对微生物无毒性的萃取剂。Ishizaki 以甲基化的天然棕榈油为萃取剂进行丙酮丁醇萃取发酵，结果 47% 左右的溶剂被萃取到棕榈油层中，葡萄糖的消耗率由 62% 提高到 83%，丁醇浓度由 15.4g/L 提高到 20.9g/L。杨立荣等从 13 种有机物中选出了油醇和混合醇（油醇和硬脂醇的混合物）作为丙酮丁醇发酵的萃取剂，当初始葡萄糖浓度为 110g/L 时，发酵后折合水相总溶剂浓度达到 33.63g/L。胡翠英等以 4 种生物柴油作为萃取剂，丁醇的生产能力可以达 0.213g/(L·h)，比对照组提高了 10.9%。

② 气提法是在一定温度的稀释液中，通入一定流速的惰性气体时，溶液组分被气提到气相中，从而达到丙酮丁醇的及时分离。Ezeji 等研究了气提分离工艺对丙酮丁醇发酵的影响，该工艺和间歇发酵相比，溶剂产率和产量分别提高 200% 和 118%。Qureshit 等研

究表明气提发酵可以利用 199g/L 的葡萄糖，产生 69.7g/L 的总溶剂。气体法对菌种影响较小但能耗较大而且气体回收装置提高了初始成本。

③ 渗透蒸发是一种新型膜分离技术。该技术用于液体混合物的分离，其突出优点是能以低能耗实现蒸馏、萃取、吸收等传统方法难以完成的分离任务的一种膜分离技术。由于渗透蒸发的高分离效率和低能耗的特点，使得它在丙酮丁醇发酵中有广阔的发展前景。渗透蒸发技术的关键是选择合适的膜，以期达到最佳的分离效果。

丁醇产率低和最终产物有毒仍然是 ABE 发酵生产丁醇的主要缺点。为了改进生物丁醇生产工艺，应该考虑一些关键问题，包括开发梭状菌和非梭状菌菌株，以及与 ABE 发酵过程相结合的新型原位回收方法。

8.7 秸秆综合生产生物乙醇和生物丁醇

8.7.1 燃料乙醇和生物丁醇综合技术难点

从目前来看，秸秆综合生产燃料乙醇和生物丁醇还没有商业化的成功案例，主要是该技术过程复杂，产物众多，分离难度大，经济可行性差。总体来看，秸秆生产生物乙醇和生物丁醇综合技术的技术难点主要体现如下：

① 秸秆（木质纤维素）的预处理条件苛刻。木质纤维原料中含有纤维素、半纤维素和木质素。不同的木质纤维原料中这三种主要成分的比例也有很大的差异。同一种原料也可能因气候条件和地理位置的不同略有差异。秸秆是木质纤维原料中最常见且来源最广泛的二代燃料生产原料之一。木质纤维素不能直接被发酵微生物所利用，只有通过水解生成可发酵性单糖才能被微生物所利用，进而代谢产生乙醇或丁醇。可供工业化生产的原料为农业废弃物，如玉米秸秆、水稻秸秆、小麦秸秆等。玉米秸秆糖化率为 86.0%~94.2%，乙醇浓度为 17.1~24.0g/L。将燃料乙醇和生物丁醇的工艺结合到一起，不仅能够规避单一预处理工艺的不足，还能有效提高木质纤维素的水解程度。常见的方法有酸-蒸汽爆破法、碱-离子液体法及微波-酸（碱）法等。不同的预处理方法的先后顺序对木质纤维素的水解也有很大的影响。总之，木质纤维素的水解产率低、纤维素酶载量大、糖的糖回收率低等一直是生产生物乙醇和生物丁醇的难题，也是目前全球研究的热点之一。

② 菌种的耐受性较差，发酵浓度低。工业上发酵乙醇最常用的微生物是酿酒酵母，无法对木质纤维中半纤维素水解产生的戊糖进行发酵。虽然通过基因工程手段得到了能够代谢戊糖的菌种，但对高浓乙醇的耐受性太差，因此，在酿酒酵母中构建耐高浓乙醇代谢戊糖的工程菌是二代生物燃料开发需要解决的首要问题之一。常见的用于丁醇发酵的菌种大多具有代谢五碳糖的能力，如丁醇梭菌、丁醇工程菌等在代谢产生丁醇的同时，常伴随着丙醇和乙醇的产生。对丁醇梭菌的基因工程改造主要是提高菌种的耐受性、提高产物中溶剂的比例、实现生物乙醇和生物丁醇的联产。无论何种改造，发酵产丁醇的浓度较发酵产乙醇浓度明显低。

③ 发酵产物浓度低，分离技术有限。受到产物抑制的影响，发酵乙醇和丁醇的最终

浓度较低，同时由于生物过程的复杂性，发酵菌体及一些代谢废物的严重影响发酵产物的分离。对于乙醇的分离方法主要是精馏，但乙醇分子和水分子之间存在很强的分子间氢键作用，导致乙醇和水共沸，因此很难得到燃料级别的乙醇。为了解决乙醇和水共沸的难题，燃料乙醇的精制通常分为两步，首先由发酵浓度精制到接近共沸物，然后脱水得到燃料乙醇。燃料乙醇的初步精制通常采用两塔精馏，为降低单个精馏塔塔高，也为更好进行能量交换，发酵液通常经过浓缩后进入下一个精馏塔进行分离。精馏是利用不同组分相对挥发度的不同而进行的气液两相分离过程，当两种组分差别较低时，常规精馏效果达不到要求，此时改变压力打破共沸物的气液平衡，或是利用其他分离技术，进而达到产品的纯化。这些方法主要有变压精馏、加入夹带剂（常用正庚烷，苯等）、膜分离技术（亲水膜或疏水膜）、超临界技术等，这些技术或是由于过程控制困难，后期处理复杂，或是通量不足，设备昂贵，虽能够精制乙醇，但很少应用于工业生产。乙醇的精制常采用的方法是分子筛脱水技术。丁醇发酵液中成分复杂（主要含有丙酮、丁醇、乙醇，根据三者英文名将其简称为 ABE），分离难度更大。

④ 残渣利用及三废处理。木质纤维素水解后仍有相当比重的残渣、木质素等，这部分若是直接进入废弃物阶段，其化学需氧量（COD）值高达数十万，处理费用高昂，直接影响生物丁醇的过程经济性。对废水总量影响比较严重的过程有两个，一是预处理工艺选用的方法，二是发酵液回收利用问题。乙醇发酵产生大量的二氧化碳，丁醇发酵过程除二氧化碳外还有一部分氢气，若能采用经济的回收技术，能大大提高过程的经济可行性。如何高效利用生物丁醇残渣生产高附加值产品也是各大丁醇课题组研究的重要方向。

8.7.2 现有的技术条件和对该技术的展望

8.7.2.1 现有的技术条件

秸秆生产燃料乙醇丁醇过程分为以下几个部分：秸秆预处理、微生物发酵、发酵产物分离及废弃物加工，其流程简图如图 8-15 所示。

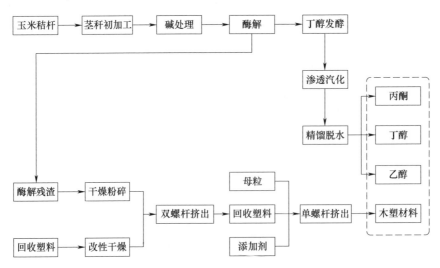

图 8-15　玉米秸秆综合发酵生物乙醇和生物丁醇的技术路线

预处理过程主要包括粉碎、酶解、调 pH、纤维素酶水解。玉米秸秆用粉碎机粉碎后以 1：10 的添加量加入质量分数为 2% 的氢氧化钠溶液，在 120℃ 处理 2h。在酶解之前，用磷酸/磷酸氢二钾缓冲溶液处理酶解残渣，保证纤维素酶具有较高的活性。磷元素和钾元素也有利于发酵过程中营养元素的补加，简化了工艺过程，提高了过程的可操作性。酶解过程所使用的复合酶既有纤维素酶又含有半纤维素酶，酶解温度为 55℃，酶解时间 38h。

酶解液经过简单过滤后进入发酵罐进行发酵，由于丁醇梭菌具有良好的代谢五碳糖的能力，因此水解液中的游离糖可以被菌体有效利用生成高附加值的丙酮、丁醇、乙醇等产品。该菌种是经过驯化并改造的丙酮丁醇梭菌 ATCC 824。经过改造的基因工程菌能够适应较高丁醇浓度，糖醇转化率高。发酵方式为半连续分批发酵。采用该菌种进行发酵，发酵温度为 55℃，发酵周期为 72h，采用渗透汽化分离装置，获得较高浓度的透过侧溶液。新型缓冲剂的加入为工程菌的生长提供了其他必须的营养，发酵过程无须添加外源营养物质，简化发酵工艺过程，降低了发酵过程原料成本，经济效益明显。

对 ABE 发酵液常用的分离工艺有直接精馏、萃取、汽提、渗透汽化、膜分离等。PDMS 膜具有分离效率高、操作简便、溶剂回收简单的特点。应用在新工艺中，为了克服高产率导致的溶剂快速积累，也为了克服发酵液中有毒物质对膜的污染，开发了新的膜分离工艺。利用发酵过程产生大量的气体（主要是二氧化碳和氢气），开发了此其故分离工艺。该工艺既有效利用了过程产生的大量气体，又降低了膜的污染问题，提高过程的经济性。

8.7.2.2 综合发酵技术展望

在大多数以农业为主的国家，玉米秸秆是最便宜的 ABE 发酵的木质纤维素原料之一。采用双相预处理工艺，水热处理后用稀酸和/或稀碱，结合适当的工艺参数可以解决丁醇的抑制剂和低收率等问题。另外，经济而高效的生物预处理工艺将会在未来取代化学预处理工艺方面有更多的发展。

根据秸秆水解液的使用目的和代谢途径，在微生物发酵前对水解产物解毒是必要的，以减少发酵过程抑制颗粒物对代谢产物的抑制作用。物理、化学、生物解毒方法已经研究了降低抑制剂对丁醇发酵的影响。蒸发是最容易去除弱酸、糠醛和羟甲基糠醛的物理排毒方法。过氧化物酶和漆酶是去除酚类毒性化合物最有效的生物解毒方法之一。加入氢氧化钙、氧化钙、氢氧化钠、氢氧化钾、碳酸钙和乙酸乙酯，然后用活性炭处理也可以减少醋酸、糠醛和酚类化合物的浓度。我们也要清楚的认识到在水解液解毒过程中，盐的形成也会抑制梭菌属的代谢。秸秆中的纤维素不易糖化，且梭状芽孢杆菌菌株对糖的利用率和耐乙醇、丁醇的浓度都不高，故秸秆不单独用作发酵原料。微生物菌株用生长培养基混合培养梭状芽孢杆菌菌株可以解决与预处理相关的问题。梭状芽孢杆菌菌株混合培养不仅可以加快发酵过程，也能形成高浓度的发酵产物。到目前为止，还没有商业化微生物菌株可用于发酵各种木质纤维素制备丁醇。在未来，通过基因工程技术开发高产丁醇、乙醇的耐抑制剂的梭菌工程菌株是必然的趋势。

思 考 题

1. 比较燃料乙醇与乙醇汽油的区别。

2. 发展乙醇汽油的困境是什么？

3. 发酵制备乙醇的原料有哪些？

4. 如何定义第一代、第二代燃生物乙醇？

5. 发酵制备乙醇的微生物有哪些？其特点如何？

6. 简述酵母菌发酵乙醇的代谢途径。

7. 简述从甘蔗制备生物乙醇的工艺。

8. 简述从陈化大米发酵法制备生物乙醇的工艺。

9. 简述从农业秸秆制备生物乙醇的工艺。

10. 如何实现 SHF 制备乙醇。

11. 丁醇与乙醇比较，有哪些优势？

12. 丁醇梭菌利用的碳源有什么特点？

13. 梭菌发酵的产物有哪些？

14. 试述丙酮丁醇菌的发酵机制。

15. 拜氏梭菌发酵生产丁醇有什么特点？

16. 展望秸秆用于发酵产生乙醇和丁醇的前景。

参 考 文 献

［1］ 国家发展和改革委员会, 国家能源局. "十四五"可再生能源发展规划［EB/OL］. 发改能源〔2021〕1445 号. https：//www. ndrc. gov. cn/xxgk/zcfb/ghwb/202206/t20220601_1326719. html? eqid = f9a774ee0001029c000000 0264805870

［2］ RALPH A, JOSÉ FV, FERNANDO IG, et al. Performance of a gasoline engine powered by amixture of ethanol and n-butanol［J］. Clean Technology Environmental Policy, 2018, 20：1929-1937.

［3］ 刘孟荧, 黎秋玲, 李志, 等. 不同育种技术在乙醇及丁醇高产菌株选育中的应用［J］. 微生物学通报, 2020, 47：976-983.

［4］ 董平, 邵伟, 赵仲阳, 等. 生物丁醇制取技术［J］. 精细石油化工进展, 2016, 17：45-49.

［5］ KUITTINEN S, HIETAHARJU J, BHATTARAI I, et al. Technoeconomic analysis and environmental sustainability estimation of bioalcohol production from barley straw［J］. Biocatalysis and Agricultural Biotechnology, 2022, 43：102427.

［6］ 傅致远. 生物质制取燃料乙醇的研究［J］. 化学工程与装备, 2013, 12：42-44.

［7］ DEMIRBAS, A. Biofuels sources, biofuel policy, biofuel economy and global biofuel projections［J］. Energy Conversion and Management, 2008, 49（8）：2106-2116.

［8］ GB 22030—2017 车用乙醇汽油调合组分油［S］. 北京：中国计划出版社, 2017.

［9］ YOUNGS H and SOMERVILLE C. Best practices for biofuels［J］. Science, 2014, 344：1095-1096.

［10］ SOMERVILLE C, YOUNGS H, TAYLOR C, et al. Feedstocks for Lignocellulosic Biofuels［J］, Science, 2010, 329：790-792.

［11］ WIJFFELS RH, BARBOSA MJ. An outlook onmicroalgal Biofuels［J］. Science, 2010, 329（5993）：796-799.

［12］ RAMASAMY KK, WANG Y. Ethanol conversion to hydrocarbons on HZSM-5：Effect of reaction conditions and Si/Al ratio on the product distributions［J］. Catalysis Today, 2014, 237：89-99.

［13］ 岳国君, 董红星, 刘文信. 燃料乙醇工艺的化学工程分析［J］. 化工进展, 2011, 1：144-149.

［14］ BARAL NR, SLUTZKY L, SHAH A, et al. Acetone-butanol-ethanol fermentation of corn stover：current production-methods, economic viability, and commercial use［J］. FEMS Microbiology Letters, 2016, 363（6）：fnw033.

［15］ MINHEE H, SE-KWON M, GI-WOOK C. Pretreatment solution recycling and high-concentration output for economical production of bioethanol［J］. Bioprocess Biosystem Engineering, 2014, 37：2205-221.

［16］ WYMAN CE, DALE BE, ELANDER RT. Coordinated development of leading biomass pretreatment technologies ［J］. Bioresource Technology, 2005, 96 (18): 1959-1966.

［17］ LLOYED TA and WYMAN CE. Combined sugar yields for dilute sulfuric acid pretreatment of corn stover followed by enzymatic hydrolysis of the remaining solids ［J］. Bioresource Technology, 2005, 96 (18): 1967-1977.

［18］ QURESHI N, SAHA BC, DIEN B, et al. Production of butanol (a biofuel) from agricultural residues: Part I–Use of barley straw hydrolysate ［J］. Biomass and Bioenergy, 2010, 34: 559-565.

［19］ QURESHI N, SAHA BC, DIEN B, et al. Production of butanol (a biofuel) from agricultural residues: Part II–Use of corn stover and switchgrass hydrolysates ［J］. Biomass and Bioenergy, 2010, 34: 566-571.

［20］ TRAN HTM, CHEIRSILP B, HODGSON B, et al. Potential use of Bacillus subtilis in a co–culture with Clostridium butylicum for acetone–butanol–ethanol production from cassava starch ［J］. Biochemical Engineering Journal, 2010, 48: 260-267.

［21］ BADR HR, TOLEDO R, HAMDY MK, Continuous acetone–ethanol–butanol fermentation by immobilized cells of Clostridium acetobutylicum ［J］. Biomass and Bioenergy, 2001, 20: 119-132.

［22］ BENNETT GN, RUDOLPH FB, The centralmetabolic pathway from acetyl–CoA to butyryl–CoA in *Clostridium acetobutylicum* ［J］. FEMS Microbiology Review, 1995, 17: 241-249.

［23］ LIU ZY, YING Y, LI FL, et al. Butanol production by *Clostridium beijerinckii* ATCC 55025 from wheat bran ［J］. Journal of Industrial Microbiology & Biotechnology, 2010, 37: 495-501.

［24］ ZHANG YD, MA YJ, YANG FX, et al. Continuous acetone–butanol–ethanol production by corn stalk immobilized cells ［J］. Journal Industrial Microbiology Biotechnology, 2009, 36: 1117-1121.

［25］ GHESHLAGHI R, SCHARER JM, MOO–YOUNG M, et al. Metabolic pathways of clostridia for producing butanol ［J］. Biotechnology Advances, 2009, 27: 764-781.

［26］ SHEVCHENKO SM, CHANG K, ROBINSON J, et al. Optimization of monosaccharide recovery by post–hydrolysis of the water–soluble hemicellulose component after steam explosion of softwood chips ［J］. Bioresource Technology, 2000, 72: 207-211.

［27］ 杨雪霞，陈洪章，李佐虎. 玉米秸秆氨化汽爆处理及其固态发酵 ［J］. 过程工程学报, 2001, 1, 86-89.

［28］ ZHANG Y AND LYND L, Toward an aggregated understanding of enzymatic hydrolysis of cellulose: noncomplexed cellulase systems ［J］. Biotechnology and Bioengineering, 2004, 88: 797-824.

［29］ JEFFRIESTW, JIN YS. Ethanol and thermotolerance in the bioconversion of xylose by yeasts ［J］. Advances in Applied Microbiology, 2000, 47: 221-368.

［30］ PAN XJ, GILKES N, SADDLER JN, Effect of acetyl groups on enzymatic hydrolysis of cellulosic substrates ［J］. Holzforschung, 2006, 60: 398-401.

［31］ MOSIER N, LADISCH C, LADISCH M. Characterization of acid catalytic domains for cellulose hydrolysis and glucose degradation ［J］. Biotechnology and Bioengineering, 2002, 79: 610-618.

［32］ BABA SI, TASHIRO Y, SHINTO H, et al. Development of high–speed and highly efficient butanol production systems from butyric acid with high density of living cells of *Clostridium saccharoperbutylacetonicum* ［J］. Journal of Biotechnology, 2012, 157: 605-612.

［33］ SURVASE SA, JURGENS G, VAN HEININGEN A, et al. Continuous production of isopropanol and butanol using *Clostridium beijerinckii* DSM 6423 ［J］. Applied Microbiology and Biotechnology, 2011, 91: 1305-1313.

［34］ MOHAMAD FI, NORHAYATI R, EZYANA KB, et al. Cellulosic biobutanol by Clostridia: Challenges and improvements ［J］. Renewable and Sustainable Energy Reviews, 2017, 79: 1241-1254.

［35］ SEENA IV, LINOJ K, ALEXANDER AK. Can Microbially Derived Advanced Biofuels Ever Compete with Conventional Bioethanol A Critical Review ［J］. Bioresources, 2016, 11: 10711-10755.

［36］ PANG J, ZHENG M, ZHANG T, SONG C. Synthesis of ethanol and its catalytic conversion ［J］. Advances in Catalysis, 2019, 64: 89-191.

9　生物质制氢

氢是宇宙中含量最高的元素，其总量为氦的3倍。但它在地壳里的质量分数仅为0.14%。地球上的氢主要以化合物形式存在于水、化石燃料以及其他有机化合物中，所有的生物组织中都含有氢元素，但自然界中只存在极稀少的游离状态氢。单质氢为无毒、无色、无味、质轻且导热及燃烧性良好的气体。其密度为0.089g/L（101.325kPa，0℃），沸点为-252.77℃，凝固点为-259.2℃，临界温度为240.0℃。氢的发热量达到142kJ/g，远高于各种传统化学燃料及生物燃料。通常情况下，每燃烧1g氢所产生的热量可以达到同等质量汽油燃烧释放热量的3倍，同等质量酒精燃烧释放热量的4倍，以及同等质量焦炭燃烧释放热量的4.5倍。因此，氢能是公认的清洁能源。

氢还是一种重要的化工原料，可在石化工业中用于生产甲醇和氨气等，也可对石油进行加氢裂化和精制，以提升轻油收率，改善产品质量。随着炼油中各种临氢工艺的快速发展，加氢装置数量的不断增加，氢气的需求量将会进一步加大。氢气也大量应用于煤制气、煤制油等煤炭清洁利用场合。

9.1　氢能源的利用

氢能的开发与利用有利于化解能源危机，构建清洁低碳、安全高效现代能源体系。

燃料电池是一类直接将化学能转换为电能的装置。理论上，热电转化效率可达85%~90%，实际应用中能量转化效率在40%~60%之间。如果采用热电联供，能量转换效率可达80%，远高于传统内燃机。氢燃料电池以氢为燃料，工作时，水是唯一的反应产物，几乎不排放氮氧化物和硫氧化物，对大气的污染几乎为零。

氢燃料电池汽车是传统燃油汽车的理想替代品，同时也为氢能的清洁利用提供了广阔的空间。2013年3月，韩国现代汽车ix 35燃料电池汽车量产型号下线，这是全球首个批量生产的氢燃料电池汽车。此后许多国家都开发了基于自有技术的氢燃料汽车。但是，燃料电池汽车的发展仍受到氢气制取与储运、燃料电池性能以及加氢站建设等难题的制约。

氢燃料电池还因其具有体积紧凑、能源效率高、环境友好、运行稳定可靠等优点，被用作应急电源。国家电网就装备了使用氢燃料电池的应急电源车。

近年来，风能、太阳能发展迅猛，已成为部分国家和地区的重要能源之一。然而，风能、太阳能的间歇性及不稳定性造成了严重的弃电现象。为此必须解决电力的储存问题。氢能是一种良好的能源载体，用电解水制氢的方式将风电、光伏电转化为氢气，可提高风能、太阳能的使用量和利用效率。借用氢储能技术消纳可再生能源，有利于推动可再生能源的发展。

目前，高昂的投资成本以及燃料电池与氢气储运设备之间的优化配置问题在很大程度上限制了氢能源产业发展。但随着技术的进步，当投入成本得到有效控制时，燃料电池与氢气储运设备相结合将有力推动氢能的开发利用。

现有输氢方式成本高且运输能力有限。因此，人们设想将制得的氢气掺入到天然气中，组成氢气与天然气的混合气体（HCNG），通过现有天然气管网进行输送。国际上针对 HCNG 开展了一系列研究工作。发现，当氢气的掺入体积分数低于 17% 时，基本不会对天然气管网造成影响。我国对掺氢输送投入了大量研究，目前可实现掺氢比例可达 24%。研究发现，以 20% 氢气体积分数的 HCNG 为燃料时，国产内燃机完全可以达到环保法规要求的排放标准。随着科技的发展，逐步扩大 HCNG 的利用规模，不仅带来良好的环境效益，还可缓解东部地区因天然气储量不足而造成的各种问题。

人类最早制备氢气是在 16 世纪，所用的方法是用金属与酸反应。目前全球范围内的炼油企业中，有 90% 采用烃类蒸汽转化制氢技术。目前，我国氢气生产以煤制氢方式为主，占比约 80%。今后一个时期内，煤制氢仍为主要的制氢方法，但结合碳捕集技术的煤制氢和天然气制氢未来发展受限；中期内工业副产制氢供应量大，但存在产能天花板；随着可再生能源电价下降，电解水制氢和生物质制氢将为未来主流的制氢方式。

根据生产来源和制取过程的碳排放强度，将氢分为"灰氢"、"蓝氢"和"绿氢"。"灰氢"是指通过化石燃料燃烧产生的氢气，在生产过程中会有大量 CO_2 排放；"蓝氢"是在"灰氢"的基础上，应用碳捕集和封存技术，实现低碳制氢；"绿氢"是通过太阳能、风力等可再生能源发电进行电解水制氢，在制氢过程中没有碳排放。受技术和成本的限制，目前，全球的氢生产都不够"绿"。工业规模制氢技术有煤气化法、甲烷水蒸气转化法、重油部分氧化法、甲醇蒸气转化法、水电解法、副产含氢气体回收法以及生物质气化制氢等。随着可再生能源发电成本持续降低，绿氢占比将逐年上升。到 2050 年，我国绿氢占比将达到 70%。面对巨大的氢气需求，选择环保且经济的制氢方式非常重要。

我国陆续颁布了促进氢能发展的相关政策，并加大资金投入，近年来已取得了一定的成效。2022 年 3 月 23 日，政府发布了《氢能产业发展中长期规划（2021—2035）》，要求 2025 年中国初步建立以工业副产氢和可再生能源制氢就近利用为主的氢能供应体系。在各级政府鼓励下，企业对发展氢能产业都表现出极大的热情。在氢能制备方面，可再生能源制氢项目在华北和西北等地积极推进，电解水制氢成本稳中有降；在氢能储运方面，以 20MPa 气态高压储氢和高压管束拖车输运为主，积极拓展液态输氢和天然气管网掺氢运输；在多元化应用方面，除传统化工、钢铁等工业领域，氢能在交通、能源、建筑等其他领域正稳步推进试点应用。我国现阶段的氢能源汽车以客车和重卡为主，正在运营的以氢燃料电池为动力的车辆数量超过 6000 辆，约占全球运营总量的 12%。到 2021 年底，我国已累计建成加氢站超过 250 座，约占全球数量的 40%。

9.2　化石燃料制氢

目前，大规模制氢仍以煤和天然气等化石燃料为主。全球氢气生产 92% 采用煤和天然气，约 7% 来自工业副产物，只有 1% 来自电解水。近年来由于煤制氢、天然气制氢技术的大规模应用，重油部分氧化制氢技术在工业上已经较少采用。各种制氢工艺采用原料、技术成熟度、工业应用情况见表 9-1。

表 9-1　　　　　　　　　　　**各种制氢工艺路线原料及技术成熟度对比**

制氢工艺	主要原料	技术成熟度	工业应用情况
煤气化法	煤、石油焦	成熟	大规模应用
甲烷蒸气转化	天然气	成熟	大规模应用
甲醇蒸气转化	甲醇	成熟	工业化应用
电解水	水	接近成熟	工业化应用
工业副产氢	合成气、炼厂重整副产物、低碳烷烃	成熟	工业化应用
生物质制氢	各类生物质	接近成熟	小规模应用

9.2.1　煤气化制氢

煤气化制氢是工业大规模制氢的首选方式之一。其大致工艺过程是煤经过高温气化生成合成气（H_2+CO）、CO 与水蒸气经水煤气变换反应生成 H_2+CO_2、脱除酸性气体（CO_2+SO_2）、氢气提纯等工艺环节，可以得到不同纯度的氢气。典型煤气化制氢工艺流程见图 9-1。煤气化制氢工艺具有技术成熟、原料成本低、装置规模大等优点，缺点是设备结构复杂、运转周期较短、配套装置多、装置投资成本大，而且气体分离成本高、产氢效率偏低、CO_2 排放量大。炼油厂的副产物石油焦也能用作气化制氢的原料。煤/石油焦制氢工艺还能与煤整体气化联合循环工艺（IGCC）有效结合，实现氢气、水蒸气、发电一体化生产，提升炼厂效益。煤气化制氢已有一百余年发展历史，可分为三代：第一代技术是德国在 20 世纪 20~30 年代开发的常压煤气化工艺，典型工艺包括碎煤加压气化 Lurgi 炉的固定床工艺、常压 Winkler 炉的流化床和常压 KT 炉的气流床等，这些工艺都以氧气为气化剂实行连续操作；第二代技术是 20 世纪 70 年代由德国、美国等国家在第一代技术的基础上开发的加压气化工艺；第三代技术主要有煤催化气化、煤等离子体气化、煤太阳能气化和煤核能余热气化等，目前仍处于实验室研究阶段。

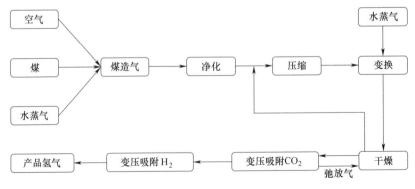

图 9-1　煤气化制氢工艺流程

9.2.2 天然气制氢

天然气制氢是北美、中东等地区普遍采用的制氢路线。工业上主要采用水蒸气转化法、部分氧化法以及天然气催化裂解法制氢。

9.2.2.1 天然气水蒸气转化制氢

水蒸气转化法是在催化剂存在及高温条件下，使甲烷等烃类与水蒸气发生重整反应，生成 H_2、CO 等混合气体，该反应是强吸热反应，需要外界供热（天然气燃烧），其主反应如下式所示：

$$CH_4+H_2O \longrightarrow CO+3H_2 \quad \Delta H_{298} = 206kJ/mol$$

天然气水蒸气重整制氢技术成熟，广泛应用于生产合成气、纯氢和合成氨原料气的生产，是工业上最常用的制氢方法。天然气蒸汽重整反应要求在 750~920℃、2~3MPa 条件下进行，催化剂通常采用 Ni/Al_2O_3。工业生产过程中的水蒸气和甲烷的物质的量比一般为 3~5，生成的 H_2/CO 比约为 3，甲烷水蒸气转化制得的合成气进入水煤气变换反应器，经过高低温变换反应将 CO 转化为 CO_2 和额外的氢气，以提高氢气产率。基本工艺流程如图 9-2 所示。

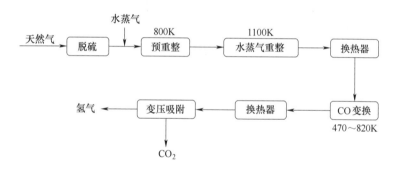

图 9-2 甲烷水蒸气重整制氢工艺流程

9.2.2.2 甲烷部分氧化法制氢

甲烷部分氧化法提出于 20 世纪 90 年代初。它是由甲烷与氧气进行不完全氧化生成合成气。其反应如下式所示。

$$CH_4+1/2O_2 \longrightarrow CO+2H_2 \quad \Delta H_{298} = -35.7kJ/mol$$

该反应为中等放热反应。反应通常在 750~850℃、0~2.5MPa 之间进行。天然气转化率高于 90%，产物 H/CO 比大于 2。

关于该反应的机理，目前有两种观点。一种观点认为直接按照上式，只经过一步反应就得到最终产物，另一种则认为反应要经过以下两步反应，最终生成合成氢气和一氧化碳的混合物：

$$CH_4+O_2 \longrightarrow CO_2+H_2O$$
$$CH_4+CO_2 \longrightarrow 2CO+2H_2$$

有研究表明，该反应的机理因催化剂而异。当使用 Ni/Al_2O_3 催化剂时，反应按第一种机理即直接氧化方式进行；当使用 Ni/SiO_2、$Rh/SiO_2-Al_2O_3$ 以及 $Ru/SiO_2-Al_2O_3$ 催化剂时，反应按第二种机理进行。在反应条件下，负载型 Ru、Rh 等催化剂表面的氧化物中

O^{2-} 浓度的差异可能是导致反应机理不同的原因。在实际应用中，Ni 催化剂易中毒失活或造成金属流失，只有 Rh 和 Pt 等贵金属才能稳定保持催化性能。

在甲烷的部分氧化制氢过程中，CH_4/O_2 比例很重要。有报道说，当反应温度 $\geqslant 750℃$ 时，积炭量主要受 CH_4/O_2 比的影响：当 $CH_4/O_2 \geqslant 2$ 时，积炭量较大，易使床层压力增加，催化剂粉碎；当 $CH_4/O_2 \leqslant 1.25$ 时，产物主要为 CO_2 和 H_2O。当反应温度为 800℃，$CH_4/O_2 = 1.78$ 时，反应 50h 后，催化剂上积炭量仍很少，活性基本不变。

甲烷部分氧化制氢工艺有多种。其中使用催化剂的甲烷部分氧化制氢（简称 CPOX）工艺效果比较好。所用反应装置有固定床式、流化床式、熔融盐体系、离子交换膜反应器等。其中，固定床反应器又可分为固定催化剂床层以及整体型催化剂两大类。而使用流化床反应器时，由于接触时间很短（小于 1s），加之催化剂循环运动带走热量，整个过程近似等温操作，不产生热点区，催化剂表面不易积炭，能稳定长期反应，生产能力大，生产成本低。缺点是要求催化剂耐磨，且能耗高。陶瓷膜反应器用空气取代氧气进行甲烷部分氧化制合成气反应，可以省去空气分离设备投资，可以使制取合成气的成本降低 30%~50%。

中国科学院大连化学物理研究所提出了天然气绝热转化制氢技术。该法用空气代替纯氧，设计了带有氧分布器的反应器，使空气中的氧按催化剂床层径向分配，而天然气按轴向进料，天然气和氧气分开进料，可以解决催化剂床层热点问题及能量的合理分配，催化材料的反应稳定性也有较大改善。该工艺使用低镍催化剂，可以降低催化剂的成本。该技术最突出的特色是大部分原料反应的本质为部分氧化反应（放热反应），控速步骤已成为快速部分氧化反应，较大幅度地提高了天然气制氢装置的生产能力。

后来，又将天然气部分氧化反应与水蒸气重整反应（为吸热反应）进行耦合，可实现自供热，从而降低了能耗。

甲烷部分氧化法制氢的优点是：温和放热、反应器体积小、效率高、能耗低等。该法迄今尚未工业化，原因是：缺乏廉价氧的供应、催化剂床层热点温度随反应时间延长而趋于降低并进而影响催化活性、催化材料反应稳定性不好、操作体系的安全性不理想。只有逐步解决上述问题，天然气部分氧化制氢才有可能实现工业化。

9.2.2.3 天然气催化裂解制氢

天然气催化裂解制氢是以天然气为原料，经脱水、脱硫、预热后，在高温和催化剂存在的条件下，在催化剂表面发生催化裂解反应生成氢气和碳。所用的催化剂种类很多，例如，负载于 SiO_2、Al_2O_3、ZrO_2 等载体表面的 Ni 基催化剂，还有 Pt、Rh 等贵金属催化剂。甲烷在分解过程中会生成大量的碳，沉积在催化剂上易导致催化剂失活，所以需采取措施使失活的催化剂活化。活化手段有空气氧化法、水蒸气/二氧化碳气化法等。天然气催化裂解制氢是吸热反应，除原料需预热外，在反应过程中还需加热补充热量。反应器出口的氢气和甲烷混合气经旋风分离器分离碳和催化剂粉尘后回收热量，然后去变压吸附分离提纯，得到产品氢气。未反应的甲烷、乙烷等部分产物作为燃料循环使用。反应生成的碳流出反应器，经换热后进入气固分离器分离残余甲烷、氢气，然后进入机械振动筛将催化剂和碳分离。催化剂再生后循环使用，分离出的碳可用于制备碳纳米纤维等产品。

该方法从反应原理上看，不产生任何 CO_2。在生产氢气的同时，生成的碳可加工为高端化碳材料。与煤制氢和天然气蒸汽转化法制氢相比，其制氢成本和 CO_2 排放量均大大降低。目前该工艺仍在研究开发阶段。

9.2.3 甲醇制氢

工业上通常用 CO 和氢气经羰基化反应生产甲醇，甲醇制氢技术则是合成甲醇的逆过程。以石化原料生产的甲醇制氢，显然是不合理的。用生物质发酵获得的甲醇制氢，虽然路线较合理，但也存在着甲醇资源浪费的问题，因为甲醇本身就是重要的化工原料。按工艺技术区分，甲醇制氢技术包括甲醇裂解制氢、甲醇蒸汽重整制氢和甲醇部分氧化制氢 3 种。

甲醇裂解是在 300℃ 左右、催化剂存在下甲醇气相催化裂解，通常用于合成气制备，或通过进一步分离获得高纯 CO 和氢气，氢气纯度可达 99.999%。该技术成熟，适用于科研实验小规模制氢场合使用。

甲醇水蒸气重整制氢是在 220~280℃、0.8~2.5MPa、催化剂存在下，甲醇和水转化为约 75% 氢气、24% CO_2 以及极少量的 CO、CH_4，可将甲醇和水中的氢全部转化为氢气，甲醇消耗 0.5~0.65kg/m³ 氢气，甲醇储氢质量分数达到 18.75%，其流程示意见图 9-3。该技术的使用条件温和，产物成分少，易分离，制氢规模在 10~10000m³/h 内均能实现，且产能可灵活调整，适用于中小型氢气用户现制现用。缺点是采用 Cu/Zn/Al 催化剂，催化剂易失活，需要进一步开发活性高、稳定性好的新型催化剂。

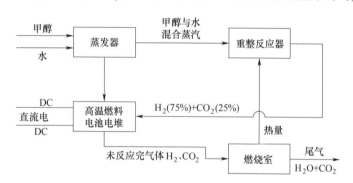

图 9-3 甲醇水蒸气重整制氢燃料电池系统

甲醇部分氧化制氢是通过甲醇的部分氧化（1 分子甲醇和 0.5 分子的氧气反应生成 2 分子的氢气和 1 分子的 CO_2）实现系统自供热，大幅提高能源利用效率，以期进一步降低制氢成本。该技术目前仍在研究开发阶段。

9.2.4 工业副产氢

工业副产氢是在工业生产过程中以废气形式产出氢气。其原理是：废气中的一些有机化合物和无机化合物可以在加热、氧化等条件下，释放出氢气。炼厂重整、丙烷脱氢、焦炉煤气、氯碱化工等生产过程都会产生氢气，其中只有炼厂催化重整生产过程的氢气用于炼油加氢精制和加氢裂化生产装置，其他工业过程副产的氢气大部分被用作燃料或放空处理，没有被有效利用。这部分工业副产氢可以回收并加以利用。

工业副产氢属于灰氢，但与化石燃料制氢相比，它既能提高资源利用效率和经济效益，又能在一定程度上降低大气污染，改善环境。中国的焦炉煤气、氯碱化工、合成氨及合成甲醇、丙烷脱氢等工业每年能够提供百万吨级的氢气供应，在氢能产业发展初期提供了低成本、分布式氢源。

9.2.5　电解水制氢

电解水制氢是指在直流电作用下，水分子在电解槽中被解离生成氧气和氢气的过程。目前电解水制氢技术主要有 4 种类型，即碱性电解水制氢、质子交换膜电解水制氢、高温固态氧化物电解水制氢和固态阴离子交换膜电解水制氢。

（1）碱性电解水制氢

碱性电解水制氢以 KOH、NaOH 溶液为电解液，两个电极由金属合金组成。在直流电的作用下，在阴极，水分子被分解为氢离子和氢氧根离子，氢离子得到电子生成氢原子，并进一步生成氢分子；氢氧根则在阴、阳极之间的电场力作用下穿过多孔隔膜到达阳极，在阳极失去电子生成水分子和氧分子。该反应装置如图 9-4 所示。电解生成的气体会带有碱液，因此，对产出的气体要进行脱碱处理。

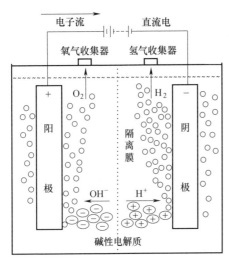

图 9-4　碱性电解水制氢装置原理图

阳极反应：$H_2O \longrightarrow 2H^+ + \frac{1}{2}O_2 + 2e^-$

阴极反应：$2H^+ + 2e^- \longrightarrow H_2$

总反应：$H_2O \longrightarrow 2H_2 + \frac{1}{2}O_2$

早期碱性电解槽多用石棉为隔膜材料。由于石棉在碱性电解液中发生溶胀性，且石棉对人体有伤害，现已淘汰不用。目前，应用较多的是聚苯硫醚膜（即 PPS 膜）。该技术相当成熟，工艺也很简单。但是该技术缺点也很多，如能源效率较低；碱性电解质与空气中的 CO_2 反应，形成在碱性条件下不溶于水的碳酸盐并堵塞多孔催化层，阻碍产物和反应物的传递；因为要时刻保持电解池的阳极和阴极两侧上的压力均衡，防止氢氧气体穿过多孔的隔膜混合发生爆炸，电解槽难以快速关闭或启动，制氢速度难以快速调节。

（2）质子交换膜电解水制氢

质子交换膜电解槽是用质子交换膜代替了碱性电解槽中的聚苯硫醚膜和液态电解质，起到传导质子并隔绝电极两侧气体的作用。该电解槽主要由阳极端板、阴极端板、阴阳极扩散层、阴阳极催化层以及质子交换膜组成。其中，端板的作用是固定电解池组件，并引导电流传递，分配水、气，扩散层起集流、促进气液传递等作用，催化层的核心是由催化剂、电子传导介质、质子传导介质组成的三相界面，是电化学反应的核心场所。质子交换膜一般为全氟磺酸膜，传递质子，隔绝阴阳极生成的气体，并阻止电子的传递。当质子交换膜电解槽工作时，水通过阳极室在阳极催化反应界面发生电化学反应被分解成氧气、氢离子，并释放电子。阳极产生的氢离子通过质子交换膜，在阴极室的反应界面与电子发生电化学反应生成氢气。

质子交换膜电解槽不用电解液，因此不会腐蚀隔膜和电解槽。同时，质子交换膜电解槽结构零间隙，体积小，因而极大地降低了电解槽的内部电阻，提升了整体性能。其效率高于碱性电解槽；启停快，响应好；由于采用质子交换膜固体电解质，生成的气体不含碱，因此不需要进行脱碱处理。但是质子交换膜电解槽要用贵金属铂作为催化剂，因此成本较高。

（3）高温固态氧化物电解水制氢

固态氧化物电解槽中间是致密的电解质层，两端为多孔电极。电解质将氢气和氧气隔开，并传导氧离子或氢离子。因此需要电解质对离子的电导率高，对电子的电导率低，多孔电极有利于气体的扩散和传输。

固态氧化物电解槽需要在 600~1000℃ 温度下工作。在固体氧化物电解槽的两侧电极上施加一定的直流电压。水在阴极被分解产生 O^{2-}，O^{2-} 穿过固态氧化物电解质层到达阳极，在那里失去电子得到纯氧气。

（4）固态阴离子交换膜电解水制氢

固态阴离子膜电解槽主要由阴离子交换膜和两个过渡金属催化电极组成，一般采用纯水或低浓度碱性溶液用作电解质，并使用廉价非贵金属催化剂和碳氢膜。因此，阴离子交换膜工艺具有成本低、启停快、耗能少的优点，集合了与可再生能源耦合时的易操作性，同时又达到与质子交换膜相当的电流和效率。

目前电解水制氢技术中，碱性电解水制氢和质子交换膜电解水制氢已逐步产业化，而高温固态氧化物制氢和固态阴离子交换膜制氢还在试验产品阶段。

9.3　生物质制氢技术

生物质本身就是清洁的能源。因此，生物质氢能属于绿氢。有人提出通过"生物质加工提醇–醇类制氢–氢氧反应"过程获取氢能，但由于醇类本身就是优质燃料，通过这种途径制氢既无必要也不可行。生物质制氢的可行路线只能是以生物质为原料，通过化学法与生物法制氢。

9.3.1　化学法制氢

生物质化学法制氢是指用热化学方法将生物质转化为富氢可燃气体，再通过气体分离得到纯氢。该法既可由生物质直接制氢，也可以由生物质解聚的中间产物（如甲醇、乙醇等）进行重整制氢。该法又可细分为气化制氢、热解与重整制氢、超临界转化制氢等。从应用角度看，化学法制氢比生物法制氢具备更高的反应速率，且较易实现大规模的生产与应用，因此受到更多关注。

表 9-2 从反应机理、反应条件、设备要求、产氢率等方面对上述化学制氢方法进行了总结对比。

9.3.1.1　气化制氢

生物质气化制氢是指在气化介质（如空气、水蒸气等）存在的条件下，将组成生物质的碳氢化合物转化为氢气和其他可燃气体的过程。该技术已有一百多年历史，发展较为成熟。生物质气化的基本原理已在第四章中有较详细介绍讨论，在此不再赘述。

表 9-2　　　　　　　　　　　　　　　　　生物质化学制氢技术比较

制氢方式	反应机理	反应温度/K	反应压力/MPa	反应器	产氢率/%	优点	缺点
气化	生物质+O_2(or H_2O)⟶CO,CO_2,H_2O,O_2,H_2,CH_4等+焦油,积炭,飞灰 $CO+3H_2⟶CH_4+H_2O$ $CO+H_2O⟶CO_2+H_2$	900~1200	0.1~3.5	上通风/下通风气化炉,流化床	10~20	适用于大规模工业生产,气化率高,产灰少	氢气产量和浓度低,气体产物分离纯化困难,副产物污染环境
热解	生物质⟶不可冷凝气体(H_2,CO,CO_2,CH_4等)+液体(H_2O,酸,碳氢化合物)+固体(炭,灰) $CH_4+H_2O⟶CO+3H_2$ $CO+H_2O⟶CO_2+H_2$	≥700	0.1~0.6	流化床,固定床,旋转炉,排水床	10~40	无需通入氧气,成本低,氢气浓度较高	设备要求高,能耗高,氢气产量低
超临界水气化	$CH_xO_y+(1-y)H_2O⟶$ $CO+(x/2-y+1)H_2$ $CO+3H_2⟶CH_4+H_2O$ $CO+H_2O⟶CO_2+H_2$	600~1000	22~36.5	间歇式反应器,连续式反应器	30~70	高转化率,氢气浓度高,无焦油和焦炭生成,无二次污染	设备要求高,运行费用高,操作条件严格

生物质气化制氢主要包括生物质气化、合成气催化重整、氢气分离与净化等过程。生物质的气化介质主要有空气、水蒸气、氧气以及二氧化碳，以氧气为气化介质时氢气产量高，但制备纯氧能耗大；以空气作为气化介质，虽然成本低，但气化后存在大量不可燃且难以分离的氮气，从而导致产物气体燃烧发热量降低。表 9-3 为不同气化介质对生物质产氢性能的影响。

表 9-3　　　　　　　　　　　　　　不同气化介质下生物质产氢结果

气化介质	产气发热量/(MJ/m^3)	气体收率/(kg/m^3)	氢气收率/%	成本
水蒸气	12.2~13.8	1.3~1.6	38~56	中
空气与水蒸气混合气体	10.3~13.5	0.86~1.14	13.8~31.7	高
空气	3.7~8.4	1.25~2.45	5.0~16.3	低

生物质气化制氢过程中所用反应器与第四章所介绍的几类反应器相似。目前中小规模气化制氢主要采用下吸式气化炉，中大规模主要采用流化床气化炉。上吸式气化炉使用较少，主要是因为气化产物在离开气化炉前进入热解区，将热解区的焦油带出，导致气体产物中焦油含量较高。在下吸式气化炉中，气体产物携带焦油进入燃烧区，并将其烧掉，因此焦油产率较低。

影响氢气产量和产品质量的因素有很多，包括生物质种类和原料尺寸、气化介质种类和用量、气化反应器类型、气化温度、气化压力、催化剂等。

生物质的化学组成对于气化制氢产量有较大影响。木质素含量高的生物质原料有利于提高气化制氢效率；灰分含量较高的豆科秸秆制氢所得气体中虽然焦炭和焦油产量较高，但其氢气产量同样高于灰分含量较低的松木锯末。生物质原料粒径也会影响制氢效果。较大的生物质颗粒的传热差，在气化过程中热解不充分，产生较多的残余焦炭。反之则可提高气化速率和氢气得率，降低焦油含量。升高温度有利于提高生物质原料的气化效率，但是高温会抑制水煤气变换反应，使气化产物中氢气含量降低。选择合适的气化温度进行生物质气化，能够提高生物质气化性能并且降低产物焦油含量。

生物质气化得到的合成气是混合气体，需要将其中的氢气分离出来。

① 变压吸附法（PSA）是目前最成熟的氢气纯化技术，可以得到纯度为 99.999% 的氢气。其基本原理是：吸附剂在不同压力下，对不同气体的选择性吸附能力不同，利用压力的周期性变化进行吸附和解吸，从而实现气体的分离和纯化。吸附剂根据气体中杂质种类选取，可用的吸附剂有分子筛、活性炭、活性氧化铝等。通过增加均压次数，可降低能量消耗；采用抽空工艺，氢气的回收率可达 95%~97%。

② 深冷分离法是利用混合气体中不同组分相对挥发度的差异来实现氢气的分离和纯化。氢的相对挥发度高于甲烷和其他轻质烃。烃类、CO_2、CO、N_2 等气体比氢气易凝结，随着温度的降低，它们依次被分离。该法成本高，选择性差，有时需补充制冷，主要适用于含氢量比较低且需要回收分离多种产品的提纯。

③ 金属氢化物法是利用储氢合金可逆吸放氢的能力提纯氢气。在低温高压条件下，氢分子在储氢合金的催化作用下分解为氢原子，然后经扩散、相变、化合反应等过程，生成金属氢化物，杂质气体吸附于金属颗粒之间。当升温减压时，杂质气体从金属颗粒间排出后，氢气从晶格里释放出来，纯度可高达 99.9999%。该法兼具提纯和储氢的功能，具有安全可靠、操作简单、材料价格较低、产出氢气纯度高等优点。缺点是储氢合金易粉化，释放氢气缓慢，只能用于较高温度下。

④ 膜分离法是分离氢气的重要方法。其原理是气流中的氢气优先选择性地渗透通过由聚合物、金属或陶瓷制成的膜。该技术的机理因膜材料及其设计而异。在微孔聚合物膜中，分子的分离通过分子扩散传输机理实现，该机理是基于膜孔径和分子粒径完成的；而在金属膜中，氢分子在穿过膜时被解离成原子，然后在膜的另一侧重新组合成氢分子；在致密陶瓷膜中，氢的分离是通过氢离子和电子通过膜的转移实现的。致密陶瓷膜需要更高的工作温度才能达到与其他膜分离技术相当的通量。要从压力高于 2MPa、温度超过 700℃ 的生物质气化产物中分离氢气，最合适的材料是钯铜膜。钯膜氢气纯化器基于钯膜对氢气有良好的选择透过性。在 300~500℃ 下，氢吸附在钯膜上，并电离为质子和电子。在浓度梯度的作用下，氢质子扩散至低氢分压侧，并在钯膜表面重新耦合为氢分子。钯复合膜对氢气有独特的透氢选择性，几乎可以去除氢气外所有杂质，分离得到的氢气纯度高、回收率高。

9.3.1.2 热解与重整制氢

热解是一种热化学过程，是在非氧化气氛中，在没有任何其他反应物的情况下对含碳资源（如生物质）进行热分解。生物质热解转化已被探索用于制氢。

生物质催化热解制氢过程可分为一步法和多步法。在一步法工艺中，仅使用一个反应器，通过热解将生物质转化为氢气。在多步法工艺中，至少需要两个反应器。在第一个反应器中，发生生物质热解，其反应与本书第五章的叙述基本一致；在第二个反应器中，热解产物通过重整转化为高得率的氢气。在大多数情况下，生物质原料经过快速热解以生产液态生物油，再依不同的策略制氢。例如，对生物油的水性馏分进行催化蒸气重整。生物油是多步法工艺中的主要中间体。

生物质热解生成固体、液体和气体产物的比例在很大程度上取决于工艺操作条件，包括反应温度、加热速率和气体的停留时间。其中，催化剂是该过程的关键因素。热解制氢工艺流程如图 9-5 所示。

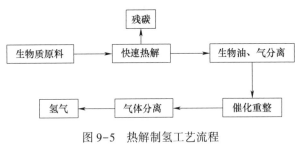

图 9-5　热解制氢工艺流程

在非催化快速热解中，固体、液体和气体产物的比例分别在 10%～40%、20%～75% 和 10%～30% 之间。该比例在很大程度上取决于工艺操作条件，主要是工艺温度和压力、加热速率和蒸汽的停留时间。生物质热解过程中，持续高温会促进焦油的生成。生成的生物油黏稠且不稳定，低温下不易气化，高温下容易积炭堵塞反应管道，从而影响反应的进一步进行。可以通过调整反应温度和热解停留时间等方法改善热解效果。生物质原料的组成和性质（水分含量、粒径和密度）对产品分布也起着重要作用。生物质热解制氢过程中，氢的得率主要受到热解产物中生物油的得率、组成和含水率的影响。

与其他制氢工艺一样，生物质热解生产富氢气体也要使用催化剂。催化剂被认为是从生物质制氢过程中实现高选择性和生成高纯度氢气的关键因素。用于制氢的催化剂的关键特性是 C—C 和 C—O 键断裂活性、水煤气变换活性、低结焦性、抗中毒失活性、热稳定性和机械稳定性。催化剂载体的性质也很重要：因为载体还具有内在的催化活性，可以增强重整或防止焦炭沉积。

贵金属对生物质制氢具有很高的催化活性，而不容易结焦。在这类催化剂中，铂催化剂应用最广。然而，由于贵金属很稀缺且价格昂贵，人们也在研究过渡金属，特别是镍催化剂的使用，但镍催化剂活性较低且导致碳失活。

采用两步法制氢是因为仅靠生物质的热解还不足以达到理想的产氢量，需要将热解反应产生的烷烃类气体或者生物油进行重整，以改善制氢效果。

水蒸气重整制氢是将热解后的生物质残炭移出系统，再对热解产物进行二次高温催化裂解，在催化剂和水蒸气的共同作用下将相对分子质量较大的重烃（焦油）裂解为氢气、甲烷和其他轻烃，增加气体中氢气的含量。然后再对二次裂解的气体进行催化，将其中的一氧化碳和甲烷转换为氢气，从而得到富氢气体；最后采用变压吸附或膜分离技术得到纯度更高的氢气。蒸汽重整过程中，常用催化剂可以分为金属氧化物催化剂、单金属催化剂以及多金属合金催化剂。此外，催化剂载体还会对催化剂的活性及稳定性产生影响，从而影响制氢效果。

生物质水蒸气气化制氢通常能够获得体积分数 40%~60% 的氢气和高发热量合成气，但在气化过程中会生成副产物焦油。生物质的类型、原料粒径、气化温度、蒸气与生物质质量比、催化剂类型等都会影响氢气以及副产物焦油的产量，如表 9-4 所示。因此，开发焦油的绿色处理技术，将焦油重整为有价值的合成气，会对生物质气化制氢技术的推广和使用起到积极作用。

表 9-4　　　　　　　　　　　　生物质水蒸气气化条件和氢气产量

生物质种类	操作温度/℃	催化剂	氢产量质量分数/%	焦油产量/(g/m^3)
废木材	900	硅砂	5.9	12.5
松木	850	无	6.2	0
松木颗粒	850	硅砂	1.8	10.3
松木锯末	900	无	3.3	14.2
松木锯末	900	橄榄石氧化铝	4.4	22.4
杏仁壳	900	橄榄石白云石	7.3	2.13
污水污泥	820	硅砂	3.6	122

水相重整是在较低温度下利用催化剂将生物质解聚产物在液相状态下转化为氢气、一氧化碳、二氧化碳以及气态烷烃的过程。与蒸汽重整技术相比，水相重整具有以下优点：

① 反应温度和压力容易达到，而且适合水煤气变换反应（WGS）的进行；

② 气体产物中一氧化碳的体积分数更低，因而更适合用来做燃料电池；

③ 不需要气化水和碳水化合物，避免了能量的高消耗；

④ 反应压力一般为 1.5~5.0MPa，有利于进行变压吸附分离，从而除去 CO_2；

⑤ 较低的反应温度可以最大程度地避免碳水化合物的分解及产物碳化等副反应的发生。

生物质自热重整是近年来提出的一项新技术，即在蒸汽重整的基础上向反应体系中加入适量的氧气，以氧化吸附在催化剂表面的半焦前驱物，避免积炭结焦。在反应中，可以通过氧气进料量调节反应物组成和系统热量，实现无外部热量供给的自热体系。自热重整反应实现了放热反应和吸热反应的耦合，与蒸汽重整相比，减少了能耗。自热重整制氢反应器的形式有绝热和换热两类。管式换热反应器的转化率高，所需的催化剂量少，但其体积较大，结构复杂，启动慢。绝热反应器的长度短，预热时间短，但反应过程较为迟缓。目前，对自热重整制氢的研究主要集中在甲醇、乙醇和甲烷上，尤其是甲醇自热重整技术，已经应用于燃料电池的生产上。重整反应中影响氢气产量和选择性的因素包括温度、蒸汽与物料中碳的摩尔比以及通入的氧气与碳的摩尔比。

光催化重整制氢是指在室温下利用催化剂和光照对生物质进行重整，并对气体产物进行分离收集从而得到氢气的反应。无氧条件下光催化重整制氢比氧存在条件下更具优越性，而且在实际应用时，在无氧条件下反应产生的氢气中，除混有少量的惰性气体外，无其他需要分离的气体，有望被直接用作燃料。目前，光催化重整中使用的催化剂主要是 Pt 和 TiO_2，该方法的制氢效果并不理想，如何改进催化剂的活性，提高氢气产率还有待进一步研究。

9.3.1.3 超临界水气化制氢

水的临界温度为 374.15℃，临界压力为 22.12MPa。生物质超临界水制氢是生物质以超临界水为气化剂进行催化气化制取富氢燃气的一种方法。生物质在超临界水中的气化转化率相当高，生成的气体产物由 H_2 和 CO_2 组成。反应式可以写作：

$$CH_xO_y+(2-y)H_2O \longrightarrow CO_2+\frac{2+x-y}{2}H_2$$

该反应可分为两个步骤，即蒸汽重整和水煤气变换反应。

超临界水气化相对于传统工艺的优势在于它只需要一个反应器。此外，该方法在低于 700℃ 的温度下非常有效，而且不需要除去生物质原料中的水分，因此可以使用湿生物质，而不像多数固体燃料那样，需要耗费大量能量用于干燥原料。超临界水能够溶解大多数有机物，同时具有优异的传质性能。超临界水气化产出的氢气压力高，这大大降低了储存和运输过程中用于压缩氢气的能源成本。生物质在超临界水中的气化率接近 100%。生成的气体产物中，氢的体积百分含量可超过 50%，并且反应不生成焦油、木炭等副产品。这些都是超临界水气化制氢的优点。

超临界水气化制氢仍有几个问题有待解决，例如超临界水氧化性较强，易腐蚀反应器和对设备造成堵塞。又因为反应所需的温度和压力较高，且对设备要求较高，需要外部能源来加热生物质和反应器，由此产生高昂的设备投资费用和运行费用。目前该技术还处于早期研究阶段，没有大规模商业应用的实例。

在超临界水气化制氢过程中，各参数对于氢气产生影响顺序为：温度>压力>原料浓度>停留时间。反应过程的温度是影响超临界水气化制氢技术的关键参数之一。Matsumura 为不同温度下的超临界水气化制氢制订了不同的条件。高温：温度 500~750℃，不使用任何催化剂；低温：温度 350~600℃，要使用催化剂。所用催化剂配方包括稳定金属（如钌或镍双金属）和稳定载体（如二氧化钛、氧化锆或碳）的组合。碱催化剂有时也被用于气化反应。例如，碳酸钠可以提高纤维素的气化效率。同样，均相碱催化剂也被用于高温超临界水气化。

超临界水的介电常数会随着温度上升而降低，促进有机组分的溶解，降低超临界水的密度，减少水中离子产物，最终促进自由基的反应，有助于气体产物的形成。研究证明，提高反应温度能够增加碳气化速率并且提高氢气产率。提高反应温度也会造成运行成本与能耗的相应增长，因此需在能耗与气化效率间寻找最佳平衡点，确定最佳气化温度。

反应过程中压力的增加会导致超临界水的介电常数增加，削弱有机组分的溶解，致使超临界水的密度和离子产物增加，促进离子反应的发生，不利于气体产物的形成。在一定范围内提高反应压力能够降低碳气化速率，但是当压力效应超过临界点后继续增大压力不会产生明显影响。生物质热解形成的焦炭低分子分解产物会由于反应物浓度的增加而削弱超临界水的传质作用，阻碍蒸汽重整减缓碳气化速率。随着反应物浓度增加，气化效率和碳气化速率均呈下降趋势。因此在反应过程中需选择合理反应物浓度，可在提高氢气产量的同时保证反应效率。

适当延长反应时间有利于提高反应程度，但反应时间过长并不能进一步提高反应效率。实验表明，CO_2、H_2、CH_4 以及其他组分气体产率，在反应开始阶段迅速增长后趋于稳定，碳气化速率趋势与气体组分基本一致。因此，需要选择合适的反应时间，在保证反应充分进行的同时，避免反应时间过长，浪费能源。

超临界水气化制氢技术中选用的反应器材料也会影响产氢量。在相同反应条件下，在铬镍铁合金 625 反应器中气化反应产氢率低于在不锈钢容器中产氢率。考虑到超临界水气化制氢技术存在腐蚀现象，因此选择的反应容器应具有良好的耐腐蚀性。

部分氧化是一种常规气化技术。它也可用于超临界水气化，并提高气化效率。Matsumura 等人测试了部分氧化对超临界水气化的影响。向超临界水气化反应器加入过氧化氢和葡萄糖溶液的混合物，以及过氧化氢和卷心菜浆的混合物。反应温度范围为 400℃，所用压力为 25MPa。发现，添加过氧化氢可以提高气化效率，但当过氧化氢浓度过高时，冷气体效率（气化生成氢气的化学能与气化用燃料的化学能之比）会降低。含有 2.5%（质量分数）过氧化氢以及 6%（质量分数）卷心菜浆液的混合物获得的最大冷气体效率为 0.87。

9.3.1.4　化学链制氢

化学链（chemical looping）是一种由若干分子或分子组成的链条，这些分子可以连接起来，对反应物起到催化作用，从而使反应过程变得更加快速、有效。1983 年，德国科学家 Richter 和 Knocher 首次提出化学链燃烧概念。到 20 世纪 90 年代，有学者将化学链燃烧与蒸气铁法制氢相结合，提出了化学链制氢技术。化学链制氢反应装置由 3 个独立的反应器即燃料反应器、氢气反应器和空气反应器组成。整个过程分为 3 个步骤，分别进行燃料燃烧、H_2 的制取及 CO_2 的捕集。化学链制氢是将上述 3 个步骤构成空间上分离又相互联系的链条。其技术路线如图 9-6 所示。

在燃料反应器中，燃料与载氧体发生反应。燃料被氧化成 CO_2 和 H_2O；同时载氧体被还原成还原态，并进入蒸气反应器，与通入的水蒸气反应，生成 H_2。经过冷凝后，纯的 CO_2 被捕集，无须后续的再分离，节约能耗。

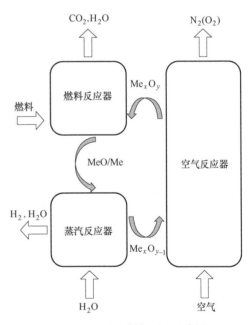

图 9-6　化学链制氢原理示意图

现以 CH_4 和 Fe_2O_3 为例，对该过程中可能发生的反应进行分析。生物质原料通过化学链制氢的反应与下述反应类似。

还原反应：$4Fe_2O_3+CH_4 \longrightarrow 8FeO+CO_2+2H_2O-351.3kJ$

蒸气氧化反应：$3FeO+H_2O \longrightarrow Fe_3O_4+H_2+71.9kJ$

空气氧化反应：$4Fe_3O_4+O_2 \longrightarrow 6Fe_2O_3+476kJ$

总反应：$3CH_4+2H_2O+2O_2 =\!=\!= 3CO_2+8H_2+473kJ$

生物质通过化学链制氢有很多优点。由于无须水气变换装置和 H_2 和 CO_2 提纯分离装置，因此系统较简单；该法只需要载氧体一种固体颗粒，比传统的水蒸气重整过程大为简化；将蒸气反应器出口的气体直接冷凝，不需净化即可得到纯净的 H_2；燃料反应器和空气反应器内部反应温度较低，且燃料不与氧气直接接触，几乎无热力型 NO_x 和快速型 NO_x 生成，污染气体排放少；燃料反应器中的燃烧产物主要是 CO_2 和水蒸气，经过简单冷凝即可得到纯净的 CO_2，不需要复杂的分离装置，因此投资少，能耗低。

生物质化学链制氢，是将生物质作为燃料与载氧体反应。通常，生物质化学链制氢分为两种，一种是将生物质进行气化制成合成气，再将合成气作为燃料进行反应；另一种是直接将固体生物质与载氧体反应，再进行蒸汽制氢。生物质先气化再制氢，不足之处在于气化合成气中含有 N_2 以及 NO_x 等混合气体。因此，在燃料反应器中，生成的 CO_2 会被混合气体稀释，所富集的 CO_2 需要进行后续的再分离才能得到纯的 CO_2，造成了能耗的损失。若将固体生物质直接与载氧体反应，由于是固-固反应，反应难度较大，反应效率低于先气化再制氢的效率，但是其能直接实现高浓度 CO_2 的富集，无分离成本。目前，生物质直接化学链制氢报道极少，然而固体燃料直接化学链制氢在未来必然是发展的大趋势。

9.3.1.5　微波辅助制氢

微波是频率介于 300MHz~300GHz 的电磁波。微波加热是电磁场中由介质损耗引起的体积加热。在电磁场作用下，分子运动由原来杂乱无章的状态变成有序的高频振动，分子动能转变成热能，达到均匀加热的目的。基于微波的这种热力学特点，可以将微波应用于热解。用微波热解生物质制氢是一种新颖的生物质制氢技术。该技术是基于传统热解研究的基础，结合微波加热技术提出和发展起来的。在一定微波场中，物质吸收微波的能力与其介电性能和电磁特性有关，介电常数较大、介电损失能力强的极性分子，与微波有较强的耦合作用，可将微波能转化为热量分散于物质中。在相同微波条件下，不同的介质表现出不同的温度效应，该特征适用于对混合物料中的各组分进行选择性加热。

9.3.1.6　等离子体制氢

等离子体一般指电离的气体，由离子、电子及未经电离的中性粒子所组成。因正负电荷密度几乎相等，故整体上呈电中性。产生等离子体的方式主要有：高能电场对低温电子加热、热的高温电子加速并与中性粒子发生冲突而离子化、不同的碰撞方式形成活化粒子、阳离子和电子，还有自由电子通过汤森德放电生成二次电子。

等离子体根据电子和重粒子的相对能量大致可分为非平衡等离子体（又叫冷等离子体）和平衡等离子体（又叫热等离子体）。前者在放电过程中虽然放出的电子温度很高，但重粒子温度较低，所以整个体系呈现低温状态；而后者可以生成较多具有较高气体温度的低能量电子，电子温度跟重粒子温度比较接近。

等离子体可以提供：a. 足以发生热分解的高温；b. 电子碰撞诱导的键断裂；c. 通过基于振动激发的反应途径降低活化能；d. 适用于催化反应的离子和自由基。

以生物质为原料用等离子体制氢，主要还是通过气化和/或热解反应进行。与常规气化不同的是，等离子体气化温度均高于 1000℃，但并不会生成焦油，这是因为等离子体气化反应主要是降解反应，包括热解、加氢裂解和生成碳，氧化反应占比很小。

关于生物质的等离子体热解机理研究很少。Huang 等以半纤维素模型物原料研究了等离子体辅助生物质降解。认为其反应机理主要为热解，其特征是开环、异构化、脱水、官能团脱除和生成链状产物，得到甲醛、乙醛、乙二醛、丙酮和乙醇等低相对分子质量初级热解产物。然后再发生二次热解，主要产物为氢，同时还生成乙炔等次要产物。

Putra 等人使用液态等离子体反应器研究了香蕉的假茎产氢潜力。长纤维假茎的最大产氢率为 70.7%，氢选择性为 98.8%，是制氢的优良原料。

电弧等离子体是一种典型的热等离子体，其特点是温度极高，可达到上万度，并且这种等离子体还含有大量各种类型的带电离子、中性离子以及电子等高活性粒子。生物质在氮的气氛下经电弧等离子体热解后气化，产品中主要组分为 H_2 和 CO，且不含焦油。在等离子体气化中，可通进水蒸气，以调节 H_2 和 CO 的比例。等离子体制氢具有反应器结构紧凑、启动快、响应快等优点，针对小型化的在线制氢需求，等离子体技术具有显著的优势和巨大应用前景。但由于产生高温等离子体需要的能耗很高，加上等离子体高温条件导致温度不均匀、需要频繁更换电极、耐火材料损坏和无法长期运行等问题，只有在特殊场合或不计成本的情况下才使用这种制氢方法。

9.3.2　生物法制氢

生物法制氢就是利用某些微生物代谢过程来生产氢气的一项生物工程技术。与传统的物理化学方法相比，生物制氢有节能、可再生和不消耗矿物资源等突出优点，在氢生产及其应用技术研究开发中的地位也越来越显著，世界上许多国家都投入了大量的人力物力对生物制氢技术进行开发研究。可以预计，生物制氢很可能成为规模化制氢的重要途径。目前常用的生物制氢方法可归纳为四种，即光解水产氢、光发酵产氢、暗发酵产氢以及光暗发酵耦合产氢。

9.3.2.1　光解水产氢

微生物通过光合作用分解水产氢，目前研究得比较多的是光合细菌、蓝藻及绿藻。以绿藻为例，它们在厌氧的条件下通过光合作用分解水产生氧气和氢气，其作用机理与绿色植物光合作用机理相似。如图 9-7 所示，在光合反应中存在着两个相互独立但又协调作用的光合系统：

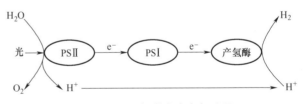

图 9-7　蓝、绿藻光合产氢过程

① 接收太阳能分解水产生 H^+、电子和 O_2 的光合系统 PS II。

② 产生还原剂用来固定 CO_2 的光合系统 PS I。PS II 产生的电子由铁氧化还原蛋白携带经由 PS II 和 PS I 到达产氢酶，H^+ 在产氢酶的催化作用下形 H_2。产氢酶是所有生物产氢的关键因素，绿色植物由于没有产氢酶，所以不能产生氢气，这是藻类和绿色植物光合作用过程的重要区别所在。目前已知的具有产氢能力的绿藻集中在团藻目和绿球藻目，包括莱茵衣藻（*Chlamydomonas reinhardtii*）、夜配衣藻（*Chlamydomonas noctigama*）、斜生栅藻（*Scenedesmus obliquus*）以及亚心形扁藻（*Platymonas subcordiformis*）等。

光合细菌产氢和蓝藻、绿藻一样，都是太阳能驱动下光合作用的结果，但是光合细菌只有一个光合作用中心（相当于蓝、绿藻的 PSI），由于缺少藻类中起光解水作用的光合系统 PSⅡ，所以只进行以有机物作为电子供体的不产氧光合作用。光合细菌所固有的只有一个光合作用中心的特殊结构，决定了它相对较高的光转化效率。

9.3.2.2　光发酵产氢

光发酵产氢是厌氧光合细菌依靠从有机物如低分子脂肪酸中提取的还原能力和光提供的能量将 H^+ 还原成 H_2 的过程。光发酵产氢可以在较宽泛的光谱范围内进行，产氢过程中没有氧气的生成，且培养基质的转化率较高，因此被看作是一种很有前景的制氢方法。

以葡萄糖作为光发酵培养基质时，产氢机理如以下方程式所示。

$$C_6H_{12}O_6+6H_2O+光能\longrightarrow 12H_2+6CO_2$$

许多光合异养型细菌在光照且厌氧的条件下能够将有机酸（如乙酸、乳酸和丁酸）转化成 H_2 和 CO_2。目前研究与培养的光发酵菌种有 *Rhodobacter spheroids*、*Rhodobacter capsulatus*、*Thiocapsa roseopersicina* 以及 *Rhodovulum sulfidophilum* W-1S 等。

9.3.2.3　暗发酵产氢

异养型的厌氧菌或固氮菌在氢化酶的作用下，分解小分子的有机物，从而制得氢气。这个过程中不需要光，从而实现无光能产氢。

在这类异养微生物群体中，由于缺乏典型的细胞色素系统和氧化磷酸化途径，厌氧生长环境中的细胞面临着因产能氧化反应而造成的电子积累的问题。因此需要特殊的处理机制来调节新陈代谢中的电子流动，通过产生氢气消耗多余的电子就是调节机制中的一种。

能够发酵有机物产氢的细菌包括专性厌氧菌和兼性厌氧菌，如丁酸梭状芽孢杆菌、大肠埃希氏杆菌、产气肠杆菌、褐球固氮菌、白色瘤胃球菌、根瘤菌等。与光合细菌一样，发酵型细菌也能够利用多种底物在固氮酶或氢酶的作用下将底物分解制取氢气，底物包括：甲酸、乳酸、丙酮酸及各种短链脂肪酸、葡萄糖、淀粉、纤维素二糖、硫化物等。以葡萄糖为例，其制氢反应如以下方程式所示。

$$C_6H_{12}O_6+2H_2O\longrightarrow 4H_2+2CO_2+2CH_3COOH$$

发酵气体中主要含有 H_2（40%~49%）与 CO_2（51%~60%）。CO_2 经碱液洗脱并吸收后，可制取纯度达 99.5% 以上的 H_2。

此外，甲烷菌类也可被用来制取氢气。此类菌种在利用有机物产甲烷的过程中，首先生成中间物 H_2、CO_2 和乙酸，最终才会被甲烷菌利用生成甲烷。有些甲烷菌可以利用这一反应的逆反应，在产氢酶的催化下生成氢气。

9.3.2.4　光暗发酵耦合产氢

利用厌氧光发酵产氢细菌和暗发酵产氢细菌的各自优势及互补特性，将二者联合以提高产氢能力及底物转化效率的新型模式被称为光暗发酵耦合产氢。光发酵细菌不能直接利用纤维素和淀粉等大分子有机物，对廉价的废弃生物质的直接利用能力较差。而暗发酵细菌能够将大分子有机物分解成小分子有机酸和醇，来获得维持自身生长所需的能量和还原力，解除电子积累而快速释放氢气。由于产生的有机酸不能被暗发酵细菌继续分解而大量积累，导致暗发酵细菌产氢效率低下。光发酵细菌能够利用暗发酵产生的小分子有机酸，消除有机酸对暗发酵制氢的抑制作用，同时进一步释放氢气。所以，充分结合光暗发酵两种细菌各自的优势，将二者耦合到一起形成一个高效产氢体系，不仅可以减少光能需求，还可以提高体系的产氢效率，扩大底物的利用范围。

以葡萄糖为例，当其作为耦合发酵的基质时，反应方程如下：

暗发酵阶段：

$$C_6H_{12}O_6 + 2H_2O \longrightarrow 4H_2 + 2CO_2 + 2CH_3COOH$$

光发酵阶段：

$$2CH_3COOH + 4H_2O + 光能 \longrightarrow 8H_2 + 4CO_2$$

表 9-5 总结了不同基质条件下耦合发酵产氢的情况，并列出光发酵和暗发酵过程中使用的菌种。

表 9-5   不同基质条件下耦合发酵产氢情况

基质类型	暗发酵细菌	光发酵细菌	总 H_2 产量/(mol/mol 糖)
葡萄糖	*Enterobacter cloacae* DM11	*Rhodobacter sphaeroides* O. U. 001	4.86~5.30
葡萄糖	*Enterobacter cloacae* DM11	*Rhodobacter sphaeroides* O. U. 001	6.31~6.75
葡萄糖	*Ethanoligenens harbinense* B49	*Rhodopseudomonas faecalis* RLD-53	6.32
葡萄糖	*Escherichia coli* HD701	*Rhodobacter sphaeroides* O. U. 001	2.40
蔗糖	*Microflora*	*Rhodobacter sphaeroides* SH2C	3.32
蔗糖	*Clostridium pasteurianum*	*Rhodopseudomonas palustris* WP3-5	7.10
蔗糖	*Microflora**	*Rhodobacter sphaeroides* ZX-5	6.26
蔗糖	C. *saccharolyticus*	R. *capsulatus*	13.7
木薯淀粉	Microflora*	*Rhodopseudomonas palustris* WP3-5	2.92
木薯淀粉	Microflora*	*Rhodobacter sphaeroides* ZX-5	6.51
餐厨垃圾	Microflora*	Rhodobacter sphaeroides ZX-5	5.40
糖浆	*Caldicellulosiruptor saccharolyticus*	Rhodobacter capsulatus hup(YO3)	6.85
芒草	*Thermotoga neapolitana*	Rhodobacter capsulatus DSM155	4.50

注：* Microflora 指微生物群落。

9.3.2.5 生物制氢的方法比较

光合生物制氢的优势在于对光合产氢微生物的研究较早，已积累了丰富的经验，但光合生物制氢也存在以下问题：

① 蓝绿藻在产氢的同时伴随氧的释放，易使氢酶失活；而目前消除氧气的方法或能耗大或易导致细胞的失活。

② 光合产氢微生物对光照波长有一定的要求，而充分提供合适波长的光能又会造成能耗的提升，同时对光源的维护也提出了更高的要求。

③ 光能及底物的转化效率较低，需要通过基因工程手段进一步提高产氢效率。

发酵生物制氢较光合生物制氢具有以下几个优点：

① 发酵细菌的培养速度更快，菌株的产氢能力要高于光合产氢菌株。

② 产氢过程无须光照，可昼夜持续生产，发酵装置设计简单，易于操作与管理。

③ 可以将多种工农废料作为发酵底物，实现工业废物的资源化利用。表 9-6 对几种

生物产氢技术进行了对比。

表 9-6　　　　　　　　　　　　　　　　生物制氢方法比较

方法	产氢效率	底物类型	底物转化效率	主要问题
光解水产氢	低	水	低	需要特定光源,转化率较低
光发酵产氢	较高	小分子有机酸、醇类物质	较高	可利用底物范围小
暗发酵产氢	高	葡萄糖、淀粉、纤维素等碳水化合物及多种工农业废弃物	高	生物体代谢产生酸累积,反馈抑制效应限制产氢量
光暗发酵耦合产氢	最高	葡萄糖、淀粉、纤维素等碳水化合物及多种工农业废弃物	最高	光、暗发酵细菌在生长速率、酸耐受力等方面存在差异,联合培养协调困难

9.3.2.6　生物制氢反应器

为促进生物质制氢技术的商业化推广,需对制氢反应器进行研究,确保制氢过程以间歇式或连续方式进行。工艺优化过程中常使用间歇式反应器,而工业应用中优先选择连续式反应器。连续搅拌槽式反应器(CSTR)具有结构简单、混合均匀、底物与催化剂接触效率高的优点,目前得到了广泛应用;但是在持续混合状态下微生物存在冲走的风险,该问题可通过使用各类膜固定细胞解决。厌氧流化床反应器(AFBR)能够保持原料处于悬浮状态,从而提高微生物的催化活性;其缺点为需要额外能量用于维持流态化。厌氧顺序式反应器(ASBR)内部包括 5 个独立步骤,通过调整各反应步骤的循环时间,可有效提高反应效率。膜生物反应器(MBR)将生物处理工艺与基于微滤膜过滤的工艺相结合,能高效进行固液分离,从而克服污水与污泥堆积质量差的问题;但是目前存在的盐度积聚与膜稳定性问题都限制了其商业化推广应用。

9.4　氢气储运技术

作为氢能利用的基础前端环节,储运技术是氢气能够高效发展、利用的关键因素,也是目前限制氢气大规模使用的一项重要瓶颈。氢气储运的成本、效率以及含量等都直接决定着氢能是否得到更好的利用。提高氢气储运效率,降低运输成本,是当前氢气储存、运输发展的趋势。

9.4.1　氢气储存

储氢是氢能和燃料电池技术在固定电源、便携式电源和交通运输等应用中的关键技术。在所有燃料中,单位质量的氢气储存的能量最高;但它在环境温度下密度很低,导致单位体积的能量较低,因此需要开发具有更高能量密度的先进存储方法。储氢技术的分类方法比较杂乱。按储存的氢与储存容器或材料之间相互作用的性质分类比较容易被人接受。按上述标准,将储氢技术分为三大类,即:a. 氢可以作为气体或液体,以纯净态分子形式储存，与其他材料没有任何明显的物理或化学键合；b. 分子氢被相对较弱的范德华力吸附在材料上或材料中；c. 原子态氢可以被化学键合吸收。

另外，也有人将基于化学键的存储技术分为金属氢化物和化学氢化物两大类。这种划分的依据是这些材料的储氢特性有根本区别。金属氢化物含有金属原子。氢可以直接与金属原子结合（单质金属氢化物和金属间氢化物），也可以是与金属原子结合的络合离子的一部分（络合金属氢化物）。相反，化学氢化物只由非金属元素组成，通常是碳、氮、硼、氧和氢的某种组合。

9.4.1.1 高压气态储氢

高压气态储氢技术即利用高压将氢气压缩到耐高压的储气容器中。为了实现存储压力，需要使用特殊的压缩机。储气容器工作压力须在 35~70MPa 之间。由于材料性能和运行成本的原因，大量气态氢通常不会在超过 10MPa 的压力下储存在地上容器中，而是在 20MPa 的压力下储存在地下储存库中。由于储气容器储存压力有限，能达到的氢气储存密度也有限：例如，在 10MPa 和 20℃下，氢气密度约为 7.8kg/m³。氢的密度低，导致同等体积储气容器的存储量有限，但是，较低的存储压力也可减少压缩工作量，从而降低运行成本。目前地下储氢已经比较成熟，例如英国提赛德和美国得克萨斯州的盐洞储氢就是成功的例子。盐洞储氢的优点有很多，包括建设成本低、泄漏率低、提取和注入速度快、缓冲气体需求相对较低、氢污染风险小等。

高压气瓶的结构型式有 4 种：Ⅰ 型为全金属结构，Ⅱ 型为金属内胆纤维环向缠绕结构，Ⅲ 型为金属内胆纤维全缠绕结构，Ⅳ 型为非金属内胆纤维全缠绕结构。这 4 种类型被广泛应用于移动式氢气运输气瓶、固定式储氢容器和车载储氢气瓶。Ⅰ 型、Ⅱ 型储氢瓶有许多缺点，如单位质量储氢量少，容易产生氢脆效应，运行过程中容易失效等，不适合用作车载氢瓶；而 Ⅲ 型、Ⅳ 型瓶采用碳纤维和玻璃纤维等材料，具有比金属内胆气瓶更高的耐疲劳性能，气瓶质量较轻，选用的材料具有更好的氢气相容性，单位质量储氢密度有所提高。因此，车载储氢瓶大多使用 Ⅲ 型、Ⅳ 型。国外目前已经实现 Ⅳ 型储氢瓶在车用领域 70MPa 的应用，国内 Ⅳ 型储氢瓶技术发展不完善，主要以 35MPa Ⅲ 型瓶为主。

高压气态储氢技术难度低、成本低、能耗低，是目前发展最成熟的储氢技术，能匹配当前氢能产业现状，因此应用最广，在国内外均广泛运用。其缺点在于体积比容量太低，储氢量少，安全性能较差。目前国内大量使用的以普通钢材制成的气瓶，在储氢压力为 15MPa 时，氢的质量仅占总质量的 1%，材料换用特种高强度奥氏体钢也仅可能达到 2%~6%。

9.4.1.2 液态储氢

液态储氢是指将氢气低温液化后储存。在 101.3kPa 压力下，饱和液氢的密度为 70kg/m³。因此液态储氢可以达到非常高的储氢密度。相比气体存储，液态氢的存储具有很大的优势，尤其是其能量密度高、储氢密度大、运输方便的优势使其拥有很大的发展空间。但与其他液态气比较，液态氢的沸点只有 20.37K，与所处环境的温度差值巨大，因此对液氢存储容器有很高的绝热要求。

氢的液化需要消耗大量能量。其原因有二：首先，氢的沸点极低（101.3kPa 时为 −253℃）；其次，当在温度高于 −73℃ 时，氢气在节流过程（绝热、等焓膨胀）中不会冷却。为此需要在液化过程中进行预冷，最常用的方法是液氮蒸发。

氢气的液化技术现已成熟。全球每天的氢液化能力约为355t，目前在运营的最大工厂的每日产能为34t。

氢气液化后，必须将其储存起来。液氢储罐是一种具有良好热绝缘性的存储容器，往往采用真空绝热的形式，以尽量减少蒸发。液氢的蒸发不仅造成了用于液化氢的能量的损失，而且由于储存容器内的压力积聚，蒸发的气体必须排出，最终造成了氢的损失。储存氢的损失用蒸发率来表示，通常定义为每天损失的储存氢的百分比。液氢储罐表面积越小，其传热蒸发损失也会同比例减小。相同容积的容器，以球形表面积最小，所以将液氢储罐做成球形，可以使表面积最小化，可以减少传热。同时，通过先进的隔热技术来减少通过储罐壁的热量传递，可以降低蒸发损失。美国NASA常使用的大型球形液氢储罐，其直径可达25m，容积在3800m³以上。

在储氢过程中还存在热漏损、自然挥发，耗能极大，同时对容器密封性要求很高，因此大规模实现氢的液态工业化储存还具有相当高的难度。

液氢的储运优势需要在长距离、大容量的存储及运输过程中才能够体现出来。现阶段，液氢的运用领域主要在航空航天领域，民用液氢领域例如货运卡车、载人汽车等还没有实质性的研究。一方面是由于技术不够成熟，成本高昂，目前运输还是车用，都选择高压气态路线；另一方面是国内暂时缺乏液氢相关的技术标准和政策规范，国内布局液氢的企业较少。

9.4.1.3　吸附储氢

吸附储氢利用了分子氢和具有大比表面积的材料之间的范德华力。由于范德华力较弱，通常必须应用低温和高压才能通过吸附达到显著的储氢密度。目前最常用的氢吸附制冷剂是液氮（沸点为-196℃）。施加的氢气压力通常为1~100MPa，但取决于吸附剂种类和预期的应用场景。压力并非越高越好。当压力超过一定阈值后，继续增加压力是不利的，因为吸附剂的存在可能不再提高储氢能力，原因是吸附剂要占用空间。

常用的储氢吸附剂有：多孔碳基材料、金属有机骨架材料、多孔聚合物材料和沸石等。与高压气态储氢和液态储氢相比，吸附储氢应用较少，大多数发达的基于吸附的储存容器还只是在实验室规模上。

最成功的吸附剂，主要是某些活性炭和金属有机骨架材料，已经在-196℃下实现了质量分数8%~10%氢的过量吸附。但由于大多数附剂密度低，并且需要使用添加剂以提高导热性，体积储氢密度往往会受到影响。用现有吸附剂在-196℃下实现远高于40~50kg/m³的储氢容量难度较大。

尽管吸附剂与被吸附氢之间的相互作用较弱，通常为3~10kJ/mol，但吸附过程仍然是放热的。只有有效地除去吸附放出的热量，才能确保达到适当的吸附程度。当前最常用的制冷剂是液氮，其蒸发热约为5.56kJ/mol。如果吸附剂的氢吸附焓按4kJ/mol计算，这意味着至少需要蒸发10kg液氮才能去除1kg氢的吸附热。可见这一过程的热量消耗是相当惊人的。

9.4.1.4　金属氢化物储氢

氢和金属在金属氢化物中形成化学键合。化学键比范德华力强得多。形成金属氧化物后，氢即使在常规条件下也能以高密度储存，但另一方面，要释放被化学键合的氢也需要更多的能量。

大多数金属元素都能与氢形成二元化合物，即金属氢化物。然而，由于热力学、储氢容量或两者兼而有之的原因，大多数都不适合用于储氢。目前认为最有希望大规模储存氢的元素金属氢化物是氢化镁（MgH_2）和氢化铝（AlH_3）。

氢化镁是一种有吸引力的储氢材料，原因有两个：它的理论储氢容量高达 7.6%（质量百分数），且金属镁的成本低。但是，镁和氢之间的化学键很强，脱氢焓约为 75kJ/mol，且加氢和脱氢反应过程都很缓慢。这主要是由于氢分子在镁表面解离缓慢，氢通过氢化物相扩散缓慢。这样就必须在 300℃ 以上的温度下才能以合理的速率脱氢。一般是通过球磨、合金化、添加过渡金属添加剂和外力压实来减小粒径，以提高材料的导热性。这样可以生产出具有优异的长期稳定性、加氢和脱氢都较快的镁基储氢材料。

另一种有前途的元素金属氢化物是氢化铝，它的储氢性能与氢化镁大不相同：氢的成键比较弱，脱氢焓仅为 7kJ/mol，而脱除 10.1%（质量百分数）的氢在 100℃ 就可迅速进行。然而，实际上这个反应是不可逆的，因为金属铝和气态氢通常不能直接反应形成氢化铝，除非是在极端压力下。因此，氢化铝用作储氢材料的关键是找到一条合理的途径从铝生成氢化铝。

虽然电化学再生途径已经显示出一些前景，但研究最多的仍然是基于热化学过程再生氢化铝。目前这种工艺还没有大规模应用，但没有重要技术障碍。

金属氢化物的氢释放主要有两种方式：加热（热分解）或与水反应（水解）。这两种方法区别很大：热分解是吸热反应，而水解是放热反应；在某些情况下，热分解是可逆的，而水解是不可逆的；热分解发生在固相，而水解一般发生在溶液中；热解需要较高的温度，而水解可以在室温下自发进行。尽管已经开发和研究了大量的金属氢化物用于基于热分解的储存，但只有少数金属氢化物被成功应用于水解。最值得注意和最有前途的水解金属氢化物是硼氢化钠（$NaBH_4$）。

9.4.2　氢气运输

氢气目前主要通过长管拖车、管道输送和液氢槽车 3 种方式运输。

9.4.2.1　长管拖车运输

长管拖车由车头和拖车组成。长管拖车到达加氢站后，一般将车头与长管拖车分离，将长管作为加氢站的储氢容器。目前常用的管束一般由直径约为 0.5m，长约 10m 的无缝钢瓶组成，长管拖车的设计压力在 20MPa 左右，其一般储量为标准状态下 3500m³ 氢气。在国内，加氢站氢气储运的主要方式即为长管拖车，由车头将长管拖车内的氢气由产地运往加氢站，通过站内的压缩系统、冷却系统、加注系统等实现对车辆的加注。运输过程中对安全性要求较高，存在着高压气氢运输效率低、成本较高的缺陷，在距离 200km 时运氢成本高达 11 元/kg，与煤制氢成本相当，适用于运输距离较近、输送量较低的用户。

9.4.2.2　管道输送

氢的管道输送可以是输送纯氢，也可以输送氢气与天然气的混合物。当输送距离超过 500km 时，管道输送比卡车运输更有优势。纯氢管道的经济效益和环保性在大规模、长距离输送情况下具备不可取代的优势，是能从根源上实现规模化，高效能氢能运输的最优选择之一。

管道输送方式送以高压气态或液态氢的管道输送为主，通过管道"掺氢"和"氢油同运"技术实现长距离、大规模的输氢。管道输送可有效降低氢气运输成本，但是前期投资大，建设难度高，适合点对点，大规模的氢气运输。现阶段我国已有多条输氢管道在运行，其中包括中国石化洛阳全长 25km，年输气量 100kt 的管线和乌海－银川全长216km，年输气量 1.61Gm³ 的管线。输送氢的管材可以使用金属，也可以使用塑料。纯氢长输管道应用较多的材料是低合金钢、碳钢和部分 API 5L X 系列管线钢等。因氢气具有很强的渗透性，在管道输送过程中，氢气容易从管道的法兰、阀门、密封螺纹等处扩散渗漏到外界。有研究表明，氢气和掺氢天然气在管道输送过程中，其体积渗透泄漏速率和渗漏量都超过纯天然气，但这种损失是可接受的。不过氢气泄漏量增加会导致安全隐患。高压氢环境下管道材料力学性能劣化是制约氢能产业安全性的关键问题。因此，要保证掺氢天然气管道安全运行，首要问题就是研究管材与掺氢天然气的相容性。氢与材料相容性问题中，最主要的是材料的氢脆问题，氢脆是指氢元素在压力和流量的作用下，通过吸附、渗透的方式穿越材料缝隙，通过扩散在金属内局部区域的聚集导致材料性能的骤减，一般为氢致塑性减损、诱发裂纹或产生滞后断裂，即材料屈服强度、韧性、抗疲劳性能下降。材料中氢的复杂活性首先使材料的微观结构退化，进而导致宏观失效。目前氢能关键材料的氢损伤机制仍不明确。

9.4.2.3 液氢槽车运输

液氢槽车主要用于液态氢运输，氢气液化后的体积密度可以达到 70.8kg/m³，体积能量可达 10.05MJ/L，是 50MPa 气态氢气的近 2 倍。液氢的单车运氢能力是长管拖车运输氢气的 10 倍以上，运输效率提高，综合成本降低。但是该运输方式增加了氢气液化深冷过程，对设备、工艺、能源的要求更高。液氢槽罐车运输在国外应用较为广泛，国内目前仅用于航天及军事领域。液槽罐车的容量大约为 65m³，每次可净运输氢气约 4000kg。

思 考 题

1. 目前产业界所称的"绿氢"是用何种方法生产的？用生物质制得的氢气可以称为"绿氢"吗？

2. 当前生物质制氢的技术水平如何？

3. 实现生物质制氢产业化的最大难点是什么？

参 考 文 献

［1］ PUIG-ARNAVAT M, BRUNO J C, CORONAS A. Review and analysis of biomass gasification models ［J］. Renewable and Sustainable Energy Reviews, 2010, 14 (9): 2841-2851.

［2］ GIL J, CORELLA J, AZNAR M P, et al. Biomass gasification in atmospheric and bubbling fluidized bed: effect of the type of gasifying agent on the product distribution ［J］. Biomass and Bioenergy, 1999, 17 (5): 389-403.

［3］ 陈冠益, 孔耀, 徐莹, 等. 生物质化学制氢技术研究进展 ［J］. 浙江大学学报: 工学版, 2014, (7): 1318-1328.

［4］ 王胜年, 王树东, 吴迪镛, 等. 甲醇自热重整制氢反应分析 ［J］. 燃料化学学报, 2001, 29 (3): 238-242.

［5］ 吴玉琪, 吕功煊, 周全, 等. Pt/TiO₂光诱导催化重整乙醇制氢 ［J］. 分子催化, 2002, 16 (2): 101-106.

［6］ 张翅远, 王华, 何方, 等. 甲烷部分氧化制氢机理及方法 ［J］. 能源工程, 2005, (6)：20-25.

［7］ 丁兆军. 生物质制氢技术综合评价研究 ［D］. 北京：中国矿业大学, 2010.

［8］ HUANG X, CHENG D G, CHEN F, et al. Reaction pathways of hemicellulose and mechanism of biomass pyrolysis in hydrogen plasma：a density functional theory study ［J］. Renewable Energy, 2016, 96：490-497, 10. 1016/j. renene. 2016. 04. 080

［9］ FANG Z, SMITH, R L Jr, QI X, Ed. Production of hydrogen from renewable resources ［M］. Dordrecht：Science+ Business Media, 2015.

［10］ 孙立红, 陶虎春. 生物制氢方法综述 ［J］. 中国农学通报, 2014, 30 (36)：161-167.

［11］ LI M, BAI Y, ZHANG C, et al. Review on the research of hydrogen storage system fast refueling in fuel cell vehicle ［J］. International Journal of Hydrogen Energy, 2019, 44 (21)：10677-10693.

［12］ 黄格省, 李锦山, 魏寿祥, 等. 化石原料制氢技术发展现状与经济性分析 ［J］. 化工进展, 2019, 38 (12)：5217-5224.

［13］ 冯成, 周雨轩, 刘洪涛. 氢气存储及运输技术现状及分析 ［J］. 科技资讯, 2021, 25：44-46.

［14］ 国家能源局. 氢能, 现代能源体系新密码 ［EB/OL］. http：//www. nea. gov. cn/2022-05/07/c_1310587396. htm, 2022-05-07.

［15］ WEI L, XU S, ZHANG L, et al. Steam gasification of biomass for hydrogen-rich gas in a free-fall reactor ［J］. International Journal of Hydrogen Energy, 2007, 32 (1)：24-31.

［16］ LV P M, XIONG Z H, CHANG J, et al. An experimental study on biomass air-steam gasification in a fluidized bed ［J］. Bioresource Technology, 2004, 95 (1)：95-101.

［17］ LUO S, XIAO B, GUO X, et al. Hydrogen-rich gas from catalytic steam gasification of biomass in a fixed bed reactor：Influence of particle size on gasification performance ［J］. International Journal of Hydrogen Energy, 2009, 34 (3)：1260-1264.

［18］ CHAN Y H, CHEAH K W, HOW B S, et al. An overview of biomass thermochemical conversion technologies in Malaysia ［J］. Science of the Total Environment, 2019, 680：105-123.

［19］ TIAN T, LI Q, HE R, et al. Effects of biochemical composition on hydrogen production by biomass gasification ［J］. International Journal of Hydrogen Energy, 2017, 42 (31)：19723-19732

［20］ NIU Y, HAN F, CHEN Y, et al. Experimental study on steam gasification of pine particles for hydrogen-rich gas ［J］. Journal of the Energy Institute, 2017, 90 (5)：715-724.

［21］ ORTIZ F J G, CAMPANARIO F J, AGUILERA P G, et al. Hydrogen production from supercritical water reforming of glycerol over $Ni/Al_2O_3-SiO_2$ catalyst ［J］. Energy, 2015, 84：634-642.

［22］ DING N, AZARGOHAR R, DALAI A K, et al. Catalytic gasification of cellulose and pinewood to H_2 in supercritical water ［J］. Fuel, 2014, 118：416-425.

［23］ GÖKKAYA D S, SAGLAM M, YÜKSEL M, et al. Supercritical water gasification of phenol as amodel for plant biomass ［J］. International Journal of Hydrogen Energy, 2015, 40 (34)：11133-11139.

［24］ GUO D L, WU S B, LIU B, et al. Catalytic effects of NaOH and Na_2CO_3 additives on alkali lignin pyrolysis and gasification ［J］. Applied Energy, 2012, 95：22-30.

［25］ GUAN Q, HUANG X, LIU J, et al. Supercritical water gasification of phenol using a Ru/CeO_2 catalyst ［J］. Chemical Engineering Journal, 2016, 283：358-365.

［26］ CASTELLO D, KRUSE A, FIORI L. Biomass gasification in supercritical and subcritical water：the effect of the reactormaterial ［J］. Chemical Engineering Journal, 2013, 228：535-544.

［27］ 谭凯, 徐义, 高彩霞, 等. 氢气储存及应用的发展现状 ［J］. 电力与能源进展, 2023, 11 (4)：124-137.

［28］ ANDERSSON J, GRÖNKVIST S. Large-scale storage of hydrogen ［J］. International Journal of Hydrogen Energy 2019, 44：11901-11919.